计 算 机 科 学 丛 书

软件测试导论

拉尔夫·比瑞格（Ralf Bierig）

斯蒂芬·布朗（Stephen Brown）

[爱尔兰]　　　　　　　　　　　　　　　　著

埃德加·加尔文（Edgar Galván）

乔·蒂莫尼（Joe Timoney）

王轶辰　王轶昆　译

Essentials of Software Testing

机械工业出版社
CHINA MACHINE PRESS

图书在版编目（CIP）数据

软件测试导论 /（爱尔兰）拉尔夫·比瑞格
(Ralf Bierig) 等著；王轶辰，王轶昆译. -- 北京：
机械工业出版社，2024. 8. --（计算机科学丛书）.
-- ISBN 978-7-111-76183-9

I. TP311.5

中国国家版本馆 CIP 数据核字第 2024HY7670 号

机械工业出版社（北京市百万庄大街 22 号　邮政编码 100037）

策划编辑：曲　熠　　　　　　　　　　责任编辑：曲　熠
责任校对：孙明慧　张慧敏　景　飞　　责任印制：任维东
河北鹏盛贤印刷有限公司印刷
2024 年 9 月第 1 版第 1 次印刷
185mm × 260mm · 15.25 印张 · 387 千字
标准书号：ISBN 978-7-111-76183-9
定价：79.00 元

电话服务　　　　　　　　　　　网络服务
客服电话：010-88361066　　　　机 工 官 网：www.cmpbook.com
　　　　　010-88379833　　　　机 工 官 博：weibo.com/cmp1952
　　　　　010-68326294　　　　金 书 网：www.golden-book.com
封底无防伪标均为盗版　　　机工教育服务网：www.cmpedu.com

本书是关于软件测试的精华，通常提到"精华"两个字，似乎就是指短时间内有奇效的猛药。比如可以一夜回春的面霜，能够三天让人精通某种语言的秘籍，或者是一本保证考上985名校的高考练习题。但这本软件测试精华不是这样的。

翻译本书时，恰逢冬奥盛事。很多人因此迷上了冰雪运动，尤其是滑雪。到处可见类似"包您两天就上高级道"的滑雪课程广告。据说很多人趋之若鹜，并且学习两天后就可以从高级道顺利回到滑雪大厅的新手不在少数。

但他们真的算是会滑雪了吗？

能分析出等价类划分，找到边界值，设计测试用例并执行，发现了若干错误，就可以被称为合格的测试人员了吗？

曾有一位退役的国家滑雪队员说，他们在真正练习走刃之前，需要用三年的时间练习犁式推坡。这样练过以后，不管雪道如何陡峭，他们都能保证在极高的速度下动作不变形。动作不变形，正是滑雪最重要的安全基础。

如果滑雪高手有秘籍，那应该是寒冷寂寞的三年推坡岁月。

如果测试高手有秘籍，那应该是参透了本书所讲解的软件测试知识。

所谓精华，就是扎实的基本功和经年累月的笨功夫。所以，本书前6章详细讲解了测试技术中等价类划分、边界值分析、判定表、语句覆盖、分支覆盖等最基本的理论知识，而且不厌其烦地讲解了等价类划分应该如何取值、测试用例如何覆盖每一条路径等。然后又诚实地说明这些技术的局限性。千万不要忽略这些最基础的内容。我们深耕软件测试多年，看等价类划分技术如同国家滑雪队员看犁式推坡。但翻译过程中，我们发现作者认为每一个等价类划分中的取值，应该在测试过程中始终保持一致，只有这样才可以简单快速地确认测试用例的完整性。这一点与我们的最佳实践是相违背的。为了提高测试的完整性，我们经常需要在不同的测试用例中选取同一等价类划分中的不同数值。孰是孰非，不是一篇译者序可以讨论清楚的，但由此引发的思考，宛如千斤橄榄，滋味无穷。

只有励精图治、老老实实地完成基础知识的学习和实践，我们才有可能在职业生涯中绘制出华彩的篇章。

最后，我们要感谢在本书翻译过程中付出努力的其他几位同人：黄窑和张圆圆在翻译初稿阶段发现并纠正了书稿中的纰漏；吕岱嫱、查代芬、占逸凡、任庆玮和薛文耀针对修订后的书稿进行了认真的文字校对，并修订了格式。我们对上述同人的工作表示衷心感谢。

随着现代社会对软件系统的依赖程度越来越高，软件系统的正确运行成为一个至关重要的问题。本书的目的是向读者介绍软件测试的基本原理，以使他们能够开发出高质量的软件。软件测试可以被视为一门艺术、一门工艺或一门科学，而本书中提出的方法正是在这些不同的视角之间建立起一座桥梁。

本书的内容以作者多年来讲授的本科生和研究生软件工程及软件测试课程为基础，同时也结合了作者多年的行业经验。本书通过具体的实例来介绍软件测试的各种技术及其自动化实现，然后详细解释了每种技术并通过故障注入的方式来证明其局限性。另外，本书还强调了这些技术的应用过程，包括分析、测试设计、测试实现和测试结果分析等步骤。

全书通过一个贯穿始终的实例为初学者逐步介绍实用的测试技术，并通过额外的细节讨论加深读者对基本原则更深入的理解。我们希望你会像我们喜欢写这本书一样喜欢读这本书。

　　感谢 Ana Susac 对书中的文字和每一个例子进行了从头至尾细致的检查。她的帮助是有效且宝贵的。我们对本书中的任何错误都负有不可推卸的责任。

目　录

Essentials of Software Testing

软件测试简介

我们在第 1 章首先讨论为什么要进行软件测试，以及为什么穷尽测试不可行。我们还讨论了为了能够解决穷尽测试不可行的问题，必须使用启发性测试。启发性测试，以及标准软件规范⊖语言的缺乏，使得软件测试不仅是一门科学，同时也是一门艺术。

1.1 软件行业的现状

自 20 世纪 50 年代诞生至今，软件行业已经走过了漫长的岁月。独立的软件行业诞生于 1969 年，那一年，IBM 公司宣布不再将软件作为免费的计算机附加物，而是将软件和硬件分为独立的产品进行销售。自此开辟了一个新的市场：有些公司将专门为 IBM 机器生产并销售相关的软件。

到了 1981 年，伴随着基于 PC 的软件包，软件产品开始作为大规模消费品出现。随着 20 世纪 90 年代万维网（WWW）的诞生，以及 21 世纪前十年移动设备的诞生，软件行业迎来了又一次爆发。2010 年，全球软件行业的前 500 家公司的收入为 4920 亿美元，到 2018 年已升至 8680 亿美元。⊜软件行业是极具活力的，不断创新，持续经历快速变更。与其他一些行业（例如交通运输）不同，它在许多方面仍然是一个不成熟的行业。总的来说，软件行业仍然没有一套凝结多年的经验形成的质量标准。

因软件质量不高而造成失效成本不菲的案例比比皆是。已经公开的事故包括：欧洲宇航局的阿丽亚娜 5 型火箭的失效，Therac-25 放射性治疗机器的失效，还有 1999 年火星气候卫星（Mars Climate Orbiter）的失踪等。2002 年，美国商务部下属的国家标准与技术研究院（NIST）的研究⊜表明，美国每年因软件测试不充分造成的经济损失高达 595 亿美元。

然而，软件行业的许多参与者确实将质量模型和度量应用于生产其软件的过程。软件测试是软件质量保证过程的重要组成部分，也是软件工程中的重要准则。在整个软件开发的生命周期中，无论是用在验证（verification）和确认（validation）上下文中，还是作为测试驱动的软件开发过程（例如极限编程）的一部分，软件测试都起着重要作用。

软件工程是从软件危机中发展起来的准则。软件工程这个术语首次出现是在 20 世纪 60 年代末期，随着软件行业的发展，直到 20 世纪 70 年代才开始具有意义。这反映了软件项目规模和复杂度的增加，以及管理此类项目的正式程序的缺乏。这也催生出一些问题：

- 项目超预算运行；
- 项目超预定周期运行；
- 软件产品的质量不高；

⊖ 软件规范旨在清晰且无二义性地定义软件必须完成的事情。

⊜ 《软件杂志》。2018 软件企业 500 强。网址：www.rcpbuyersguide.com/ top-companies.php。

⊜ 参见 *The Economic Impacts of Inadequate Infrastructure for Software Testing*。

- 软件产品常常不能满足需求；
- 项目混乱；
- 软件维护变得越来越难。

如果软件行业想要持续发展，让软件的使用愈加广泛，上述问题就必须得到解决。解决方法就是明确定义软件工程中每个工作人员的岗位和职责。这些软件工程师需要详细地规划并记录每个软件项目需要完成的目标，以及如何开展各项工作。他们还需要管理软件编码过程，确保最终的结果满足产品的质量要求。质量管理和软件工程之间的关系，意味着软件测试必须与其对应的软件产品研发过程集成。如果软件行业想要摆脱危机，软件测试领域也必须与时俱进地进行改革。

直到 20 世纪 70 年代，人们才将程序调试与程序测试区分开，也是从那时起，软件测试才开始在软件生产中发挥重要作用。软件测试不再是生产周期最后的产品检验活动，而是在软件开发的每个阶段都进行的活动，目的是尽早发现错误。很多比较早检测和晚检测缺陷的相对成本的研究都表明：越早发现缺陷，修复的成本就越低。

软件工程实践的渐进式改进明显提高了软件的质量。软件测试对商业的短期益处体现为提高了所生产软件产品的性能、互操作性以及符合性。软件测试的长期益处则体现为可以降低未来的成本以及建立更高的客户信任度。

现在，软件测试可以集成到很多软件开发过程中。诸如测试驱动的开发（Test Driven Development，TDD）方法就使用测试技术来驱动代码的开发。在 TDD 方法中，测试开发工作（通常有最终用户或客户参与）是在编写代码之前进行的。

1.1.1　软件测试与软件质量

适当的软件测试过程能够减少软件开发相关的风险。现代程序通常都非常复杂，有百万行代码的规模，而且与其他软件系统有着复杂的交互关系。这些软件实现的解决方案通常使用非常抽象的术语定义，而且被描述为一系列缺乏准确性和细节的需求条目。质量问题就更加复杂了，企业管理者经常给开发人员施压，要求他们遵守严格的时间节点和预算，以缩短上市时间和降低产品成本。这些压力导致软件测试不充分，继而降低软件产品质量。软件质量不高就会造成更多的软件失效，进一步增加开发成本，从而延迟软件的发布。对于企业来说，更严重的后果可能是口碑变差，市场份额降低，甚至还可能带来法律风险。

国际标准⊖已废止，新标准为 ISO/IEC 25010:2023，它定义了软件产品的质量模型，其中有 8 个质量属性，如表 1.1 所示。

表 1.1　国际标准 ISO/IEC 25010 中的软件质量属性

属性	特性
功能适用性	功能完整性、功能正确性、功能适合性
性能效率	时间特性、资源利用性、容量
兼容性	共存性、互操作性
可用性	适合性、可辨识性、可学性、可操作性、用户差错防御性、用户界面舒适性、可访问性
可靠性	成熟性、可用性、容错性、可恢复性
信息安全性	保密性、完整性、抗抵赖性、真实性、可核查性

⊖　ISO/IEC 25010:2011 系统和软件工程——系统和软件的质量需求与评估（SQuaRE）——系统和软件质量模型。

（续）

属性	特性
维护性	模块化、可重用性、可分析性、可修改性、可测试性
可移植性	适应性、可安装性、一致性、可替换性

能够客观测量的属性（例如性能效率和功能适用性），相对于那些要求主观意见的属性（例如可学性和可安装性）来说，更容易进行测试。

1.1.2　软件测试和风险管理

我们可以将软件测试视为风险管理活动，花在测试上的资源越多，软件失效的可能性就越低，但是软件测试的成本也会越高。风险管理的一个因素是比较失效的预期成本和测试成本。预期成本可以使用下面的公式来预估：

$$预期成本 = 失效风险 \times 失效成本$$

对于企业来说，存在与失效相关的短期成本和长期成本。短期成本主要与修复问题的成本相关，但也可以是产品延期发布造成的利润损失。长期成本则与口碑下降和相关的销售成本相关。

测试的成本需要与销售软件的利润成比例，也应该与失效成本成比例（目前，大家认为所有的软件在某个阶段都会产生失效）。如果测试团队能够尽早介入开发过程，测试的效率通常会得到提高。让客户或用户直接参与也是一个行之有效的策略。如果执行严格的工程开发实践和质量保证措施（测试就是质量保证过程的一部分），可以减少软件失效的概率，从而控制失效的预期成本。

我们也可以将软件测试视为一个优化的过程：通过软件测试获取最优投资回报。在测试方面多投入，能够减少软件失效的成本，当然相应地也提高了软件开发的成本。关键在于找到这两个成本之间的平衡点。如图 1.1 所示，为测试成本和利润之间的关系图。

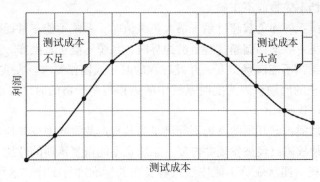

图 1.1　测试成本和利润

1.2　失误、故障和失效

现在，我们暂且不探索软件测试和质量属性之间更广泛的关系。测试最常见的应用目标，就是找到软件已有的缺陷，或者验证软件中没有某种特定的缺陷。软件缺陷（software defect）这个术语通常涵盖三种情况：失误（mistake）、故障（fault）和失效（failure）。

- 失误由软件开发人员产生。开发人员在概念上的失误会导致源代码中一个或多个故障的产生。

- 故障是源代码中的瑕疵，可能是一个或多个失误的产物。故障可能在程序的运行过程中引发失效。
- 失效通常是故障引发的，由不正确的或者超出规范规定的软件行为构成。故障可能一直都是隐藏的，直到满足特定的条件时，才会在软件执行过程中被激活，从而表现为失效。软件失效通常会显示为错误代码。

1.2.1　失误

失误可能由以下几种不同的行为造成。

- 沟通过程中产生了误解，例如混淆了两种度量单位。
- 软件开发者没有正确地理解或解读软件规范，例如错误地调换了参数的顺序。
- 假设了默认值，例如在 Java 中，整数通常带有默认值 0，但是在 C++ 中就没有默认值。

1.2.2　故障

这里我们将故障类型进行分类，便于后续讨论。对故障进行分类的好处包括：

- 进行软件分析、设计或编码时，可以作为需要避免的故障检查单；
- 开发软件测试时，可以作为常见故障的指南；
- 进行软件过程评估和改进时，可以作为输入数据。

有很多种方法可以进行软件的故障分类，但是尚没有一个独立的、被普遍接受的标准。故障的严重程度可能因环境而变化。下文所示为一种有代表性的故障分类方式⊖，其中包含 10 种故障类型。

- **算法类**：软件单元没有按照指定的算法为给定的输入生成输出。
- **语法类**：源代码不符合编程语言规范。
- **计算和精度类**：使用选定的公式，其计算结果不符合预期的准确性或精度。
- **文档类**：文档不完整或不正确。
- **压力或超载类**：外加负载超过系统最大负载值时，系统不能正常操作。
- **容量和边界类**：数据存储超过容量的边界时，系统不能正常操作。
- **时序或协作类**：不能满足交互、并发过程的时序或协作要求。在实时系统⊜中，这些故障是很严重的问题，因为实时系统中的过程遵循严格的时序要求，并且必须以严格定义的顺序执行。
- **吞吐率和性能类**：已开发的系统不能满足为其规定的吞吐率或其他性能需求。
- **恢复类**：即使故障已经被发现并修复，系统也不能恢复预期的性能。
- **标准和过程类**：团队成员不能按照机构发布的标准进行工作，这可能给团队的其他成员造成麻烦，他们可能因此不得不去理解背后的逻辑，或寻找解决问题所需要的数据描述。

很难找到与软件故障相关的行业指标，但是我们可以参考惠普公司的一项研究结果⊜，他们研究了不同故障类型的发生频率，发现 50% 的故障要么属于算法类，要么属于计算和精度类。

⊖ S. L. Pfleeger 和 J. M. Atlee 的 *Software Engineering: Theory and Practice*（第 4 版）。

⊜ 实时系统是一个具有严格时间约束定义的系统。

⊜ Pfleeger 和 Atlee 的 *Software Engineering*。

1.2.3 失效

确定失效的严重等级是一件更加困难的事情，因为失效具有主观性，尤其是那些没有导致系统崩溃的失效。一个用户可能会将某个失效认定为非常严重，而另一个用户可能对此失效不置可否。表 1.2 所示为按照失效的严重等级对失效进行划分的示例。

表 1.2　软件失效严重等级的划分示例

严重等级	行为
1（最严重）	故障导致系统崩溃且恢复时间很长，或者故障导致功能和数据丢失，且无法解决
2	故障导致功能或数据丢失，但是有一种手动的应变方法可以暂时完成这些任务
3	故障导致功能或数据部分丢失，但用户可以用少量的应变措施完成大部分任务
4（最轻）	故障导致表面问题或轻微的不便，但所有的用户任务仍然可以完成

硬件失效遵循典型的浴缸曲线：一开始有一个较高的失效率，然后在一段时期内保持相对较低的失效率，最后失效率再次升高。早期的硬件失效主要由制造问题、处理方式或安装方面的错误造成。这些早期失效在产品的主要使用周期中会被拉平，失效率维持在较低的水平。然而，硬件老化和磨损会造成一段时间后失效率再次升高。很多消费类产品都遵循这个曲线。

软件失效也有类似的模式，但归因不同，软件不存在物理老化和磨损。典型的软件失效曲线如图 1.2 所示。

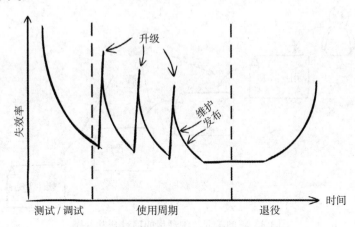

图 1.2　软件产品在全生命周期中的失效率

在初始的软件开发过程中，随着测试和调试工作的进行，失效率会快速下降。第一个版本发布之后，在软件的使用周期中，可能会有周期性的升级，而升级会引入新的失效或触发软件原本隐藏的故障，同时还可能引入新的故障。软件升级包括增加新的特性、与其他软件集成而带来变更，或者为了支持运行环境的改变（比如操作系统升级）而进行修订等。后续的维护活动可以再次逐步降低失效率，整体性地提高软件质量。到了后期，不再对软件主动进行新的开发工作，软件进入退役状态，这种情况对于开源软件来说很常见，原始的开发者可能停止维护其产品。最后，因为环境或软件依赖关系而产生的软件变更，可能会再次带来失效⊖。

⊖ 例如，Python 3 就不完全兼容 Python 2，Python 2 中那些未更新的库不能与已更新的库共同使用。

现代的敏捷开发项目（软件特性的持续集成）的失效率很符合浴缸模型。敏捷开发通常是在一个基础版本上增加新的特性，而且软件会频繁地经历再设计（也就是重构）。由这些快速升级带来的变更非常容易引入新的故障。大多数软件最终都会被替代，或者不再作为支持版本进行维护，这些操作都会让还在使用软件的用户感受到最终软件失效率的上升[⊖]。

1.2.4　测试的必要性

软件存在故障或被认为存在故障有若干原因，例如：

- 难以正确收集用户需求；
- 难以正确规定必要的软件行为；
- 难以正确设计软件；
- 难以正确实现软件；
- 难以正确修改软件。

有两种工程方法可以开发正确的系统，一种是正向工程，另一种是基于反馈的工程。

理想的软件开发项目如图 1.3 所示，始于用户，结束于正确的实现。软件开发过程是完全可靠的：每个活动都基于前一个活动所提供的输入（规范），并据此产生正确的输出。最终的软件产品因此符合规范，满足用户的需要。

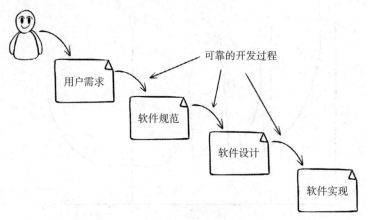

图 1.3　正向工程法中理想的项目开发过程

而实际情况是，每一个开发步骤都会产生失误和歧义，因此产生不太理想的结果。为解决这个问题，我们必须检查每一个步骤，以保证其正确实施，同时在进行下一个步骤之前，提供修复以前失误的机会。图 1.4 所示的就是在每一步不可靠开发后的验证和修复工作。

对于软件产品来说，除了要检查每个单独步骤的正确性以外，在实践过程中，我们发现还有一种检查的形式也是必要的：确保最终的软件实现能够满足用户的要求。我们称第一种形式为验证，第二种形式为确认。

⊖ 例如，对 Windows 7 操作系统的支持在 2020 年初已经结束了，现有用户没有进行安全升级。在这些系统被 Windows 10 取代之前，系统的失效率会逐渐上升。

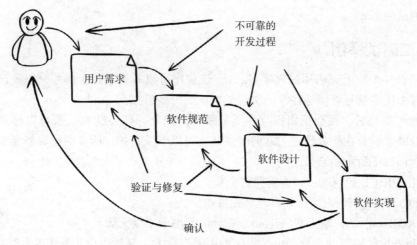

图 1.4　带有验证和确认的实际工程过程

1.3　规范的作用

软件规范规定了软件应该提供的准确和详细的行为。也就是说，规范提供了一个模型，规定了软件应该做到什么事情，这些规范在测试过程中扮演着非常重要的角色。我们只有明确地知道软件需要完成的正确行为，才可能对其实施测试，这就要求我们必须有详细的规范或软件需求[○]。

为了能够尽可能详尽地测试代码，软件规范还必须同时描述正常行为和错误行为。正常行为就是在无错误输入的情况下，软件的预期行为（或输出）。错误行为则是在有一个或多个错误输入，或者有一个或多个输入将导致软件在处理过程中发生错误的情况下，软件的预期结果。

有很多测试策略都基于软件的合理行为，这个行为通常从方法的名字就可以看出来。但这样做并不太成功，因为不是每个开发者和测试者都能够对"什么才算是合理的软件行为"做出相同的预期，在出错的情况下尤为如此。下面就是一些例子。

- 如果一个输入非法，该方法应该忽略这个输入，返回一个非法值，抛出异常？还是应该写入错误日志呢？
- 计算一个温度的时候，是应该用摄氏度（℃）、开尔文（K），还是华氏温度（℉）呢？
- 应该视 0 为正数还是负数？或者两者都不是？
- 角度取值是否可以为 0？一个阴影的面积是否可以为 $0cm^2$？或者面积是否可以为负数？

程序在处理输入数据错误时的预期行为，常常暗示这个错误已经发生了，例如程序将返回一个错误代码，或者抛出一个异常。但是为了测试软件，就必须要明确定义输入中的错误是什么，以及针对这个错误应该给调用者哪些错误提示。总而言之，为了能正确地测试软件，详细的规范是非常必要的[○]。

还要注意一点，测试员需要将一个使用书面语言或自然语言编写的规范，转换为更加准

○ 注意软件需求和用户需求之间的差异。软件需求说明软件必须做什么。用户需求说明用户希望软件能够做什么。

○ 稳定性测试例外，这种测试用来确保软件不会崩溃。

确且易于测试的形式。

1.4 手工测试举例

我们来看一个线上商店用的程序 check，该程序可以基于某顾客的积分以及该顾客是否为金卡顾客来决定其是否能够在下一次购买中享受价格折扣。

顾客购买商品后，就会积累积分。金卡顾客的积分一旦超过 80，就可以得到一次折扣机会。其他顾客只有在积分超过 120 的时候，才可以享受折扣。所有的顾客都至少有 1 分。

程序返回以下所示的结果之一：

- FULLPRICE（全价）：顾客需要付全款。
- DISCOUNT（折扣价）：顾客应享受折扣。
- ERROR（错误）：输入非法（bonusPoints 若小于 1 则无效）。

bonusPoints 是顾客的积分，也是程序的第一个输入。某标志位（为真或为假）显示顾客是否为金卡顾客，是程序的第二个输入。为简便，我们暂时忽略其他的非法输入值（比如第一个输入不是数字，或者第二个输入不是布尔值）。

图 1.5 所示为在命令行中运行被测程序后的一些输出结果[一]。所有的控制台输出都与之类似。

这些结果看上去都是正确的：一个积分为 100 的普通顾客需要支付全价，一个积分为 100 的金卡顾客可以享受折扣，而 −10 是非法的数字输入。

那么，我们是否可以确认这个方法就是正确的呢？对于每一个可能的输入，程序是否都可以正确工作呢？我们接下来将使用软件测试的理论，来尝试回答这些问题。

```
$ check 100 false
FULLPRICE
$ check 100 true
DISCOUNT
$ check -10 false
ERROR
```

图 1.5 人工测试举例

1.5 软件测试原理

测试，就是使用选定的输入运行被测软件，然后获取输出，并验证其是否（如需求所规定）正确的过程。

构建软件测试理论的目的，就是要能够识别出理想的测试：使用最少的测试数据，确保软件对所有的输入都能够正确地工作。软件测试理论的基本成果[二]，如下所示。

- 一个成功的软件测试，就是使用所有测试集中的测试数据能够产生规范中规定的所有结果。
- 如果测试数据能够一致地生成成功的测试集，或者能够一致地生成不成功的测试集，我们称这些测试数据是可靠的。
- 如果使用可靠而且有效的规则选择出某一个测试数据集，那么测试数据的成功运行

[一] 详见 14.4.2 节。

[二] J. Goodenough 和 S. Gerhart. Toward a theory of test data selection. Proc. Int. Conf. *Reliable Software*，ACM，1975.

可以表明被测程序在整个输入域上都能产生正确的结果。

- 由上述得出的结论是：规则只有能够挑选出程序域的每一个值（即对程序实现穷尽测试），才可以被视为可靠而且合法的。

1.6　穷尽测试

基于上述测试理论，能够符合要求且最直观的测试方式就是针对每一个可能的输入和输出进行测试，我们称之为穷尽测试（exhaustive testing）。下面我们来详细讨论穷尽测试。

1.6.1　穷尽测试数据

我们以前文所示的 check 程序为例，参数 goldCustomer 有两个可能的取值：真或假。参数 bonusPoints 是 64 位整数类型（Java 中的 long），因此可能有 2^{64} 种取值。这意味着输入数值的可能组合数为 2^{65} 或 $3.689\ 348\ 8 \times 10^{19}$ 种。我们可以看到，就算是 check 这样一个简单的程序，可能的输入数目也是非常庞大的。穷尽测试就是要去运行这个庞大数目的测试用例。

1.6.2　穷尽测试的可行性

穷尽测试有两个关键的问题。

- 测试执行时间：执行上述数目的测试用例需要花费的时间太长了。一个每秒钟可以执行 60 000 个测试用例的 PC，需要 600 000 000 000 000s 才可能执行完测试，也就是说，对这个简单的程序来说，需要 1900 万年才可以测试完成。
- 测试设计时间：仅在被测代码上执行这些不同的输入并不足以测试软件。测试还需要确认每一个答案都是正确的。对于 2^{65} 个输入数值来说，我们还需要算出同样数目的预期输出数值，才可以验证每个测试是否正确通过。

可能的影响

我们再来看其他的例子，一个类可能有 64 字节的数据（类属性），这 64 字节代表了 2^{512} 种可能的状态，据此将产生 2^{512} 个测试用例。假设数据库中一个记录为 128 字节，而该数据库能够保存 100 万条记录，这就意味着大概有 $2^{1\ 000\ 000\ 000}$ 个可能的数值，据此将产生同样数目的测试用例。这种数量级的组合测试是棘手的。

除此之外，对于每个测试而言，识别输出是否正确也比预想的难度要大，手工完成这项工作是很费时间的。如果写一个程序来完成这项工作，又带来了新的问题：测试预期（test oracle）问题。测试预期的需求与被测软件的需求是一样的，你怎么能保证测试预期就是正确的呢？[⊖]

1.7　启发性测试

如果能测试所有可能的输入、输入组合，以及输入序列，那将是理想的测试。当然，理想的测试需要包括合法的和非法的输入。但是，如上所述，因为耗时太长，在实践中这是不可行的。

⊖　作者的意思是，测试就是确认需求的正确性，而此时用还没有确认正确性的需求来制定测试预期，然后再用测试预期来验证程序的正确性，逻辑上是不正确的。——译者注

因此，我们得大规模减少测试用例的数目，但是又不能明显地降低测试的有效性。从时间和成本效率角度来考虑，好的测试应该具有以下特征。

- 发现故障的概率较高；
- 相互之间无重复；
- 测试用例之间具有独立性，不会造成故障之间的相互屏蔽；
- 提供尽可能高的代码覆盖率。

在实践过程中，完全满足上述所有这些准则是很困难的，因此需要大量研究工作。

所有测试技术的基础，都是选择一个输入参数的子集。因此，测试技术的质量，就取决于这个参数子集发现故障的能力。然而，故障理论尚没有构建好，因此测试技术仍然是一个基于基本理论和实践的、带有启发性质的技术。

1.7.1 随机测试

最简单的启发性测试就是随机测试，也就是随机挑选若干不同的测试输入进行测试，然后进行扩展，提供更大规模的测试输入。随机测试一般是自动实现的，列表 1.1 就是对被测方法 check() 做随机测试的简单代码实现。

列表 1.1 对 check() 的随机测试

```
1    public static void checkRandomTest(long loops) {
2
3      Random r = new Random();
4      long bonusPoints;
5      boolean goldCustomer;
6      String result;
7
8      for (long i = 0; i < loops; i++) {
9        bonusPoints = r.nextLong();
10       goldCustomer = r.nextBoolean();
11       result = Check.check( bonusPoints, goldCustomer );
12       System.out.println("check("+bonusPoints+","+goldCustomer
           + ")->" + result);
13     }
14
15   }
```

运行上述程序，令 loops = 1 000 000，那么调用 check() 就会产生 100 万个不同的随机输入，继而生成大量的输出。图 1.6 所示为从输出中截取的一个片段。运行这个示例只需要 7s，其中大部分时间还都花在了屏幕输出上。如果不需要屏幕输出，运行时间不超过 100ms。

```
check(8110705872474193638,false)->DISCOUNT
check(-4436660954977327983,false)->ERROR
check(973191624493734389,false)->DISCOUNT
check(4976473102553651620,false)->DISCOUNT
check(-7826939567468457993,true)->ERROR
check(6696033593436804098,false)->DISCOUNT
check(8596739968809683320,true)->DISCOUNT
check(-8776587461410247754,true)->ERROR
check(-947669412182307441,true)->ERROR
check(5809077772982622546,true)->DISCOUNT
```

图 1.6 随机测试输出

这段代码虽然执行了被测程序，执行过程中被测程序没有崩溃，但是没有测试程序，因为程序的每次输出都没有得到检验。而且，bonusPoints 的一半随机数值都小于 0，因此输出都是 ERROR，而大部分其他输入的输出都是 DISCOUNT。能够得到 FULLPRICE 输出的概率大概是一亿分之一，在图 1.6 中，甚至一次都没有出现 FULLPRICE 输出。

这个例子显示了随机测试的三个关键问题。

- 测试预期问题。如何判定某个结果是否正确？如果采用手工测试，毫无疑问，这将非常无聊而且耗时太长。写一个程序来进行判定更没有意义，怎样测试这个判定程序呢？实际上，我们已经写了一个程序来做这件事了，现在正打算测试它呢！
- 测试数据问题。这段代码生成随机数值，而不是随机数据。因此就生成了太多的错误输入数值，而且还遗漏了一些必要的输入数值。
- 测试充分性问题。本例中，随机测试运行了 1 000 000 次循环，但这个数字是没有实际基础的。也许 1000 次测试就足以提供正确性保障了，也许需要 1 000 000 000 测试才可以保证被测程序的正确性。

请注意，随机测试的这些问题在所有的测试形式中都存在，但因为随机测试是自动执行的，因此就需要进一步的分析。本书后面会讨论这些问题的一些解决办法。

1.7.2　黑盒测试和白盒测试

在选择输入参数的子集时，有两种常见的测试技术。一种是基于规范来生成输入数值，这可以称为黑盒测试（或基于规范的测试）；另一种是基于实现方式（大多数技术都使用源代码作为实现方式）来生成输入数值，这种方法被称为白盒测试（或基于结构的测试）。

基于规范的测试，意味着生成足够的测试用例，确保规范中包含的不同类型的处理方式都得到了执行。这不仅意味着测试将产生每一个不同的输出类别，也意味着测试针对每一种不同的输入原因生成了不同类别的输出。

基于实现方式的测试，意味着生成足够的测试用例，使得构成实现方式的每一个部件都得到验证，能够在运行的时候产生合法的结果。最简单的情况是将每一行源代码都视为一个单独的部件。但是，有很多种识别部件的方法，这些方法能够更加充分地覆盖程序可能的行为。

在所有的测试中，仅基于代码或规范是不够的。测试不仅要做这些事情，还要验证实际的结果是否与预期结果匹配。仅当验证通过时，才可以判定测试通过。

本书介绍了一系列关于如何选择测试数据的关键性技术，并且在单元测试（测试一个方法）、面向对象的测试（测试整个类）、应用测试（测试整个应用）等阶段演示如何使用这些技术。一旦读者理解了这些技术，就可以考虑应用基于经验的测试和故障注入。

1.7.3　基于经验的测试

基于经验的测试技术是一种自组织方法，也称为错误猜测法或专家观点法。该方法要求测试人员使用经验来生成测试用例。其目标通常是试图在代码中发现故障。测试可能基于某种类型的经验，包括终端用户的经验、操作员的经验、业务或风险经验、法律经验、维护经验、编程经验和通用问题域的经验等。

这种方法的优势是：在查找故障时，直觉可能会非常准，因此这种技术看上去就很有效。但是，这种技术极大地依赖于测试人员的经验，本质上的随意性使得它很难保证任何严密度或测试的完整性。

1.7.4 故障注入

另一种在哲学层面不同的测试方法，是在软件或输入数据中插入故障，然后查看被测程序是否能够发现它们。这个方法来源于硬件测试，我们可以将某个连接人为地设置为低压或者高压，以代表固定1（stuck at 1）和固定0（stuck at 0）这两种异常情况。然后在模拟环境下运行硬件，确保硬件可以发现这个故障并进行正确处理。插入的故障代表一个数据故障，所有在连接上传送的数据都将受到这个故障的影响。

将该方法用于软件测试时，故障可以插入代码中，也可以插入已知的"好"数据中。如果插入数据里，其目的就与硬件测试类似：确保软件能够发现该故障并正确地处理该故障。如果在代码中插入故障，目的就不同了：这个方法可以用来测量测试的有效性，或者显示某一种特定的故障不存在。这里可以使用术语：弱变异测试或强变异测试。弱变异测试就是通过人工审查的方式评估故障。强变异测试则是通过运行已有的测试来自动评估这些测试是否能够发现某个故障。14.3节会进一步讨论这个问题。

1.8 何时停止测试

既然测试理论只是提出"穷尽测试"这个唯一的测试终点，那么我们需要从以下不同的角度确认何时可以停止测。

- 从预算的角度：如果分配给测试的时间或预算用完，则停止测试。
- 从测试活动的角度：如果软件已经通过所有预期的测试，则停止测试。
- 从风险管理的角度：如果预期的故障率已经达到了质量要求，则停止测试。

很少有软件能够在发布之前通过所有的测试，所以最终要将上述所有角度都考虑进去，才能决定何时停止测试。这里介绍能够帮助我们决定何时停止测试的两种技术：发布的风险（risk of release）和基于使用的原则（usage-based criteria）。在测试中，优先使用基于使用的原则对最常用的程序事件实施测试。发布的风险则是根据每一个失效发生的概率和每一个失效的预期成本，预测未来可能发生的失效的成本。

在做决定时我们也要考虑道德和法律两个因素，尤其当软件是任务紧要或安全紧要系统⊖的一部分时。如果软件失效带来了诉讼风险，那么合适的软件测试结束准则就是一个非常重要的因素⊖。

1.9 静态测试和动态测试

前面的示例都使用了动态测试，即先运行代码再验证输出。另一种测试方法是静态验证，也被称为静态分析或静态测试，这种方法不需要运行代码来进行验证。

静态验证有两种使用途径：基于审查的技术和（数学化的）程序证明。两种方法都可以是人工的、半自动化的或者全自动化的。

1.9.1 基于审查的技术

我们可以以几种不同的形式化程度对代码进行审查。最低的形式化程度就是结对编程，

⊖ 安全紧要或生命紧要系统如果发生故障，可能会对健康或生命造成威胁。任务紧要系统如果失败，可能会对任务构成威胁。例如，用于太空探索、航空航天工业和医疗设备的软件。

⊖ 详细内容可以参见D. Kellegher和K. Murray的 *Information Technology Law in Ireland*。

两个程序员一起工作，其中一个编码，另一个持续审查他们的工作成果。这种方法被证实非常有效，也是很多现代软件工程过程（例如敏捷编程）的核心因素。形式化程度最高的是代码审查或走查，这种方法要求软件的规范（产品需求、设计文档、软件需求等）和代码都要提前提供给审查小组，然后召开正式的会议，进行代码走查，检查代码是否达到需求。一般来说，还要使用代码审查检查单，会议结束要生成一个正式的报告，该报告是后续纠正编码工作的基础。在软件工程中，这是很典型也很高效的方法，尤其是对于高质量的需求而言。我们也可以使用自动代码分析工具，这些工具可以发现隐含的安全漏洞、识别代码中常见的失误，或者要求软件遵从某个特定的编码标准。

1.9.2　程序证明

现在已经开发出一些严重依赖于集合理论的数学方法（被称为形式化方法或形式化验证），可以用来证明某个程序满足规范的要求。这个工作可以手工完成，只是非常耗时而且需要很高的专业水平，也可以半自动化完成，即使用工具来评估代码，然后给出需要证明的部分，再由人工完成这部分证明。或者，最新研究成果表明已经可以全自动化完成证明的过程。程序员或者设计师使用数学表达式提供对代码的形式化需求，最终完成的代码通过一个程序证明器来运行，以证明这些代码与需求匹配（或者发现反例，证明程序不满足需求）。程序员还需要生成代码的内部规范，其中最具挑战性的就是循环变量。比起人工证明，这些工作对技术能力和经验的要求略低，但是相比动态测试，这些工作还是具有极大的挑战性的。

程序证明的优势非常明显：程序在所有的情况下都可以工作。最低级别的程序证明可以与高级别的设计证明（如模型检查）相结合，为整个基于计算机的系统提供集成的证明框架。

目前，有几种用于程序证明的语言和工具正开发，然而，它们是否可以用于业界实践还存在争论。例如 JML[⊖]提供了 Java 程序的证明。我们在 14.3 节会进一步讨论这个问题。

1.10　在软件开发过程中进行测试

我们已经讨论了为什么需要测试软件，并且总结了可以使用的测试技术，现在我们来看一下如何将测试融入软件的开发过程。

软件不管复杂程度如何，都具有以下三个关键的特性。

- 用户需求：说明软件用户需要什么。
- 功能规范：说明软件必须做什么来满足用户需求。
- 软件模块：这些模块组合形成最终的系统。

想要验证上述这些内容，需要实施不同级别的测试。

- **单元测试**：测试软件的一个独立单元，确保其可以正常工作。被测单元可以是一个单独的部件，或一个由多个单独部件组合而成的组合部件。一个部件可能是一个函数或方法、一个类，也可能是一个子系统。被测单元也可以是一个单独的 GUI 部件，例如一个按钮；或者这些部件的组合，例如一个窗口。单元测试几乎不可避免地要用到单元的编程接口。单元测试要选择合适的测试数据，以保证单元能够满足其规范的要求。
- **回归测试**：如果增加了一个新的单元，或者修改了已有的单元，那么需要再次运行

⊖　www.openjml.org。

上一版本的测试，以确保当前被测软件仍然可以运行。回归测试的对象可以是独立的单元、子系统或整个软件系统。

- **集成测试**：测试两个及两个以上单元（或子系统），以确保它们能够正确地合作。集成测试可能会用到编程接口（尤其是对简单的部件），或用到系统接口（对子系统）。集成测试要挑选合适的测试数据来覆盖集成后单元之间的交互。
- **子系统测试**：如果一个系统由多个子系统构成，那么对每个子系统都要单独进行测试，确保每个子系统都能正确地工作。子系统测试会用到子系统接口，该接口可能是一个应用的 GUI、Web 服务器的 Web 接口或网络服务器的网络接口等。子系统测试要选择合适的测试数据，保证子系统能够满足其规范的要求。
- **系统测试**：要测试整个系统，以确保其能够正确地工作。[⊖]系统测试会使用系统接口，该接口可能是应用的 GUI、Web 服务器的 Web 接口或网络服务器的网络接口等。系统测试要选择合适的测试数据，保证系统能够满足其规范要求。桌面应用、移动应用或基于 Web 的应用都可能是系统测试的对象，都需要通过用户接口进行测试。
- **验收测试**：测试整个系统以确保其能够满足用户的要求、解决用户的问题，或能够通过用户实施的一系列测试。在按合同开发软件时，通常会在支付之前频繁进行验收测试。

上述这些测试活动都要使用黑盒测试技术或白盒测试技术来开发测试用例，然而除了单元测试以外，其他测试活动很少会使用白盒测试技术。

本书的重点在于动态软件验证，特别强调在单元测试（包括面向对象的测试）和应用测试中使用最基本的测试设计技术。在第 14 章我们推荐了一些扩展阅读材料。

1.11　软件测试活动

不管执行哪一种类型的软件测试，有一些活动是必须要完成的。本书使用以下 7 个必需的步骤来完成测试。[⊜]

（1）**分析**：分析软件的规范和实现，提取设计测试所需的信息。

（2）**测试覆盖项**：测试需要满足（覆盖）的准则，使用分析结果推导而得。

（3）**测试用例**：指定完成测试覆盖项所需的数据。

（4）**验证测试用例**：审查测试用例，确保每一条测试覆盖项都被测试用例覆盖。

（5）**测试实现**：一般来说，使用自动化测试工具提供的库函数来实现测试，有时也会明确要求进行手动（人工）测试。

（6）**测试执行**：执行测试，使用选定的输入数据调用被测代码，查看结果是否正确。

（7）**测试结果检查**：查看是否有失败的测试。在形式化的测试过程中，这个过程的输出是测试事故报告。

本书中将以案例演示如何应用上述这些活动。在实践中，有经验的测试员可能会执行很多步骤但是没有文档化记录执行结果。任务紧要或安全紧要系统中的软件通常会有很高的质量要求，因此其测试过程将产生相当规模的测试文档。这些文档能够支持对测试活动的详细

⊖　系统测试的一种典型方式叫作冒烟测试，这是从硬件开发领域继承而来的概念，指产品完成后的第一次开机测试，看一看是否会冒烟（表示失败了）。

⊜　许多软件过程都会定义它们自己特定的活动集合。

审查，审查过程也是软件质量保证过程的一部分。本书所有的结果都会得到充分的归档，各位读者可以将其视为指南。

1.11.1　分析

所有的测试设计都需要进行某种形式的分析工作，可能是分析源代码，也可能是分析规范（包括用户需求和软件规范）。这些信息都可以被称为测试基础，是测试的依据。分析活动的结果被称为测试条件，可以根据测试条件确认测试覆盖项。在实践中，分析结果可能不会全部文档化，甚至可能都没有文档，但是将分析结果进行文档化记录是很有价值的，文档能够让测试覆盖项的完整性审查更加准确。

1.11.2　测试覆盖项

测试覆盖项是指测试需要覆盖的特定条目。我们使用经过选择的测试设计技术审查分析结果来生成测试覆盖项。⊖

下面是测试覆盖项的示例。

- 某个参数必须选取的特定数值或特定的数值范围。
- 两个参数之间必须具有的特定关系。
- 被测代码中必须被执行的某一行语句。
- 被测代码中必须被执行的某个路径。

一个测试用例可能覆盖多个测试覆盖项。绝大多数测试技术的目标之一，都是尽可能减少测试用例的数目，同时覆盖尽可能多的测试覆盖项。这样做就是为了减少测试执行的时间。如果测试数目较少，测试执行时间就不是问题，但是对于大型软件系统来说，可能有数千条测试，执行这些测试可能需要耗时很多天。

定义测试覆盖项时，应该尽可能通用化地标识所使用数值，例如通过名字来引用常量、说明数值之间的关系而不使用真实的数值等。这样做可以最大化设计测试用例时的灵活性，让一个测试用例尽可能覆盖多个测试覆盖项。

每个测试覆盖项都应该有一个标识符，这样进行测试设计验证的时候，可以引用该标识符。每个测试覆盖项的标识符应该独一无二。本书中的测试覆盖项标识符都会有个前缀，说明该测试使用哪一种测试技术分析而得。例如，EP1就是使用等价类划分技术分析出的第一个测试覆盖项。

在简单的测试中，所有的输入都以参数的形式传递给代码，输出则以数值的方式返回。在实践中，我们经常能看到显式的参数（通过调用传递给代码）和隐式的输入（例如Java中的类属性或C中的全局变量）。同样还可能有显式的返回值和隐式的输出（例如Java中被代码修改的类属性）。这些都应该在测试覆盖项中予以说明。

错误隐藏

测试覆盖项通常分为两种：正常情况和错误情况。区分这两种情况是非常重要的，因为一个测试用例可能会合并多个输入的正常测试覆盖项，但是可能不会合并多个输入的错误测试覆盖项。不合并是因为存在错误隐藏。很多软件不能清晰地区分所有可能的错误原因，因

⊖　不是所有的文本都能清晰地区分被测试的内容（测试覆盖项）、执行测试需要的数值（测试数据），以及测试本身（测试用例）。然而，区分还是非常重要的，本书清晰地区分了这些术语。

此为了测试每一个输入错误都得到了识别和正确处理，一次只应测试一种错误。本书中，星号（*）用来标识输入错误对应的测试覆盖项及其错误测试用例。

片段 1.1⊖所示为一个简单的错误隐藏示例。

片段 1.1　错误隐藏示例

```
1    // return true if both x and y are valid
2    //          (within the range 0..100)
3    // otherwise return false to indicate an error
4    public static boolean valid(int x, int y) {
5        if (x < 0 || x > 100) return false;
6        if (y < 0 || y > 1000) return false;
7        return true;
8    }
```

如果测试输入是 x = 500 且 y = 500，该测试用例就不能发现两个参数都错误的这种情况。请注意，第 5 行代码能够正确地发现第一个错误然后返回 false，但是第 6 行的错误不会被发现，此处 y 错误地与 1000 进行比较而不是如片段第 1 行所规定的与 100 进行比较。

想要发现上述错误，我们需要两个测试用例。

- 测试用例：x = 50 且 y = 500。
- 测试用例：x = 500 且 y = 50。

这两个测试用例可以确保每个错误数值都得到单独测试，前面的错误不会隐藏后面的错误。

1.11.3　测试用例

为每个测试用例设计的测试数据，都应该匹配尚未被覆盖的测试覆盖项。

对于正常的测试覆盖项，为了减少测试量，一个测试用例应该尽可能多地覆盖正常测试覆盖项。而对于错误的测试覆盖项，一个测试用例只能覆盖一个测试覆盖项。通过仔细选择测试数据来尽量最小化测试用例的数目，是需要技巧的。首先，重要的是要确保覆盖所有的测试覆盖项，然后才是减少测试用例数目。在实践中，测试人员通过选择测试数据来优化测试用例，是一个熟能生巧的过程。

测试用例的规范应包括以下信息。

- 测试条目的标识：例如，方法的名字和版本控制系统里面的版本号。
- 测试用例的唯一标识符，例如 T1 表示测试用例 1。
- 每个测试用例覆盖的测试覆盖项列表。
- 测试数据，应包括以下两项。
  - 输入数值：应为特定的数值。
  - 预期结果：总是从规范中获取，而不是从源代码中获取。

测试用例规范定义了应该执行的测试。

某个测试覆盖项所对应的每个测试用例都应该具有唯一标识符。⊜某个测试用例可能覆盖使用不同测试技术生成的测试覆盖项，因此测试用例标识符不适合带含测试技术名字的前缀。本书按照测试覆盖项中测试用例的设计顺序给它们编号。

测试用例规范可能包括一些附加的相关信息。例如，在面向对象的测试中，设置输入数

⊖　本书中，用来展示某个要点的短代码段，就是片段。

⊜　这样做主要是为了辅助调试，使测试可以再次被可靠地执行。

值需要调用一系列不同的方法，那么在测试用例中就要说明方法的名字以及调用的顺序。

每个测试用例里面所有测试覆盖项的列表，是确认测试是否充分的指南。若可能，应该覆盖所有的测试覆盖项。如果不能覆盖所有的测试覆盖项，必须清晰地说明。

1.11.4 验证测试用例

从进行分析、定义测试覆盖项、开发测试用例，到确定测试数据的过程，我们称之为测试设计。

在测试设计过程中，最佳实践是在文档中记录测试覆盖项被哪一个测试用例覆盖，同时在测试用例中说明该测试用例覆盖的每一个测试覆盖项。这样做可以让测试设计的审查更加容易，保证每一个测试覆盖项都被有效地覆盖。

我们可以使用形式化的审查来确保测试设计的质量。如果要高效地完成测试审查，审查人员就需要查看前一个步骤的输出，包括分析的结果、测试覆盖项和测试用例。但是在实践中，这些工作大部分都是脑力完成的，不会有详细的文档化记录。

1.11.5 测试实现

测试可能实现为代码（对自动化测试），或过程（对人工测试）。本书只讲解自动化软件测试的实现方式。

最近的趋势是尽可能地自动化完成测试。然而，手工测试还是有一席之地的。自动化测试要求使用文档来描述测试过程，以便执行测试。文档中必须描述如何设置正确的测试环境，如何运行代码，如何提供测试输入以及预期结果等。

单元测试必须是自动化完成的，集成测试通常是自动化完成的，系统测试则应尽可能自动化完成。实现自动化测试包括编写代码来调用具有指定输入参数的测试覆盖项，然后将实际结果与预期结果进行对比。最佳实践是在测试代码中使用方法的名字来作为测试用例标识符。每个测试用例都应该单独实现，这样才可以清楚地识别失效所对应的测试用例。测试用例可以组成测试套件（或测试用例集），这样测试员就可以批处理大量的测试用例。

1.12 测试的工作产品

图 1.7 为测试可能产生的若干工作产品。这些工作产品反映了测试设计和测试实现过程中的主要工作。

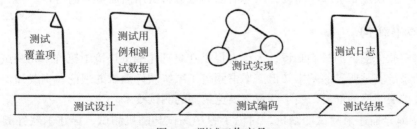

图 1.7　测试工作产品

- 测试设计活动需要生成以下信息。
  - 测试覆盖项：测试数据必须执行的指定项。
  - 测试用例和测试数据：测试标识符、输入数据的数值、预期结果数值、测试用例覆盖的测试覆盖项。

- 测试编码活动生成测试实现,这是基于测试用例而生成的。
- 执行测试实现产生测试结果和测试日志。

本书使用表 1.3 中的模板指定测试用例。测试用例没有标准形式,但是应保持统一,以便于测试所审查的规范。我们建议使用以下的形式。

- ID 列是测试用例的唯一标识符,它对于测试覆盖项来说也是唯一的。
- TCI 列是该测试用例覆盖的测试覆盖项。如果某个测试用例覆盖了一个新的测试覆盖项,我们建议将其与以前已经定义好的测试用例所覆盖的覆盖项区别开。
- 输入列是每个参数需要的输入数据。
- 预期结果列是基于被测软件规范获取的预期输出数值。在 Java 中,预期结果通常就是被调用方法的返回值。

表 1.3　测试用例规范模板

ID	TCI	输入		预期结果
		(每一个输入单独一列)		返回值
(ID)	(列测试覆盖项)	(列值)		(列值)

一定要避免重复设计测试。有经验的测试员能够在给测试用例设计测试数据的时候做到这一点。但我们还是建议读者(至少在开始阶段)对每个用例按照其设计的要求,文档化记录所需要的测试数据,然后在后续的过程中识别重复数据,再丢弃重复数据。

1.13　故障模型

既然穷尽测试是不可行的,那么对每一种测试策略都需要进行折中,只有精心设计才能暴露特定的故障类型。我们将某一种特定的故障类型称为故障模型(fault model)。每一种测试类型都是针对某一种故障模型设计的。本书前几节中描述的测试类型都是针对较简单的故障模型的,后面将会针对更加复杂的故障模型。理解软件开发人员可能引入代码中的故障模型可以更有效地进行测试设计,从而更容易暴露故障。

1.14　如何使用本书

本书是介绍类书籍,可以用于本科生或研究生的课程,也可以作为研究人员和专业人员的入门读物。建议按章节顺序阅读,因为后面的章节将引用前面章节的内容。

1.14.1　本书结构

本书讲解软件测试的核心知识,为读者提供在自动化测试环境中执行单元测试、面向对象的测试和系统测试所需的基本知识。本书涵盖了系统软件测试的理论与实践知识,14.3 节提供了一些扩展阅读的资料,便于读者掌握更精深的测试技术。

- 简介部分描述了测试的动机,讨论了穷尽测试和随机测试,描述了软件测试的基本步骤。
- 通过单元测试示例,我们讨论了六种黑盒测试和白盒测试的基本技术。每一种技术都涵盖了从问题分析到自动化测试实现的所有工作内容。在案例之后,详细讨论了每一种技术的原理。

- 接着讨论了面向对象的软件测试的基本元素。面向对象的测试是一个非常热门的话题，本书讨论了一些业界通行的原理，提供了若干案例。
- 我们先介绍单元测试，然后介绍应用测试，因为用户界面往往比编程界面更复杂，而这会使得对测试技术和测试自动化原理的学习不够系统。在介绍应用测试时，我们的示例是在用户界面上测试基于 Web 的软件应用程序。
- 本书最后详细讨论了软件测试自动化和随机测试，同时也讨论了软件测试在软件开发过程中扮演角色。

1.14.2　测试顺序

一般来说，单元测试之后就是集成测试，然后是系统测试[⊖]。在单元测试中，要首先进行黑盒测试，然后进行白盒测试，这样做可以有选择地增加覆盖率指标，比如语句覆盖率。这种策略还可以在减少测试重复的情况下，使最大化测试覆盖率最大化。

本书内容的顺序与上述相同，但是本书没有详细讲解集成测试。

1.14.3　文档化测试分析

在实践中，绝大多数的测试员都不会如本书般详细地记录测试文档，除非是软件质量要求很高的项目。然而，测试员"头脑中"一定要系统化地开发测试，而在学习测试的过程中，最好如本书范例写下所有的中间过程。

1.14.4　编程语言

本书所有案例都使用 Java 11 语言进行编写。在测试过程中使用的 Java 的原理和策略，同样可以作为其他面向过程或面向对象语言的示例。

1.14.5　详细程度

本书聚焦于软件的功能测试原理，以及如何将这些原理应用于实践。有些内容，例如面向对象的测试、系统测试等，因为其深度和广度，本书没有进行非常详细的描述。非功能性测试技术，例如性能测试（负载测试、压力测试、稳定性测试等），也没有在本书中进行详细讨论。

1.14.6　示例

本书提供了若干示例，包括被测软件和自动化测试等。这些示例的作用是展示如何使用测试原理，不应将其作为良好的编码示例。为简略，我们忽略了很多注释和 Javadoc 规范。

1.14.7　软件测试工具

本书旨在让读者了解软件测试的原理并将其用于工程实践。本书使用的软件测试工具只是作为示例演示自动化测试而已。本书所选的工具并非业界最通用或最先进的工具，甚至可能不是在真实的测试项目中最合适的工具。本书不会推荐任何特定的工具，只是说明工具的一些核心功能，读者应阅读工具相关的文档以获取更多工具相关的细节。

⊖　对用户应用程序的系统测试经常被称为应用程序测试。

1.15 术语

软件测试中很少有统一的术语。读者会在不同的书籍、研究论文、白皮书、测试自动化文档和网页中发现不同的术语，有些术语甚至可能还会有冲突。本书统一使用 ISO 国际标准 ISO/IEC/IEEE 29119[⊖]提供的术语，使用测试覆盖项、测试用例、测试实现来分别指代测试目标、实现测试目标所需要的数据和实现测试所编写的代码。

⊖ ISO/IEC/IEEE 29119:2016 Software and systems engineering – Software testing（parts 1 ~ 5）。

等价类划分

本章使用一个可运行的单元测试示例，讨论最简单的黑盒测试技术：等价类划分（Equivalence Partition，通常记为 EP）技术。我们使用上一章提出的测试步骤来实施测试，包括：分析、测试覆盖项（TCI）、测试用例、测试设计验证、测试实现、测试执行和测试结果检查。

2.1 使用等价类划分进行测试

等价类划分技术的目标有两个：

- 针对每一种不同的处理流程，使用至少一个有代表性的输入值来验证被测软件是否正确工作。
- 确保针对每一种不同的处理流程，至少可以生成一个有代表性的输出值。

为了识别出这些输入值和输出值，我们需要使用等价类划分技术。本章从一个示例开始，逐步展开更详细的讨论。

定义　等价类，是指一个输入（或输出）的离散取值范围，按照规范的要求，该范围内的输入（或输出）具有等价的处理流程。

2.2 示例

回顾 1.4 节中的被测程序 check，其核心功能由类 OnlineSales 实现。OnlineSales 类包括一个静态方法 giveDiscount，其定义如下[⊖]：

Status giveDiscount (long bonusPoints, boolean goldCustomer)

输入

　bonusPoints：顾客积累的积分。

　goldCustomer：如果是金卡顾客，则为真。

输出

返回值：

　FULLPRICE：如果 bonusPoints $\leqslant$ 120 且 goldCustomer 为假。

　FULLPRICE：如果 bonusPoints $\leqslant$ 80 且 goldCustomer 为真。

　DISCOUNT：如果 bonusPoints $>$ 120。

　DISCOUNT：如果 bonusPoints $>$ 80 且 goldCustomer 为真。

　ERROR：如果输入值非法（bonusPoints $<$ 1）。

　Status 的定义如下所示：

　⊖　本书中使用 Javadoc 作为规范。

enum Status{FULLPRICE,DISCOUNT,ERROR};

本章介绍测试技术, 仅以静态方法为示例, 不考虑经构造方法实例化得到的对象。在第 9 章中, 我们将使用这里介绍的测试技术测试实例方法。

为简便, 本例中没有使用 Java 异常来显示错误, 11.8 节将展示如何测试带有异常的代码。

2.2.1　分析

开发测试的第一步就是分析规范以便识别等价类划分。

我们分两步进行分析: 首先识别每个参数的自然范围 (natural range), 然后基于等价处理原则识别基于规范的范围 (specification-based range), 也就是识别等价类划分。

自然范围

自然范围是基于输入参数和返回值的类型而确定的。为便于分析, 我们给被测程序的每个输入和输出都绘制一条数值线。

数值线是数值范围的一种图形化表达。数值的最小值在最左边, 最大值则在最右边。这些数值线能够帮助我们在识别等价类划分的时候, 确保不会有重复和缺漏。

参数 bonusPoints 是长类型, 其自然范围含 2^{64} 个数值[⊖]。参数 bonusPoints 的数值线代表了该参数所有可能的取值范围, 如图 2.1 所示。从中可以看出参数 bonusPoints 的取值范围为从 Long.MIN_VALUE 到 Long.MAX_VALUE。

```
Long.MIN_VALUE        Long.MAX_VALUE
```

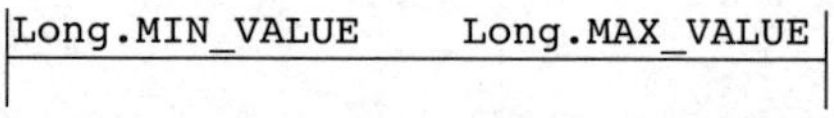

图 2.1　参数 bonusPoints 的自然范围数值线

布尔型数值最好被视为两个独立的范围, 分别对应 true 和 false 两个取值, 因为这两个取值没有顺序关系。布尔参数 goldCustomer 有两个自然范围, 分别对应图 2.2 所示的一个取值。

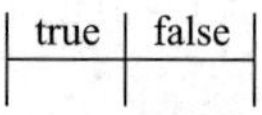

```
true | false
```

图 2.2　goldCustomer 的自然范围数值线

对枚举类型的处理方法与对布尔类型相似, 将它视为多个独立的范围, 每个范围对应一个可能的取值。尽管有些语言中的枚举数值可以具有顺序关系, 例如 Java 语言就提供 ordinal 方法, 但是不同的枚举数值通常反映不同的处理方式。因此最有效的方法是让每个数值对应一个独立的范围。giveDiscount 方法的返回值的类型就是枚举类型, 它有三种定义好的返回数值, 因此有三个自然范围, 如图 2.3 所示, 每个范围对应一个取值。

```
FULLPRICE | DISCOUNT | ERROR
```

图 2.3　返回值的自然范围数值线

我们使用数值线的方法, 识别出 giveDiscount 方法的输入和输出的自然范围, 并在表 2.1 中记录这些自然范围。

⊖　本示例基于 Java 语言, 其中使用 64 位表示长类型。

表 2.1　自然范围

参数	自然范围
bonusPoints	Long.MIN_VALUE..Long.MAX_VALUE
goldCustomer	true
	false
return value	FULLPRICE
	DISCOUNT
	ERROR

符号 ".." 表示某参数可以取到该范围内的任意数值，包括最大值和最小值。这个表示方法与数学中的闭区间 [Long.MIN_VALUE,Long.MAX_VALUE] 等价。

基于规范的范围

我们可以从数值线的左端 "走到" 右端，在游走的过程中识别那些可能引起软件处理方式发生变化的数值，以此获得基于规范的范围。

对于输入 bonusPoints 来说，左边第一个数值是 Long.MIN_VALUE，沿着数值线走，按照规范规定，一直到 0（包括 0），对途径数值的处理方式都相同（因为这些都是错误值）。我们由此得到数值线上的第一个基于规范的范围，如图 2.4 所示。

Long.MIN_VALUE　　　　0　　　Long.MAX_VALUE

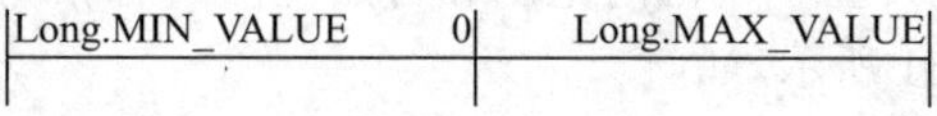

图 2.4　bonusPoints 的第一个基于规范的范围

如图 2.4 所示，数值线是概念性的模型，不需要按比例来绘制。每个范围的宽度只要能够清晰地展示数值就可以了，宽度不代表范围内数值的个数。

0 的下一个数值是 1，如图 2.5 所示，我们现在可以对 1 进行处理了。

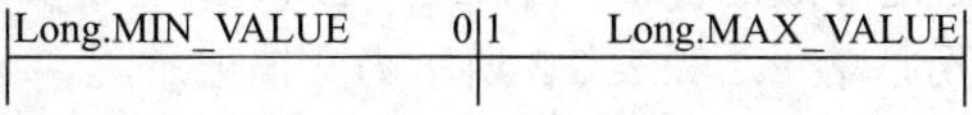

Long.MIN_VALUE　　　　0│1　　Long.MAX_VALUE

图 2.5　第二个范围的起点

从 1 开始，沿着数值线继续走，一直到 80（包括 80），软件对途经所有数值的处理方式都一样。而对数值 81 的处理方式可能与对 80 的不同，也可能相同。由此产生了图 2.6 所示的第二个基于规范的范围。

Long.MIN_VALUE　　0│1　　80│　　Long.MAX_VALUE

图 2.6　bonusPoints 的第二个基于规范的范围

80 后面的数值是 81，如图 2.7 所示，我们现在来处理 81。

Long.MIN_VALUE　　0│1　　80│81　　Long.MAX_VALUE

图 2.7　开始处理第三个范围

从 81 开始沿着数值线继续走，一直到 120（包括 120），对途经数值的处理方式都是一样的。由此产生图 2.8 所示的第三个基于规范的范围。

如图 2.9 所示，120 后面的数值是 121。对 121 与 Long.MAX_VALUE 之间数值的处理方式都是相同的，由此产生 bonusPoints 参数的第四个基于规范的范围。

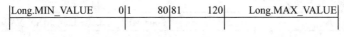

图 2.8   bonusPoints 的第三个基于规范的范围

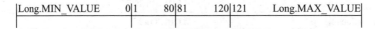

图 2.9   bonusPoints 的第四个基于规范的范围

接着我们来分析输入参数 goldCustomer，这是一个布尔型参数。图 2.2 所示为该参数的自然范围。goldCustomer 有两个与自然范围对应的等价类划分，对它们的处理方式各不相同。图 2.10 所示为 goldCustomer 基于规范的范围。

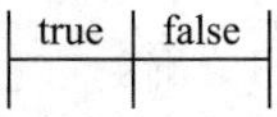

true	false

图 2.10   goldCustomer 的基于规范的范围

最后，规范中规定，return value 的每个自然范围是每个不同的处理过程的结果。因此对于 goldCustomer 来说，其基于规范的范围和自然范围具有相同的数值曲线。return value 的基于规范的范围如图 2.11 所示。

FULLPRICE	DISCOUNT	ERROR

图 2.11   return value 的基于规范的范围

数值线上显示的每一个基于规范的范围都是一个等价类划分（对该范围内每个数值的处理过程都是相同的）。不论是有效的等价类划分还是无效的等价类划分，都可以从数值线中派生输入和输出等价类划分。表 2.2 和表 2.3 所示为文档记录。

表 2.2   giveDiscount 的输入等价类划分

参数	等价类划分
bonusPoints	(*) Long.MIN_VALUE..0
	1..80
	81..120
	121..Long.MAX_VALUE
goldCustomer	true
	false

表 2.3   giveDiscount 的输出等价类划分

参数	等价类划分
return value	FULLPRICE
	DISCOUNT
	ERROR

有些等价类划分与错误处理相关，我们使用星号（＊）标识。本例中，识别错误处理是很容易的。但是其他的规范可能就要困难得多。在常规的测试开发过程中，这个分析过程可能没有文档化记录，有经验的开发者能直接识别出等价类划分。但是对于初学软件测试的人

来说，我们还是建议大家如上文所述的，完整地记录分析的结果。这有助于正确地掌握等价类划分技术。

2.2.2　测试覆盖项

下一步工作就是从等价类划分中生成 TCI。一个 TCI 就是一条需要测试的内容。一个等价类划分就是一个 TCI，如表 2.4 所示。

表 2.4　giveDiscount 的 TCI

TCI	参数	等价类	测试用例
EP1*		Long.MIN_VALUE..0	
EP2	bonusPoints	1..80	
EP3		81..120	
EP4		121..Long.MAX_VALUE	
EP5	goldCustomer	true	待补充
EP6		false	
EP7		FULLPRICE	
EP8	return value	DISCOUNT	
EP9		ERROR	

注：1. TCI 是针对某一种特定的测试技术的，所以给 TCI 的标识符加一个带有技术名称的前缀会非常实用，此处的 EP 就是等价类划分技术的缩写。

2. 带有星号的 TCI 是针对输入错误的，对每个输入错误都应该独立测试。

3. 我们在后面补充测试用例栏。

每个 TCI 都应有一个唯一标识符，以便于追踪哪些（带有测试数据的）测试用例覆盖了每一个 TCI，确保无一疏漏。本例中，第一个 TCI 标识为 EP1，第二个标识为 EP2，以此类推。

标识符后若带有星号（*）则表明该 TCI 是针对错误输入的，这一点很重要，因为任何时候一个带有错误输入的 TCI 都需要一个单独的测试用例来覆盖。应将每个参数的等价类划分分为一组并按顺序列出，如表 2.4 所示。

表 2.4 带有一个空白的测试用例栏，我们将在后面补充完成，这一栏旨在表明某个测试用例覆盖了哪一个 TCI。

2.2.3　测试用例

下一步就是为每一个 TCI 设计数据值。对于等价类划分来说，我们的目标是一个测试用例要覆盖尽可能多的 TCI。我们分两个步骤来完成：第一步是使用等价类划分为每一个输入和输出选择一个等价值，第二步是生成测试用例表。

我们在等价类内部随机选择一个测试输入数据：对于较短的范围，选择中间的数值；对于较长的范围，选择一个方便的数值即可，但不要选择起始位置或终点位置的数值。一定要注意不能选择边界值，选择中间的数值更易暴露不正确的处理行为，这也是等价类划分测试技术的目标。[⊖]这样做也比较易于调试错误，因为如果软件的失效可以与测试技术相关的故障模式相匹配，就比较容易找到失效的原因。

⊖ 下一章，使用边界值暴露错误是边界值分析方法的目标。

对于不连续的范围，例如布尔或枚举类型的数值，每个等价类只包含一个数值。表 2.5 所示为示例的所选数据值。

表 2.5 等价值

参数	等价类划分	等价类取值
bonusPoints	Long.MIN_VALUE..0	−100
	1..80	40
	81..120	100
	121..Long.MAX_VALUE	200
goldCustomer	true	true
	false	false
return value	FULLPRICE	FULLPRICE
	DISCOUNT	DISCOUNT
	ERROR	ERROR

现在我们来完成测试用例表，我们按照下面描述的方法补充完整表 2.6 中的每一列。既然每个测试用例都应有一个唯一标识符，我们就从 T1.1 开始。对每一个参数，首先选择一个非错的等价类划分，也就是 bonusPoints 所针对的 EP2 和 goldCustomer 所针对的 EP5。将 TCI 标识符填入被覆盖的 TCI 列。为了节省空间，我们使用 EP2,5 作为 EP2 和 EP5 的缩写。在输入列填入为每个参数选择的数据值。

表 2.6 EP 测试用例：T1.1 输入值

ID	被覆盖的 TCI	输入		预期结果
		bonusPoints	goldCustomer	return value
T1.1	EP2,5	40	true	

现在我们通过规范来确定正确的输出。本例中，输出就是返回值，按照规范获取的正确的输出就是预期结果。从规范中可得，如果 bonusPoints 是 40 而 goldCustomer 为 true，那么预期结果就是 return value FULLPRICE。将此值填入预期结果列，在被覆盖的 TCI 这一列填入匹配的 TCI（EP7），如表 2.7 所示。

表 2.7 EP 测试用例：T1.1 输出值

ID	被覆盖的 TCI	输入		预期结果
		bonusPoints	goldCustomer	return value
T1.1	EP2,5,7	40	true	FULLPRICE

现在让我们完成剩下正常 TCI 的测试用例，记住尽量按顺序完成。每增加一个测试用例，都要让所选数据尽可能多覆盖正常覆盖项。例如对于测试用例 T1.2，使用 EP3 和 EP6 作为输入；对于测试用例 T1.3，使用剩余的未覆盖的输入 TCI：EP4。表 2.8 所示为最终完成的、不含错误的测试用例。

表 2.8 giveDiscount 的正常测试用例

ID	被覆盖的 TCI	输入		预期结果
		bonusPoints	goldCustomer	return value
T1.1	EP2,5,7	40	true	FULLPRICE
T1.2	EP3,6,[7]	100	false	FULLPRICE
T1.3	EP4,[6],8	200	false	DISCOUNT

T1.2 与 T1.1 有相同的输出 EP7，因此在记录文档时我们将 EP7 用方括号 [] 括起来，如表 2.8 中所示。测试用例 T1.3 必须重复使用分析 goldCustomer 时已经过测试的数值，如表 2.8 所示，其取值为 false。

最后我们来完成错误输入的 TCI 的测试用例，每一个错误输入的 TCI 都必须对应一个单独的测试用例，或者说一个测试用例只能覆盖一个错误输入的 TCI。这是为了避免发生在 1.11.2 节中提到的错误隐藏。表 2.9 所示为最终完成的所有测试用例，每个测试用例都有选好的输入数据和预期结果。

表 2.9　giveDiscount 的 EP 测试用例

ID	被覆盖的 TCI	输入		预期结果
		bonusPoints	goldCustomer	return value
T1.1	EP2,5,7	40	true	FULLPRICE
T1.2	EP3,6,[7]	100	false	FULLPRICE
T1.3	EP4,[6],8	200	false	DISCOUNT
T1.4*	EP1*,9	−100	false	ERROR

注：1. 对每个输入错误的 TCI 都要单独测试。
　　2. 测试用例及其测试数据不一定非要针对某一种技术，这样更易于在测试用例的 ID 不带含测试技术缩写的前缀时复用测试用例。
　　3. 最小化测试用例的数目需要多次迭代。对于任意输入或输出，我们的目标是最大化等价类划分的数目。本例中，bonusPoints 参数的目标等价类划分数目是 4，但这一点不一定总能做到。

最终完成的表中一定要包含被覆盖的 TCI 列，这样有助于测试人员确认所有的 TCI 都已经得到覆盖，也有助于测试检查人员验证测试用例的完整性。

这里我们没有考虑测试输入的组合，例如，等价类划分测试技术不会覆盖 bonusPoints=40 且对应 goldCustomer 既为 true 也为 false 的情况。第 4 章会讨论测试输入组合的系统化方法。

2.2.4　验证测试用例

验证测试用例包括两个步骤：首先完成 TCI 表，然后审查 TCI 表。

完成 TCI 表

现在我们可以完成 TCI 表（见表 2.4）中的测试用例这一列，如表 2.10 所示。这一步是通过读取表 2.9 中被覆盖的 TCI 这一列完成的。

表 2.10　完成的 TCI 表

TCI	参数	等价类划分	测试用例
EP1*		Long.MIN_VALUE..0	T1.4
EP2	bonusPoints	1..80	T1.1
EP3		81..120	T1.2
EP4		121..Long.MAX_VALUE	T1.3
EP5	goldCustomer	true	T1.1
EP6		false	T1.2
EP7	return value	FULLPRICE	T1.1
EP8		DISCOUNT	T1.3
EP9		ERROR	T1.4

审查工作成果

测试设计的验证包括审查工作，以确保以下两点。

（1）每个 TCI 都被至少一个、含有适当测试数据的测试用例覆盖，以确保测试用例的充分性。

（2）每一个新测试用例至少覆盖一个新 TCI，以确保没有不必要的测试用例。理想情况下，每个测试用例都应覆盖尽可能多的新 TCI，本例中是覆盖 3 个，包括 2 个输入 TCI 和 1 个输出 TCI。

本例中，从表 2.10 可见，每个 TCI 都已被覆盖；从表 2.9 可见，每个等价类划分测试用例都覆盖了新的 TCI。

- T1.1 第一次覆盖了 EP2、EP5 和 EP7。
- T1.2 第一次覆盖了 EP3 和 EP6，同时再次覆盖了 EP7（这是不可避免的，因为 EP7 是前两个 TCI 的输出）。
- T1.3 第一次覆盖了 EP4 和 EP8，同时再次覆盖了 EP6（这也同样是不可避免的）。
- T1.4 是一个错误的测试用例，覆盖了一个输入错误的 TCI EP1*。同时也覆盖了输出 TCI EP9。尽管此时为 goldCustomer 选的输入数据是 false，但其并没有覆盖 EP6，因为这是一个错误的 TCI，而且错误隐藏导致这个用例不能验证 EP6。

2.3　测试实现和测试结果

2.3.1　手工测试的输出

图 2.12 所示为使用这些测试数据手工执行一个小示例程序的结果（该程序使用方法 giveDiscount 来完成计算功能）。

如果我们对比规范与实际的结果，就会发现 giveDiscount 可以在识别出的等价类划分内正确地运行。只是，在实践中手动执行每个测试用例，键入输入数据，再检查输出的结果数值，这个过程会非常枯燥、易出错而且很慢。软件测试应该是简单、不出错而且快速的。在现代软件开发实践中，这一点尤为重要，因为软件的功能会持续增加，变更会频繁，需要持续不断地进行再测试。因此，软件测试经常需要自动化完成，我们在后续的例子中只会显示自动化测试的过程。

```
$ check 40 true
FULLPRICE
$ check 100 false
FULLPRICE
$ check 200 false
DISCOUNT
$ check -100 false
ERROR
```

图 2.12　随机测试输出

2.3.2　自动化的测试实现

现在我们把手动执行测试用例实现为自动化执行。本书使用 TestNG[⊖]作为演示的示例，

⊖　更多细节请见 https://testng.org。

业界还有很多其他的测试框架。

测试框架通常都会包括一个测试执行器（test runner），测试执行器的作用就是执行测试并收集测试结果。因此，测试类中不需要包含 main 方法。在执行器中我们需要标识每个测试，在 TestNG 中我们使用的是 Java Annotation，Java Annotation 可以在运行时确定方法的信息。

测试用例 T1.1（见表 2.6）的输入是 40L[⊖]和 true，预期结果是 return value FULLPRICE。使用这些输入，自动化的测试实现见列表 2.1。

列表 2.1　在 TestNG 中测试 T1.1

```
 1  package example;
 2
 3  import static org.testng.Assert.*;
 4  import org.testng.annotations.*;
 5  import example.OnlineSales.Status;
 6  import static example.OnlineSales.Status.*;
 7
 8  public class OnlineSalesTest {
 9
10      // T1.1
11      @Test
12      public void testT1_1() {
13          assertEquals( OnlineSales.giveDiscount(40L,true), FULLPRICE );
14      }
15
16  }
```

这里我们需要注意以下几点。

（1）第 3～6 行的 import 语句保证可以访问正确的 TestNG 方法和枚举变量 Online-Sales.Status。

（2）第 11、12 行使用 @Test 标识测试方法 testT1_1()，这样 TestNG 测试执行器可以在运行时识别且调用该方法，以执行测试。

（3）此处我们使用断言来验证从被测方法中得到的输出是否正确。第 13 行调用的 assertEquals 将使用测试用例 T1.1 的输入值作为输入来调用 giveDiscount，然后检查其返回值是否符合预期。在 TestNG 中，如果返回值与预期值不相等，代码：

```
assertEquals( <actual-value>, <expected-value> )
```

将抛出一个异常，TestNG 框架会捕获这个异常，并记录为一个失败的测试。如果 @Test 方法一直运行到结束也没有发生异常，则 TestNG 将其记录为通过的测试。

本例中：

- <actual-value> 是调用 OnlineSales.giveDiscount（40L,true）的返回值；
- <expected-value> 的取值是常量 FULLPRICE。

测试用例 T1.2 的代码[⊜]如列表 2.2 所示，请注意这里有一个很明显的重复部分：方法 testT1_1 与方法 testT1_2 完全相同，只是使用了不同的输入值。

⊖　此处我们使用 Java 记号 40L 表示值为 40 的长常量。

⊜　为简便，省略 package 和 import 语句。

列表 2.2　测试 T1.1 和 T1.2

```
 1  public class OnlineSalesTest {
 2
 3      // T1.1
 4      @Test
 5      public void testT1_1() {
 6          assertEquals( OnlineSales.giveDiscount(40L,true), FULLPRICE );
 7      }
 8
 9      // T1.2
10      @Test
11      public void testT1_2() {
12          assertEquals( OnlineSales.giveDiscount(100L,false), FULLPRICE );
13      }
14
15  }
```

为减少代码重复，我们可以将不同的数据用于同样的测试代码，此处我们使用参数化（或数据驱动）的测试技术。在 TestNG 中，实现这个技术的组件被称为数据提供器（data provider）。列表 2.3 所示为使用参数化的测试技术实现测试 T1.1 ~ T1.4 的代码。此处同样为简便，没有显示 package 和 import 语句。[⊖]

列表 2.3　带有等价类划分的 OnlineSalesTest

```
 1  public class OnlineSalesTest {
 2
 3      // EP test data
 4      private static Object[][] testData1 = new Object[][] {
 5      // test, bonusPoints, goldCustomer, expected output
 6          { "T1.1", 40L, true, FULLPRICE },
 7          { "T1.2", 100L, false, FULLPRICE },
 8          { "T1.3", 200L, false, DISCOUNT },
 9          { "T1.4", -100L, false, ERROR },
10      };
11
12      // Method to return the EP test data
13      @DataProvider(name = "dataset1")
14      public Object[][] getTestData() {
15          return testData1;
16      }
17
18      // Method to execute the EP tests
19      @Test(dataProvider = "dataset1")
20      public void test_giveDiscount( String id, long bonusPoints,
21              boolean goldCustomer, Status expected)
22      {
23          assertEquals(
24          OnlineSales.giveDiscount(bonusPoints, goldCustomer),
25              expected );
26      }
27
28  }
```

需要特别注意几点。

（1）将多组测试数据（测试用例 T1.1 ~ T1.4）用于同一个测试方法时，除了需要一个

⊖　代码示例中引用了预期结果作为预期输出，以强调预期结果是测试条目的输出。

测试方法，还需要一个针对该测试方法的数据提供器：

- 第 19 行，@Test 说明了测试方法 test_giveDiscount 所需的数据提供器的名字 dataset1；
- 第 13 行，@DataProvider 将方法 getTestData 定义为数据提供器，名为 dataset1。

（2）第 6 ～ 9 行使用表 2.9 中的数据指定了数组 testData1 中的测试数据。测试数据中，用字符串表示测试用例 ID，以便于更容易地识别失败的测试。数据提供器 getTestData 在第 15 行返回该数组。注意，该数组可能已经定义在方法内部，甚至可能定义在返回语句中。不过，在测试类的顶部初始化数据数组会更清晰一些。

（3）TestNG 测试执行器首先找到带有 @Test 的方法，然后找到带（能够匹配名 dataset1 的）@DataProvider 的方法。然后调用数据提供器，返回一个测试数据的数组。之后按顺序使用数组中的每一行数据，重复调用测试方法。

2.3.3　测试结果

针对类 OnlineSales 执行上述测试会生成如图 2.13 所示的结果。所有的测试都通过了。软件生成的实际结果与从规范中获取的预期结果全都吻合。

```
PASSED: test_giveDiscount("T1.1", 40, true, FULLPRICE)
PASSED: test_giveDiscount("T1.2", 100, false, FULLPRICE)
PASSED: test_giveDiscount("T1.3", 200, false, DISCOUNT)
PASSED: test_giveDiscount("T1.4", -100, false, ERROR)
===============================================
Command line suite
Total tests run: 4, Passes: 4, Failures: 0, Skips: 0
===============================================
```

图 2.13　OnlineSales.giveDiscount() 的 EP 测试结果

2.4　等价类划分的细节

2.4.1　故障模型

在等价类划分的故障模型中，整个范围内的数据都不能得到正确处理。这些故障通常与代码中不正确的判定或功能丢失相关。

因为软件对一个等价类划分中的任何数值的处理方式都是一样的，所以等价类划分测试方法通过从每个等价类划分中至少选择一个数值进行测试，可以暴露上文所述的故障。

2.4.2　描述

等价类划分技术需要在每个参数的等价类划分中选取有代表性的数值。每个参数的每个等价类划分就是一个 TCI。输入和输出都应该纳入考虑。等价类划分技术应该尽量生成较少的测试用例，每个新测试用例的测试数据应该尽可能覆盖尚未被覆盖的等价类划分。错误的测试覆盖项应单独被覆盖，以避免错误隐藏。我们的目标是 100% 覆盖所有等价类划分。

2.4.3　分析：识别等价类划分

参数

方法（和函数）都有显式和隐式参数。显式参数是要传递到方法调用中的，隐式参数则不同。例如，在 C 程序中隐式参数可能是全局变量，在 Java 程序中隐式参数可能是属性。测试中必须同时考虑这两种参数。一个完整的规范应该包括所有的输入和输出。

数值范围

所有的输入与输出都有其自然的数值范围和基于规范的数值范围。自然范围是基于数据类型的，基于规范的范围或划分则是基于特定软件处理过程的。使用图示来分析范围是很有帮助的，如图 2.14 所示。该图显示了一个 Java 中的整型，是 32 位值，最小值为 -2^{31}，最大值为 $2^{31}-1$（或者我们也可以表示为 Integer.MIN_VALUE 和 Integer.MAX_VALUE）。我们可得如下自然范围：

- **整型**：[Integer.MIN_VALUE..Integer.MAX_VALUE]

图 2.14　Java 中整型的自然范围

其他一些常用类型的自然范围如下所示：
- **字节**：[Byte.MIN_VALUE..Byte.MAX_VALUE]
- **短类型**：[Short.MIN_VALUE..Short.MAX_VALUE]
- **长类型**：[Long.MIN_VALUE..Long.MAX_VALUE]
- **字符**：[Character.MIN_VALUE..Character.MAX_VALUE]

不具备自然顺序性的类型，其自然范围会稍微有所区别，每个值就是一个范围，每个范围只含有一个值：
- **布尔型**：[true][false]
- **枚举颜色**：{Red, Blue, Green} [Red][Blue][Green]

对复合类型（例如数组和类）的分析过程，会更复杂一些，但原理是相同的。

等价类划分

一个等价类划分就是某个参数的一个数值范围，该范围内的数值按照规范要求具有等价的处理流程。

现在我们来看一个方法 boolean isNegative(int x)，该方法接收一个 Java 整型值作为输入参数，如果 x 是负数则返回 true，否则返回 false。从规范我们可以识别出参数 x 的两个等价类划分：

（1）Integer.MIN_VALUE..-1

（2）0..Integer.MAX_VALUE

这两个基于规范的范围被称为等价类划分。从规范可知，对划分里的任何一个值的处理方法都是一样的，如图 2.15 所示。

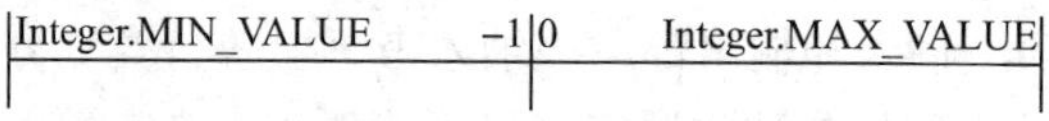

| Integer.MIN_VALUE | -1 | 0 | Integer.MAX_VALUE |

图 2.15　等价类划分

每个输入和输出参数都有自然范围和等价类划分。

Java 的布尔型是个枚举类型，取值可以为 true 和 false。每个枚举值都有一个单独的范围。本例中，两个不同的取值对应不同的处理方式，所以返回值也有两个等价类划分：

（1）true

（2）false

选择等价类划分

我们可以采用下面的指南来识别等价类划分：

- 每个参数的每一个取值都必须位于某个等价类划分内；
- 两个等价类划分之间没有数值；
- 如果没有特殊说明，参数的自然范围就指出了等价类划分的最小值和最大值。

我们在测试中使用等价类划分技术，是因为根据规范，在等价类划分中选取的某个数值可以代表该等价类划分中的任何其他值。因此，我们就不需要穷举测试等价类划分中的每一个数值，只要单独测试该划分中的一个数值即可，这个值可以是等价类划分中的任何值。传统上会选取中间值。在测试软件的基本操作时，等价类划分技术非常有用：如果使用等价类划分数值进行测试时，软件失效，那么在修复该故障之前，不需要再使用其他更复杂的测试技术了。

2.4.4　测试覆盖项

每个输入和输出的每一个等价类划分都是一个 TCI。每个测试条目的每个 TCI 都应具备一个唯一标识符。对于等价类划分 TCI 来说，为标识符加一个前缀"EP"是很有用的。注意，从等价类划分中选取的数值只是测试用例的一部分，正如测试用例表（如表 2.9）展示的。

2.4.5　测试用例

测试用例的选择原则是尽量去覆盖那些还没有被覆盖的 TCI。理想情况下，每个正常的测试用例都应该覆盖尽可能多的正常 TCI，而每个错误的测试用例只能覆盖一个针对错误输入的 TCI。

预期结果值应该来自规范，而测试员必须保证所有与输出参数相关的 TCI 都被覆盖。测试员有时候需要从规范中"倒推"出能够产生某个输出的输入数值。

小提示：通常来说通过按序遍历 TCI，为每个参数找到下个尚未被覆盖的 TCI，然后从其对应的等价类中找到一个有代表性的测试数据，来区分测试用例会更容易。使用同一个等价类划分中的不同数值是没有道理的，实际上，从每个等价类划分中选取某个特定值并且一直使用该值，会使审查测试用例的正确性更容易些。

2.4.6　缺点

等价类划分技术要求尽量减少测试用例的数目。不要为每个输入组合都设计测试用例，也不要为每个 TCI 都设计一个单独的测试用例。

设计完成测试用例之后，要检查是否存在不必要的测试用例。同样地，也要检查是否可以重构测试用例以减少测试用例数目。表 2.11 所示为在 2.2.3 小节的示例中实施这两种技术以后的结果。

表 2.11　giveDiscount 未优化的 EP 测试用例

ID	被覆盖的 TCI	输入		预期结果
		bonusPoints	goldCustomer	return value
X1.1	EP2,5,7	040	true	FULLPRICE

（续）

| ID | 被覆盖的 TCI | 输入 | | 预期结果 |
		bonusPoints	goldCustomer	return value
X1.2	EP2,6[7]	040	false	FULLPRICE
X1.3	EP[3]6,8	100	false	FULLPRICE
X1.4	EP4[6]8	200	false	DISCOUNT
X1.5	EP[4,6,8]	1000	false	DISCOUNT
X1.6	EP1*,9	−100	false	ERROR

注：1. 重复的测试用例：X1.5 与 X1.4 覆盖完全相同的 TCI，可以删除其中之一。

2. 不必要的测试用例：X1.2 可以删除，因为 X1.1 和 X1.3 已经覆盖了所有的 TCI。

3. 表 2.9 所示为优化之后的结果。

2.5 评估

使用等价类划分技术进行测试，是最低级别的黑盒测试。每个输入输出划分中至少有一个值被测试，因此测试用例数目可以最小化。这些测试可以保证被测代码在基本数据处理方面是正确的，但是测试没有覆盖代码中的不同判（decision）。

这一点很重要，判定是代码中非常容易出错的地方。这些判定通常对应输入划分中的边界，或需要特殊处理的输入组合。我们将在后面的章节讨论能够应对这些要求的技术。

2.5.1 局限性

如果一个软件通过了所有等价类划分测试，那它是否是无故障的呢？正如前面我们讨论过的，只有穷尽测试才能够回答这个问题，因此通过等价类划分测试之后的被测软件中很可能还残留一些故障。我们将在源代码中注入故障，以此为例讨论等价类划分测试所受的限制。

源代码

如列表 2.4 所示，为类 OnlineSales 中方法 giveDiscount 的源代码。

列表 2.4　OnlineSales.java 文件中的 giveDiscount 方法

```
1  package example;
2
3  import static example.OnlineSales.Status.*;
4
5  public class OnlineSales {
6
7      public static enum Status { FULLPRICE, DISCOUNT, ERROR
           };
8
9      /**
10      * Determine whether to give a discount for online
            sales.
11      * Gold customers get a discount above 80 bonus points.
12      * Other customers get a discount above 120 bonus
            points.
13      *
14      * @param bonusPoints How many bonus points the
            customer has accumulated
15      * @param goldCustomer Whether the customer is a Gold
```

```
                   Customer
16          *
17          * @return
18          * DISCOUNT - give a discount<br>
19          * FULLPRICE - charge the full price<br>
20          * ERROR - invalid inputs
21          */
22         public static Status giveDiscount(long bonusPoints,
                   boolean goldCustomer)
23         {
24                  Status rv = FULLPRICE;
25                  long threshold = 120;
26
27                  if (bonusPoints <= 0)
28                          rv = ERROR;
29
30                  else {
31                          if (goldCustomer)
32                                  threshold = 80;
33                          if (bonusPoints > threshold)
34                                  rv = DISCOUNT;
35                  }
36
37                  return rv;
38         }
39
40  }
```

故障 1

等价类划分测试旨在找到与整个数值域相关的故障。如果我们在第 33 行注入一个故障，该故障会导致程序不能返回 DISCOUNT，我们希望至少有一个测试会失败。该故障如列表 2.5 所示。注意列表 2.4 中的原始操作符 ">" 被改成了列表 2.5 中第 33 行的 "=="

列表 2.5　故障 1

```
22      public static Status giveDiscount(long bonusPoints, boolean
            goldCustomer)
23      {
24          Status rv = FULLPRICE;
25          long threshold = 120;
26
27          if (bonusPoints <= 0)
28              rv = ERROR;
29
30          else {
31              if (goldCustomer)
32                  threshold = 80;
33              if (bonusPoints == threshold) // fault 1
34                  rv = DISCOUNT;
35          }
36
37          return rv;
38      }
```

针对故障 1 的 EP 测试

对带有故障 1 的被测代码运行等价类划分测试后的结果，如图 2.16 所示。注意其中有一个测试失败，故障已经检测出。

```
PASSED: test_giveDiscount("T1.1", 40, true, FULLPRICE)
PASSED: test_giveDiscount("T1.2", 100, false, FULLPRICE)
PASSED: test_giveDiscount("T1.4", -100, false, ERROR)
FAILED: test_giveDiscount("T1.3", 200, false, DISCOUNT)
java.lang.AssertionError: expected [DISCOUNT] but found [FULLPRICE]
================================================
Command line suite
Total tests run: 4, Passes: 3, Failures: 1, Skips: 0
================================================
```

图 2.16　带有故障 1 的 OnlineSales.giveDiscount 的 EP 测试结果

故障 2

等价类划分测试不能暴露等价类划分边界处的数值故障。如果我们注入的故障是改变能够返回 DISCOUNT 这一输出的等价类划分的边界值，那我们就不会有失败的测试。列表 2.6 所示为此类故障。注意列表 2.4 中的原始操作符 "＞" 被改成了列表 2.6 中第 33 行的 "＞="。

列表 2.6　故障 2

```
22    public static Status giveDiscount(long bonusPoints, boolean
          goldCustomer)
23    {
24        Status rv = FULLPRICE;
25        long threshold = 120;
26
27        if (bonusPoints <= 0)
28            rv = ERROR;
29
30        else {
31            if (goldCustomer)
32                threshold = 80;
33            if (bonusPoints >= threshold) // fault 2
34                rv=DISCOUNT;
35        }
36
37        return rv;
38    }
```

针对故障 2 的 EP 测试

对带有故障 2 的被测代码运行等价类划分测试后的结果，如图 2.17 所示。注意没有一个测试能够暴露这个故障。

```
PASSED: test_giveDiscount("T1.1", 40, true, FULLPRICE)
PASSED: test_giveDiscount("T1.2", 100, false, FULLPRICE)
PASSED: test_giveDiscount("T1.3", 200, false, DISCOUNT)
PASSED: test_giveDiscount("T1.4", -100, false, ERROR)
Total tests run: 4, Passes: 4, Failures: 0, Skips: 0
================================================
```

图 2.17　带有故障 2 的 OnlineSales.giveDiscount 的 EP 测试结果

演示故障 2

我们使用特意选择的输入数值，运行带有故障 2 的代码，其结果如图 2.18 所示。

注意，输入 (80,true) 和 (120,false) 以后，程序的返回值都是错误的。这两种输入的预期结果应该是 FULLPRICE，但是程序的返回值都是 DISCOUNT。

```
$ check 80 true
DISCOUNT
$ check 120 false
DISCOUNT
```

图 2.18　故障 2 的手动演示

2.5.2　强项和弱项

强项

- 等价类划分技术是测试的一个基础级别。
- 等价类划分技术非常适用于数据处理应用。这类应用的输入变量很容易识别，而且经常使用区别很明显的数值，使得等价类划分很容易。
- 等价类划分技术提供了结构化的手段来识别基础的 TCI。

弱项

- 等价类划分技术没有测试对每个划分的边界值处理是否正确。
- 等价类划分技术没有测试输入组合。

2.6　划重点

- 等价类划分技术可以用于测试基础的软件功能。
- 能够等价处理其中数值的每一个数值范围都是一个 TCI。
- 从每个等价类划分中选取一个代表值作为测试数据。

2.7　给有经验的测试员的建议

一个有经验的测试员有能力适当减少执行本书所示的形式化测试步骤。通常来说，一个有经验的测试员不需要使用数值线来识别布尔型和枚举型数据的等价类（也就是 TCI）。如果等价类划分比较少，有经验的测试员可能也不需要对整型变量做这个工作。在这些情况下，这些测试员可能直接就会设计 TCI 表，忽略一部分或所有的数值线相关工作。如果测试条目（例如，一个函数）只有很少的变量而且还都是简单变量，测试员还可以直接设计出带有测试数据的测试用例。但是，面对有高质量要求的测试对象，例如嵌入式系统、生命紧要系统等，就算是有经验的测试员也要文档化记录这些步骤，以便实施质量评审，或者应对法律方面关于质量的审查。

边界值分析

等价类划分测试使用等价类划分内有代表性的数值进行测试，等价类划分内的所有数值按照规范应该是具有相同处理过程的。程序员经常在这些划分的边界处产生失误，而等价类划分测试是无法暴露这些错误的，我们在第 2 章演示过这类问题。本章介绍另一种黑盒测试技术——边界值分析（BVA）。我们仍然从一个示例开始，逐步展开详细的讨论。

3.1 使用边界值进行测试

边界值是每个等价类划分的最小值和最大值。我们识别出等价类划分以后，找到边界值就是显而易见的事情。使用边界值测试的目的，就是验证软件在这些边界值处是否能够正确地测试。

> **定义** 边界值（boundary value），是指一个等价类划分的边界数值。每个等价类划分都有两个边界值。

3.2 示例

我们在本章继续测试方法 OnlineSales.giveDiscount(bonusPoints,goldCustomer)，先来回顾一下该方法的返回值。

- FULLPRICE：如果 bonusPoints ≤ 120 且不是 goldCustomer。
- FULLPRICE：如果 bonusPoints ≤ 80 且是 goldCustomer。
- DISCOUNT：如果 bonusPoints > 120。
- DISCOUNT：如果 bonusPoints > 80 且是 goldCustomer。
- ERROR：如果输入为非法值（bonusPoints < 1 ）。

3.2.1 分析

本章进行边界值分析时，使用我们在第 2 章识别出的 giveDiscount() 的等价类划分，也可见图 3.1 ～图 3.3。

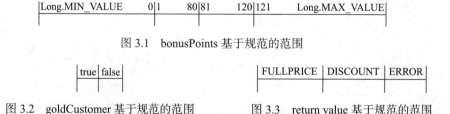

图 3.1 bonusPoints 基于规范的范围

图 3.2 goldCustomer 基于规范的范围 　　　　图 3.3 return value 基于规范的范围

如表 3.1 所示，边界值就是每个等价类划分的最大值和最小值。表 3.1 中布尔型和枚举型参数的等价类划分只有一个值。

表 3.1   giveDiscount() 的边界值

参数	最小值	最大值
bonusPoints	Long.MIN_VALUE 1 81 121	0 80 120 Long.MAX_VALUE
goldCustomer	true false	
return value	FULLPRICE DISCOUNT ERROR	

3.2.2　测试覆盖项

　　每个边界值都是一个测试覆盖项（TCI）。表 3.2 展示了输入的边界值和测试用例（该列现在留为空）。一定要系统地做这件事，应该使用增序（或数值被定义的顺序）来考虑边界值。此外，要清晰标识与错误输入相关的 TCI（本书我们使用星号标识，例如 BV1*）。

表 3.2   giveDiscount() 的 BVA TCI

TCI	参数	边界值	测试用例
BV1*		Long.MIN_VALUE	
BV2*		0	
BV3		1	
BV4	bonusPoints	80	
BV5		81	
BV6		120	
BV7		121	待补充
BV8		Long.MAX_VALUE	
BV9	goldCustomer	true	
BV10		false	
BV11		FULLPRICE	
BV12	return value	DISCOUNT	
BV13		ERROR	

3.2.3　测试用例

　　现在，使用从边界值中选择的测试输入数据来创建测试用例。预期结果由规范确定。为每个新测试用例选择的数据都应尽量多覆盖正常 TCI。每个错误的 TCI 必须只由单个测试用例覆盖。输入的测试数据必须覆盖每一个输入边界值，同时还要保证预期结果覆盖了每一个输出的边界值。

　　在几乎增加了一倍的测试数目之后，每个等价类划分的最大值和最小值都被测试了至少一次，而且使用的测试用例最少。然而，还没有穷尽测试不同数值的组合。我们将在第 4 章解决测试输入组合的问题。边界值分析使用的测试用例与等价类划分使用的测试用例没有重复，所有这些都需要新的测试实现。

3.2.4 验证测试用例

完成 TCI 表

我们现在可以完成 TCI 表（见表 3.2）中的测试用例列，通过读取表 3.3 中被覆盖的 TCI 列，我们得到表 3.4。

表 3.3 giveDiscount 的边界测试用例

ID	被覆盖的 TCI	输入		预期结果
		bonusPoints	goldCustomer	return value
T2.1	BV3,9,11	1	true	FULLPRICE
T2.2	BV4,10,[11]	80	false	FULLPRICE
T2.3	BV5,[10,11]	81	false	FULLPRICE
T2.4	BV6,[10,11]	120	false	FULLPRICE
T2.5	BV7,[10],12	121	false	DISCOUNT
T2.6	BV8,[10,12]	Long.MAX_VALUE	false	DISCOUNT
T2.7	BV1*,13	Long.MIN_VALUE	false	ERROR
T2.8	BV2*,[13]	0	false	ERROR

注：1. 边界值分析与等价类划分的 TCI 看上去有很多重复，其实不是的。边界值不能作为等价类划分中的代表性数值，因为它们都是特殊的边界值，不能代表整个范围的取值。

2. 在等价类划分中，需要迭代若干次测试过程，才能最小化测试用例的数目。而在边界值分析测试中，对于一个参数，测试用例的目标数目就是边界值的最大数目（本例中参数 bonusPoints 的边界值的最大数目就是 8）。

3. 每个 TCI 都被覆盖后，边界值分析就可以结束。

表 3.4 giveDiscount() 完成后的 TCI 表

TCI	参数	边界值	测试用例
BV1*		Long.MIN_VALUE	T2.7
BV2*		0	T2.8
BV3		1	T2.1
BV4		80	T2.2
BV5	bonusPoints	81	T2.3
BV6		120	T2.4
BV7		121	T2.5
BV8		Long.MAX_VALUE	T2.6
BV9	goldCustomer	true	T2.1
BV10		false	T2.2
BV11		FULLPRICE	T2.1
BV12	return value	DISCOUNT	T2.5
BV13		ERROR	T2.7

审查工作成果

现在我们来审查工作成果的正确性，我们需要确保以下几条。

（1）每一个 BVA TCI 都应被至少一个测试用例覆盖，以确保完整性。

（2）每个新 BVA 测试用例要至少覆盖一个新 TCI，以确保没有冗余的测试。理想情况下，每个测试用例应覆盖尽可能多的新 TCI。在表 3.4 中，最多有 2 个新 TCI 作为输入和 1 个新 TCI 作为输出。

（3）当考虑等价类划分的测试用例时，不应有与这些用例重复的测试用例。

我们可以从表 3.4 中发现，每个 TCI 都已被覆盖；从表 3.3 中发现，每个等价类划分测试用例都覆盖了新 TCI。

- T2.1 覆盖了 BV3、BV9 和 BV11（这是这些 TCI 第一次被覆盖）。
- T2.2 覆盖了 BV4 和 BV10（这是这些 TCI 第一次被覆盖）。T2.2 再次覆盖了 BV11，但是这是不可避免的，因为 BV11 是这些输入的输出。
- T2.3 第一次覆盖了 BV5，T2.3 再次覆盖了 BV10 和 BV11，但这也是不可避免的。
- T2.4 第一次覆盖了 BV6，同时也不可避免地再次覆盖了 BV10 和 BV11。
- T2.5 覆盖了 BV7 和 BV12，同时不可避免地再次覆盖了 BV10。
- T2.6 覆盖了 BV8，同时不可避免地再次覆盖了 BV10 和 BV12。
- T2.7 是一个错误的测试用例，覆盖了单个输入的错误 TCI BV1*。同时覆盖了输出 TCI BV13。注意，尽管 goldCustomer 的所选输入值为 false，但其并没有覆盖 BV10。
- T2.8 同样是一个错误的测试用例，覆盖了 BV2*。同时也不可避免地再次覆盖了 BV13。与前一个测试用例相同，T2.8 没有覆盖 BV10。

T2.3 与任何一个等价类划分测试用例都不重复。尽管看上去 T2.3 覆盖了等价类划分 TCI 中的 EP3、EP6 和 EP7，但这不是简单的重复。我们知道等价类划分测试用例应该选择位于划分中心附近的数值，而 BVA 应选择位于划分边界的值。对于其他 BVA 测试用例来说也是这样的，而这些边界值刚好位于等价类划分测试用例所覆盖的划分中。[⊖]

3.3　测试实现和测试结果

3.3.1　测试实现

我们可以为 BVA 测试单独设计一个测试类，但通常来说应该继续扩展已有的测试类。全部的测试实现，包括前面已经完成的等价类划分测试，如列表 3.1 所示。为简便，我们忽略 include 语句。

列表 3.1　BVA 测试类 OnlineSalesTest

```
15   public class OnlineSalesTest {
16
17     // EP and BVA test data
18     private static Object[][] testData1 = new Object[][] {
19       //  test, bonusPoints, goldCustomer, expected output
20       { "T1.1",           40L,        true,    FULLPRICE },
21       { "T1.2",          100L,        false,   FULLPRICE },
22       { "T1.3",          200L,        false,   DISCOUNT },
23       { "T1.4",         -100L,        false,   ERROR },
24       { "T2.1",            1L,        true,    FULLPRICE },
25       { "T2.2",           80L,        false,   FULLPRICE },
26       { "T2.3",           81L,        false,   FULLPRICE },
27       { "T2.4",          120L,        false,   FULLPRICE },
28       { "T2.5",          121L,        false,   DISCOUNT },
29       { "T2.6", Long.MAX_VALUE,       false,   DISCOUNT },
30       { "T2.7", Long.MIN_VALUE,       false,   ERROR },
31       { "T2.8",            0L,        false,   ERROR },
32     };
```

⊖ 此处唯一的异常发生在所有的输入都是两值（例如使用布尔变量）时。但本例中没有这种情况。

```
33
34      // Method to return the test data
35      @DataProvider(name = "dataset1")
36      public Object[][] getTestData() {
37          return testData1;
38      }
39
40      // Test method
41      @Test(dataProvider = "dataset1")
42      public void test_giveDiscount( String id, long bonusPoints,
43              boolean goldCustomer, Status expected)
44      {
45          assertEquals(
46          OnlineSales.giveDiscount(bonusPoints, goldCustomer),
47              expected );
48      }
49
50  }
```

3.3.2 测试结果

图 3.4 所示为运行所有测试集（包括等价类划分和 BVA）之后的结果，所有的测试都通过。

```
PASSED: test_giveDiscount("T1.1", 40, true, FULLPRICE)
PASSED: test_giveDiscount("T1.2", 100, false, FULLPRICE)
PASSED: test_giveDiscount("T1.3", 200, false, DISCOUNT)
PASSED: test_giveDiscount("T1.4", -100, false, ERROR)
PASSED: test_giveDiscount("T2.1", 1, true, FULLPRICE)
PASSED: test_giveDiscount("T2.2", 80, false, FULLPRICE)
PASSED: test_giveDiscount("T2.3", 81, false, FULLPRICE)
PASSED: test_giveDiscount("T2.4", 120, false, FULLPRICE)
PASSED: test_giveDiscount("T2.5", 121, false, DISCOUNT)
PASSED: test_giveDiscount("T2.6", 9223372036854775807, false, DISCOUNT)
PASSED: test_giveDiscount("T2.7", -9223372036854775808, false, ERROR)
PASSED: test_giveDiscount("T2.8", 0, false, ERROR)
===============================================
Command line suite
Total tests run: 12, Passes: 12, Failures: 0, Skips: 0
===============================================
```

图 3.4 giveDiscount() 的 BVA 和 EP 测试执行结果

3.4 边界值分析的细节

3.4.1 故障模型

BVA 的故障模型，是没有正确地识别数值范围的边界值。这个故障会导致程序在等价类划分边界值附近的处理不正确。这些故障通常都与源代码中微小的错误相关，这些有误之处使用了不正确的比较操作符。因为 BVA 测试会测试每一个等价类划分的两个边界值（最大值和最小值），所以可以暴露这类故障。

3.4.2 描述

编程故障通常都与对边界条件的错误处理相关，因此我们可以扩展等价类划分技术，在每个划分中选取两个值：最大值和最小值。这样会使测试的数目加倍，但是更容易发现与边界相关的编程故障。每个参数的每个边界值都是一个 TCI。与等价类划分测试一样，每个新测试用例应覆盖尽可能多的 TCI，这样可以最小化测试用例数目。针对错误的测试用例必须要单独设计，每个测试用例只能覆盖一个错误的边界值。这样可以达到对边界数值的 100% 覆盖。

3.4.3 分析：识别边界值

每个等价类划分都有一个上边界值和一个下边界值。经验告诉我们，很多软件失效都是对极限处理不正确而造成的。使用边界值比只使用等价类划分增加了技术的复杂度，使测试用例的数目翻倍，需要执行的测试数目也翻倍。

对于被测方法 isNegative(int x) 来说，x 的边界值如下所示：

（1）Integer.MIN_VALUE

（2）-1

（3）0

（4）Integer.MAX_VALUE

该方法返回值的边界值与等价类划分返回值的边界值相同，因为返回值是布尔类型，该类型的每个等价类划分都是只有一个值的范围，其中值为：

（1）true

（2）false

此处我们列出挑选边界值的规则：

- 每个参数在每个等价类划分的两侧各一个边界值。
- 对于一个连续的数值类型来说，某个划分上边界值的下一个数值一定是下一个划分的下边界值。上例中，第一个划分上边界值 -1 的后面就应该是第二个划分的下边界值 0。
- 参数的自然范围提供了最终的最大值和最小值。

边界值不能重叠，而且两个划分之间不能有空隙。下面所示为一种表示划分及其边界值的方便的缩写方式：

x: [Integer.MIN_VALUE..-1][0..Integer.MAX_VALUE]

返回值：[true][false]

3.4.4 测试覆盖项

对于每个输入和输出来说，每个划分的每个边界值都是一个 TCI。此处的最佳实践，是给每个测试条目的每个 TCI 都赋一个唯一标识符。为 TCI 加上前缀 BV（意为边界值）是很有帮助的。在等价类划分测试中，测试员需要决定每个划分的代表性数值，而在 BVA 测试中，测试员只要使用已经识别出来的每个划分的上下边界值即可。

3.4.5 测试用例

测试员应基于当前未被覆盖的 TCI 来选择输入的测试数据。理想情况下，每个正常的测试用例都应该覆盖尽可能多的正常 TCI。每个错误的测试用例只能覆盖一个错误的 TCI。

测试员应根据规范获取预期返回值。然而，测试员必须保证所有与输出参数相关的 TCI 都能被覆盖。有时候，从后往前阅读需求是很必要的，这样有助于确认某个能够产生需要的边界值输出结果的输入数值。

小提示：通过按序遍历 TCI，以及为每个参数选择下一个未被覆盖的边界值，会更容易识别测试用例。

3.4.6 缺点

与等价类划分测试一样，BVA 测试也应该最小化测试的数目。不要为每个测试输入组合都设计测试用例，而且不要为每个 TCI 都设计一个单独的测试用例。

3.5 评估

边界值分析能够提高等价类划分测试的检错能力。经验告诉我们，边界值分析比等价类划分技术更容易发现更多的错误。

对于每个输入和输出的划分来说，边界值分析测试增加了两个数值：最小值和最大值。这些测试能够基本保证代码中的判定操作是正确的。对于布尔型和枚举型参数来说，边界值分析获取的 TCI 与等价类划分技术获取的 TCI 相同。

代码片段 3.1 所示为一个边界值故障的简单示例。第 3 行的 if 语句中有个故障。此处开发者本意是使用表达式 "(! x <= 100)"，但是错误地使用了表达式 "(! (x < 100))"。

片段 3.1　边界值处理中的故障

```
1    // Return true if x is greater than 100
2    public void greater(int x) {
3        if (!(x < 100)) return true;
4        else return false;
5    }
```

边界值分析不会深入探究判定本身的内容，尤其是不会关注与不同的输入组合相关的判定。我们将在下一章讨论输入组合的问题。

3.5.1 局限性

被测软件已经通过了所有的等价类划分和边界值分析测试，是不是可以确保它正确了呢？如前面讨论的，只有穷尽测试才可能回答这个问题，被测软件中仍可能残留故障。

现在我们来讨论 BVA 测试的局限性，在源代码中注入一些故障。

针对故障 2 的 BVA 测试

图 3.5 所示为针对带故障 2 的被测代码，运行等价类划分和 BVA 测试的结果。

一个 BVA 测试发现了这个故障。这是预期的结果，因为就是在边界值处理处注入了故障。所有的测试都得到了执行，其中一个执行失败。

故障 3

等价类划分和 BVA 测试都不能发现与正确处理输入值组合相关的故障。如果我们注入一个故障，该故障与输入值组合的不正确处理相关，那应该不会出现运行失败的测试用例。⊖

在列表 3.2 中第 32 行，我们注入了一个故障。

⊖　即使出现了失败的测试用例，也是偶然现象。

```
PASSED: test_giveDiscount("T1.1", 40, true, FULLPRICE)
PASSED: test_giveDiscount("T1.2", 100, false, FULLPRICE)
PASSED: test_giveDiscount("T1.3", 200, false, DISCOUNT)
PASSED: test_giveDiscount("T1.4", -100, false, ERROR)
PASSED: test_giveDiscount("T2.1", 1, true, FULLPRICE)
PASSED: test_giveDiscount("T2.2", 80, false, FULLPRICE)
PASSED: test_giveDiscount("T2.3", 81, false, FULLPRICE)
PASSED: test_giveDiscount("T2.5", 121, false, DISCOUNT)
PASSED: test_giveDiscount("T2.6", 9223372036854775807, false, DISCOUNT)
PASSED: test_giveDiscount("T2.7", -9223372036854775808, false, ERROR)
PASSED: test_giveDiscount("T2.8", 0, false, ERROR)
FAILED: test_giveDiscount("T2.4", 120, false, FULLPRICE)
java.lang.AssertionError: expected [FULLPRICE] but found [DISCOUNT]


===============================================
Command line suite
Total tests run: 12, Passes: 11, Failures: 1, Skips: 0
```

图 3.5　带有故障 2 的 giveDiscount() 的 BVA 和 EP 测试结果

列表 3.2　故障 3

```
22    public static Status giveDiscount(long bonusPoints, boolean
          goldCustomer)
23    {
24        Status rv = FULLPRICE;
25        long threshold = 120;
26
27        if (bonusPoints <= 0)
28            rv = ERROR;
29
30        else {
31            if (goldCustomer)
32                threshold = 120; // fault 3
33            if (bonusPoints > threshold)
34                rv = DISCOUNT;
35        }
36
37        return rv;
38    }
```

在第 32 行，我们将数值 80 改为 120，很明显被测代码在 goldCustomer 参数的值为 true，且 bonusPoints 参数的值位于 81..120 中时，不会产生正确结果。等价类划分或 BVA 技术都不能测试这类输入组合。

针对故障 3 的 BVA 测试

图 3.6 所示为针对带故障 3 的被测代码，执行等价类划分和 BVA 测试的结果。

我们的测试没能发现这个故障。在这种很小的示例中，如果数值挑选得当，等价类划分和 BVA 测试还是有可能发现这种数值组合的故障的。但通常来说，对于较大的示例，不管等价类划分还是 BVA 都不能提供系统的方法来发现和测试所有的输入组合。

故障演示

执行带有故障 3 的代码，这里我们特地挑选了输入数值，其结果如图 3.7 所示。此处，当输入为 (100,true) 时，返回的是错误的结果。正确的结果应该是 DISCOUNT 而非 FULLPRICE。

```
PASSED: test_giveDiscount("T1.1", 40, true, FULLPRICE)
PASSED: test_giveDiscount("T1.2", 100, false, FULLPRICE)
PASSED: test_giveDiscount("T1.3", 200, false, DISCOUNT)
PASSED: test_giveDiscount("T1.4", -100, false, ERROR)
PASSED: test_giveDiscount("T2.1", 1, true, FULLPRICE)
PASSED: test_giveDiscount("T2.2", 80, false, FULLPRICE)
PASSED: test_giveDiscount("T2.3", 81, false, FULLPRICE)
PASSED: test_giveDiscount("T2.4", 120, false, FULLPRICE)
PASSED: test_giveDiscount("T2.5", 121, false, DISCOUNT)
PASSED: test_giveDiscount("T2.6", 9223372036854775807, false, DISCOUNT)
PASSED: test_giveDiscount("T2.7", -9223372036854775808, false, ERROR)
PASSED: test_giveDiscount("T2.8", 0, false, ERROR)
===============================================
Command line suite
Total tests run: 12, Passes: 12, Failures: 0, Skips: 0
===============================================
```

图 3.6   针对注入故障 3 的 giveDiscount() 执行 BVA 和等价类划分测试

```
$ check 100 true
FULLPRICE
```

图 3.7   人工演示故障 3

3.5.2　强项和弱项

强项

- BVA 技术可以直接提供测试数据值。
- BVA 测试聚焦在最可能由程序开发人员产生故障的位置。

弱项

- 与等价类划分相比，BVA 技术会产生两倍的 TCI。
- 不同输入划分中数值之间的组合测试不到。

3.6　划重点

- BVA 可以用来确认软件在每一个等价类划分的起点和终点数值处，处理都是正确的。
- 每个 BVA 值就是一个 TCI。
- 每个 BVA 值的值都要用于一个测试用例中。

3.7　给有经验的测试员的建议

有经验的测试员可以根据规范直接获取边界值，然后加入测试代码中。但这样一来，就会给审查测试设计的过程带来困难。因此在任务紧要开发项目中，这不是一个好的实践方式。

边界值方法的二值取值原则，即对两个相邻等价类划分（一个称为下等价类划分，一个称为上等价类划分），我们选择恰好低于它们的边界值的数值和恰好高于它们的边界值的数值（也就是下等价类划分的上边界和上等价类划分的下边界）。有经验的测试员也可以采用边界值方法的三值取值原则，即增加下等价类中上边界减一的数值，以及上等价类中下边界值加一的数值。

判 定 表

在之前的章节中，我们没有考虑输入数值的不同组合可能给代码带来检测不到的故障。本章我们介绍判定表测试技术，这也是一种黑盒测试技术。

4.1 使用判定表测试组合

有很多种技术可以在软件测试过程中，识别输入的组合。判定表能够提供一种系统的、基于等价类划分技术的方法，可以识别所有可能的输入组合。我们本章仍然使用一个示例来说明测试的过程，再讨论判定表技术的细节。

定义　判定表（decision table），是指功能需求的模型，能通过规则，反映出输入数值（原因）组合与输出数值（结果）的映射关系。

4.2 示例

本章继续测试方法 OnlineSales. giveDiscount（bonusPoints，goldCustomer）。我们先来回顾一下该方法的返回值。

- FULLPRICE：如果 bonusPoints ≤ 120 且不是 goldCustomer。
- FULLPRICE：如果 bonusPoints ≤ 80 且是 goldCustomer。
- DISCOUNT：如果 bonusPoints > 120。
- DISCOUNT：如果 bonusPoints > 80 且是 goldCustomer。
- ERROR：如果输入非法（bonusPoints < 1）。

上述返回值形成规范，规范就是测试依据。

4.2.1 分析

测试分析的第一步，是使用原因（cause）和结果（effect）来重新归纳总结规范的内容。原因和结果是与不同类型处理方式相关的输入和输出的可能数值或数值范围所对应的布尔表达式。

我们使用这些原因和结果就可以生成一个判定表，判定表将原因（输入）和结果（输出）通过规则进行关联。这样就提供了一个系统性识别所有组合的方法，这些组合也就是用于测试的 TCI。

本例中只考虑正常的输入，不考虑错误的输入。如果错误输入的不同组合产生了不同的输出，则我们单独建立另一个表。

原因

无错的原因可以从输入的等价类划分中获取，在第 2 章我们已经识别了输入的等价类划分，也可见表 4.1。

表 4.1   giveDiscount() 的输入的等价类划分

参数	等价类划分
bonusPoints	(*) Long.MIN_VALUE..0
	1..80
	81..120
	121..Long.MAX_VALUE
goldCustomer	true
	false

测试分析的下一步，是识别出能够定义无错原因的布尔表达式。我们先按照顺序遍历输入参数，然后从左到右（也就是按照数值递增的顺序）检查每一个等价类划分，来找到这些原因。这是个系统性的步骤，能够减少失误。

bonusPoints 参数的无错等价类划分可以转化成如下所示的原因[⊖]。

- 等价类划分 Long.MIN_VALUE..0 是一个错误的等价类划分，此处不适用。
- 等价类划分 1..80 是一个正常等价类划分，可以通过让布尔表达式 bonusPoints ≤ 80 为 true 来识别，这里小于 1 的错误数值我们暂不考虑。
- 等价类划分 81..120 也是一个正常等价类划分，可以通过让布尔表达式 bonusPoints ≤ 80 为 false，且让表达式 bonusPoints ≤ 120 为 true 来识别。
- 等价类划分 121..Long.MAX_VALUE 也是一个正常等价类划分，可以通过让表达式 bonusPoints ≤ 80 为 false，且让表达式 bonusPoints ≤ 120 为 false 来识别。

识别出的原因越少越好，这样可以缩减判定表的规模。N 个等价类划分应该最多得到 $\log_2(N)$ 个表达式，例如将 10 个划分转化为 3 或 4 个表达式是比较实际的。上例中，我们可以不需要第 3 个表达式 bonusPoints > 120，因为表达式 bonusPoints ≤ 120 为假其实已经包含这个条件了。

使用统一的方法表示布尔表达式可以减少失误，易于审查。本例中，我们使用"≤"操作符来统一逻辑风格。

同样地，我们可以识别出对应 goldCustomer 的原因。

- 等价类划分 true 是一个正常等价类划分，可以通过让表达式 goldCustomer 为 true 来识别。
- 等价类划分 false 是一个正常等价类划分，可以通过让表达式 goldCustomer 为 false 来识别。

请注意以下两点。

- goldCustomer 本身已经是一个布尔表达式，因此再将 goldCustomer == true 和 goldCustomer == false 视为单独的原因就是冗余了。
- 要避免双重否定：使用正向表达式会容易得多。表达式"goldCustomer 为 true"比表达式"非 goldCustomer 为 false"要容易理解得多。
- 布尔类型和枚举类型处理起来要更加简单和直接。

我们上述分析可以直接得到以下无错原因。

- bonusPoints ≤ 80

⊖　获取划分的细节请参考第 2 章。

- bonusPoints ≤ 120
- goldCustomer

我们建议读者按照我们的方法进行分析，这样每次都能得到相似的结果。如果使用其他方法，可以得到看上去不同但逻辑上等价的原因集。测试员需要实践经验才能获取易用且易于审查的原因集。实践表明，原因中最好不要包含逻辑操作符。

结果

表 4.2 再次展示了在第 2 章中根据规范识别出的输出的等价类划分。

表 4.2　giveDiscount( ) 的输出等价类划分

参数	等价类划分
	FULLPRICE
return value	DISCOUNT
	ERROR

按序遍历输出的等价类划分，我们可以系统性地得到 bonusPoints 对应的无错结果。

- 等价类划分 FULLPRICE 是一个正常等价类划分，可以通过让表达式 return value == FULLPRICE⊖为 true 来识别。
- 等价类划分 DISCOUNT 是一个正常等价类划分，可以通过让表达式 return value == DISCOUNT 为 true 来识别。
- 等价类划分 ERROR 是一个错误等价类划分，我们暂时忽略。

如上所述，我们可以很容易地识别枚举类型的输出。通过让表达式 return value == FULLPRICE 为 false 来识别等价类划分 DISCOUNT 也同样有效，但这样不仅不会减小判定表的规模，而且会让后续的测试更加困难。将结果的数目最小化不是很重要的事情。

如下所示，是该方法的无错结果的全集。

- return value == FULLPRICE
- return value == DISCOUNT

原因与结果一起构成了测试条件。

可行的原因组合

我们在建立判定表的时候，必须要识别出所有的原因组合。通常来说，所有的原因组合在逻辑上是不可能都成立的。本例中，原因"bonusPoints ≤ 80 为 true"和原因"bonusPoints ≤ 120 为 false"就不可能同时为真。

可以使用很多种方式建立判定表，但是我们建议首先通过中间表识别并列出所有可能的原因组合，然后删除不可行的组合。剩下的组合就可以组成最终的表。经过足够的实践以后，就可以不需要这种中间表了。

先做一个空表，然后在第一列列出所有的原因。基于变量顺序来排列原因会更容易些，例如让有关 bonusPoints 的两个原因相邻。然后，如果有 N 个原因，就创建 2^N 列（有 2^N 种可能的原因组合）。本例中，我们有 3 个原因，所以就有 8 列，见表 4.3。实践表明，在表头说明无错条件会比较好，这里的无错条件是 bonusPoints > 0，以提示这里没有包含错误原因。

⊖　也可以使用 getDiscount() == FULLPRICE。

表 4.3 bonusPoints > 0 的空组合表

原因	组合
bonusPoints ≤ 80	
bonusPoints ≤ 120	
goldCustomer	

我们来系统地完成每一列,从令表的左边为全 T(代表 true)开始,一直到右边为全 F(代表 false)。不同数量的原因对应的 T/F 值的序列[一]如下所示:

1 个原因产生 2 个组合:T, F

2 个原因产生 4 个组合:TT, TF, FT, FF

3 个原因产生 8 个组合:TTT, TTF, TFT, TFF,
FTT, FTF, FFT, FFF

4 个原因产生 16 个组合:TTTT, TTTF, TTFT, TTFF
TFTT, TFTF, TFFT, TFFF,
FTTT, FTTF, FTFT, FTFF,
FFTT, FFTF, FFFT, FFFF

使用 8 个组合对应的数值序列,完成后的组合表如表 4.4 所示。

表 4.4 完成后的组合表,其中 bonusPoints > 0

原因	组合							
bonusPoints ≤ 80	T	T	T	T	F	F	F	F
bonusPoints ≤ 120	T	T	F	F	T	T	F	F
goldCustomer	T	F	T	F	T	F	T	F

现在我们开始识别不可行组合,如表 4.5 中灰色部分所示。

表 4.5 giveDiscount() 的原因组合,其中 bonusPoints > 0

原因	组合							
bonusPoints ≤ 80	T	T	T	T	F	F	F	F
bonusPoints ≤ 120	T	T	F	F	T	T	F	F
goldCustomer	T	F	T	F	T	F	T	F

- 原因 bonusPoints ≤ 80 和 bonusPoints ≤ 120 的组合 T, F 显然是不可行的,因为如果 bonusPoints 大于 120,那必然大于 80。

现在我们可以删除包含不可行原因组合的列,只留下可行的组合,如表 4.6 所示。

表 4.6 giveDiscount() 可行的原因组合(删除了不可行的列),其中 bonusPoints > 0

原因	组合					
bonusPoints ≤ 80	T	T	F	F	F	F
bonusPoints ≤ 120	T	T	T	T	F	F
goldCustomer	T	F	T	F	T	F

在实践中,我们只需要在同一个表中,按照表 4.3 ～表 4.6 所示,一步一步完成就可以。我们可以划掉而非删除不可行的列,详见表 4.7。

[一] 这类似于硬件的真值表,其中用 1 和 0 代表 T 和 F。

表 4.7　giveDiscount() 可行的原因组合（划掉了不可行的列），其中 bonusPoints > 0

原因	组合							
bonusPoints ≤ 80	T	T	T̶	T̶	F	F	F	F
bonusPoints ≤ 120	T	T	F̶	F̶	T	T	F	F
goldCustomer	T	F	T̶	F̶	T	F	T	F

判定表

软件测试中的判定表技术可以在每一个原因组合与为其指定的结果之间建立映射关系。以所有可行的原因组合（见表 4.6）为基础，我们可以初始化一个带有原因和结果的判定表。表中的列编号代表规则，表中的结果行一开始是空行，如表 4.8 所示。

表 4.8　giveDiscount() 的初始判定表，其中 bonusPoints > 0

		规则					
		1	2	3	4	5	6
原因							
	bonusPoints ≤ 80	T	T	F	F	F	F
	bonusPoints ≤ 120	T	T	T	T	F	F
	goldCustomer	T	F	T	F	T	F
结果							
	return value == FULLPRICE						
	return value == DISCOUNT						

规则必须是完整的，而且是相互独立的。任何一个可行的输入原因组合，能且只能对应一条规则。

现在我们可以根据规范获取每条规则对应的结果。我们从规则 1 开始，该规则规定：

- bonusPoints ≤ 80 为 true
- bonusPoints ≤ 120 为 true
- goldCustomer 为 true

这意味着 bonusPoints 小于或等于 80（但是大于 0），而且 goldCustomer 为真。从规范可知，此时这些输入值所对的预期结果应该是：return value FULLPRICE。我们将此预期结果视为一个结果，如表 4.9 所示。

表 4.9　正在完成中的 giveDiscount() 的判定表，其中 bonusPoints > 0

		规则					
		1	2	3	4	5	6
原因							
	bonusPoints ≤ 80	T	T	F	F	F	F
	bonusPoints ≤ 120	T	T	T	T	F	F
	goldCustomer	T	F	T	F	T	F
结果							
	return value == FULLPRICE	T					
	return value == DISCOUNT	F					

让结果对应的 T 和 F 值都具有完整性，是很好的实践方式：T 意味着 FULLPRICE，F 意味着 DISCOUNT。复杂情况下，一条规则可能产生多个结果。最好不要出现不完整的判定表，如果存在空入口，会让事后审查判定表的人很困惑。

现在我们依法炮制，给所有剩余的规则都添加上对应的结果（表 4.10）。

表 4.10 giveDiscount() 的判定表，其中 bonusPoints > 0

		规则					
		1	2	3	4	5	6
原因							
	bonusPoints ≤ 80	T	T	F	F	F	F
	bonusPoints ≤ 120	T	T	T	T	F	F
	goldCustomer	T	F	T	F	T	F
结果							
	return value == FULLPRICE	T	T	F	T	F	F
	return value == DISCOUNT	F	F	T	F	T	T

对于小判定表来说，一般不需要进行优化。优化可以减小大判定表的规模，我们将在 4.4.3 中讨论。

验证判定表

验证判定表需要按顺序阅读每一条规则，然后对照规范检查该规则。为方便，我们在这里重复一下规范的内容，giveDiscount（bonusPoints,goldCustomer）的返回值为：

- FULLPRICE，如果 bonusPoints ≤ 120 且不是 goldCustomer；
- FULLPRICE，如果 bonusPoints ≤ 80 且是 goldCustomer；
- DISCOUNT，如果 bonusPoints > 120；
- DISCOUNT，如果 bonusPoints > 80 且是 goldCustomer；
- ERROR，如果输入非法（bonusPoints < 1）。

让我们考虑以下规则。

- 规则 1：如果 bonusPoints 小于或等于 80（同时大于 0），且 goldCustomer 为 true，则预期 return value 为 FULLPRICE。此规则正确。
- 规则 2：如果 bonusPoints 小于或等于 80（同时大于 0），且 goldCustomer 为 false，则预期 return value 为 FULLPRICE。此规则正确。
- 规则 3：如果 bonusPoints 大于 80，同时小于或等于 120，且 goldCustomer 为 true，则预期 return value 为 DISCOUNT。此规则正确。
- 规则 4：如果 bonusPoints 大于 80，同时小于或等于 120，且 goldCustomer 为 false，则预期 return value 为 FULLPRICE。此规则正确。
- 规则 5：如果 bonusPoints 大于 120，且 goldCustomer 为 true，则预期 return value 为 DISCOUNT。此规则正确。
- 规则 6：如果 bonusPoints 大于 120，且 goldCustomer 为 false，则预期 return value 为 DISCOUNT。此规则正确。

经过验证，全判定表是正确的。

4.2.2 测试覆盖项

判定表内一条规则就是一个 TCI，如表 4.11 所示。前面我们说过，在完成（带有测试数据的）测试用例之前，测试用例列是一直空白的。每个 TCI 都有一个唯一标识符，此处 DT 表示 TCI 是从判定表中派生而来的。

表 4.11　giveDiscount() 的判定表 TCI，其中 bonusPoints > 0

TCI	规则	测试用例
DT1	1	
DT2	2	
DT3	3	待补充
DT4	4	
DT5	5	
DT6	6	

4.2.3　测试用例

在判定表测试中，每个 TCI 都必须被一个单独的测试用例覆盖。从判定表定义可知，一个测试用例中不可能存在多个输入组合。

能够满足判定表中原因要求的输入值，以及能够匹配结果的输出值，就是规则应选取的测试数据。如果使用在进行等价类划分测试时选择的输入参数的数值，就能够很容易地识别出重复的测试用例并删除之，同时也让审查测试的工作更加容易。表 4.12 所示为之前选择的等价类划分测试的数值。

表 4.12　等价类数值

参数	等价类划分	等价类数值
bonusPoints	Long.MIN_VALUE..0	−100
	1..80	40
	81..120	100
	121..Long.MAX_VALUE	200
goldCustomer	true	true
	false	false
return value	FULLPRICE	FULLPRICE
	DISCOUNT	DISCOUNT
	ERROR	ERROR

第一个测试用例的测试数据见表 4.13。我们先将这些测试用例视为候选测试用例，因为我们希望能够复用等价类划分测试中的一些测试用例。现阶段测试用例 ID 都是临时的（测试用例标识为 X 而非 T）。

表 4.13　giveDiscount() 初始的判定表测试用例，其中 bonusPoints > 0

ID	被覆盖的 TCI	输入		预期结果
		bonusPoints	goldCustomer	return value
X3.1	DT1	40	true	FULLPRICE

测试覆盖项 DT1 要求 bonusPoints 小于或等于 80，所以我们从表 4.12 中选择 40。这个测试用例还要求 goldCustomer 为真，因此我们将 goldCustomer 设置为 true。预期结果是 return value，在判定表的结果区域根据规则 1 得出：FULLPRICE。

表 4.14 为达到全判定表覆盖要求的、完整的测试用例集。

删除重复测试用例

从表 4.14 所显示的候选测试用例中，我们可以识别出一些重复的测试用例，即有些新测试用例的测试数据，与之前等价类划分测试用例的数据相同。这些用例可以删除。我们来识别一些这样的重复测试用例。

表 4.14　giveDiscount() 候选的判定表测试用例，其中 bonusPoints > 0

ID	被覆盖的 TCI	输入		预期结果
		bonusPoints	goldCustomer	return value
X3.1	DT1	40	true	FULLPRICE
X3.2	DT2	40	false	FULLPRICE
X3.3	DT3	100	true	DISCOUNT
X3.4	DT4	100	false	FULLPRICE
X3.5	DT5	200	true	DISCOUNT
X3.6	DT6	200	false	DISCOUNT

- X3.1 与测试用例 T1.1 重复。
- X3.2 与 T2.2 重复，即使它们数值不同：
  - 数值不同，X3.2 基于等价类划分值（40,false），而 T2.2 基于边界值分析值（80, false）；
  - 然而，T2.2 也与判定表中的规则 2（bonusPoints ≤ 80 且 !goldCustomer）匹配；
  - 因此 X3.2 就是判定表中的一个重复测试用例。
- X3.4 与 T1.2 重复。
- X3.6 与 T1.3 重复。

因为我们的数值与等价类划分测试时的数值相同，因此可以较容易地识别出重复的测试用例。当然，测试员也可以在测试实现的过程中，删除重复的测试用例，或者就算不删除也没什么关系。

删除重复用例之后，我们可以增加判定表的测试，以生成完整的测试用例集，见表 4.15。其中测试用例 ID 使用了我们习惯的记号，例如 T3.1。

表 4.15　giveDiscount() 最终的判定表测试用例，其中 bonusPoints > 0

ID	被覆盖的 TCI	输入		预期结果
		bonusPoints	goldCustomer	return value
X3.1	DT3	100	true	DISCOUNT
X3.2	DT5	200	true	DISCOUNT

4.2.4　验证测试用例

现在，我们验证是否每个 TCI 都被一个测试用例覆盖，而且每个测试用例都覆盖一个不同的 TCI。

完成 TCI 表

读取表 4.15 中被覆盖的 TCI 列后，我们就完成了 TCI 表（见表 4.11）中的测试用例那一列，如表 4.16 所示。

表 4.16　完成的 giveDiscount() 的判定表 TCI，其中 bonusPoints > 0

TCI	规则	测试用例
DT1	1	T1.1
DT2	2	T2.2
DT3	3	T3.1

（续）

TCI	规则	测试用例
DT4	4	T1.2
DT5	5	T3.2
DT6	6	T1.3

审查工作成果

现在我们来审查工作成果的正确性，应确保以下三条：

（1）每个判定表 TCI 都被至少一个[⊖]测试用例覆盖，以确保测试的完整性；

（2）每个判定表测试用例都覆盖了一个不同的 TCI，以确保没有冗余的测试；

（3）没有重复测试（与已经完成的测试相比）。

我们从表 4.16 可知，每个 TCI 都已被覆盖；从表 4.15 可知，每个测试用例都已覆盖一个不同的 TCI。然后比较一下等价类划分、边界值分析和判定表测试中的测试数据（表 2.9、表 3.3 和表 4.15），我们可以确认没有重复的测试。

4.3　测试实现和测试结果

4.3.1　测试实现

列表 4.1 是所有的测试实现，包括之前已经完成的等价类划分和边界值分析测试的实现。如果没有这些已经开发的测试，是不可能实现全判定表测试的。

列表 4.1　OnlineSalesTest 的判定表测试

```
11  public class OnlineSalesTest {
12
13      private static Object[][] testData1 = new Object[][] {
14      //  test, bonusPoints, goldCustomer, expected output
15      {  "T1.1",          40L,        true,    FULLPRICE },
16      {  "T1.2",         100L,       false,    FULLPRICE },
17      {  "T1.3",         200L,       false,     DISCOUNT },
18      {  "T1.4",        -100L,       false,        ERROR },
19      {  "T2.1",           1L,        true,    FULLPRICE },
20      {  "T2.2",          80L,       false,    FULLPRICE },
21      {  "T2.3",          81L,       false,    FULLPRICE },
22      {  "T2.4",         120L,       false,    FULLPRICE },
23      {  "T2.5",         121L,       false,     DISCOUNT },
24      {  "T2.6", Long.MAX_VALUE,     false,     DISCOUNT },
25      {  "T2.7", Long.MIN_VALUE,     false,        ERROR },
26      {  "T2.8",           0L,       false,        ERROR },
27      {  "T3.1",         100L,        true,     DISCOUNT },
28      {  "T3.2",         200L,        true,     DISCOUNT },
29      };
30
31      @DataProvider(name = "testset1")
32      public Object[][] getTestData() {
33          return testData1;
34      }
35
36      @Test(dataProvider = "testset1")
37      public void test_giveDiscount( String id, long bonusPoints,
            boolean goldCustomer, Status expected) {
38          assertEquals( OnlineSales.giveDiscount(bonusPoints,
            goldCustomer), expected );
```

⊖　如前所述，尽管数据值不同，但是 T2.2 覆盖了 DT2。

```
39        }
40
41    }
```

4.3.2 测试结果

运行所有测试（包括等价类划分、边界值分析和判定表测试）之后的结果，见图 4.1。所有测试都通过。

```
PASSED: test_giveDiscount("T1.1", 40, true, FULLPRICE)
PASSED: test_giveDiscount("T1.2", 100, false, FULLPRICE)
PASSED: test_giveDiscount("T1.3", 200, false, DISCOUNT)
PASSED: test_giveDiscount("T1.4", -100, false, ERROR)
PASSED: test_giveDiscount("T2.1", 1, true, FULLPRICE)
PASSED: test_giveDiscount("T2.2", 80, false, FULLPRICE)
PASSED: test_giveDiscount("T2.3", 81, false, FULLPRICE)
PASSED: test_giveDiscount("T2.4", 120, false, FULLPRICE)
PASSED: test_giveDiscount("T2.5", 121, false, DISCOUNT)
PASSED: test_giveDiscount("T2.6", 9223372036854775807, false, DISCOUNT)
PASSED: test_giveDiscount("T2.7", -9223372036854775808, false, ERROR)
PASSED: test_giveDiscount("T2.8", 0, false, ERROR)
PASSED: test_giveDiscount("T3.1", 100, true, DISCOUNT)
PASSED: test_giveDiscount("T3.2", 200, true, DISCOUNT)
=================================================
Command line suite
Total tests run: 14, Passes: 14, Failures: 0, Skips: 0
=================================================
```

图 4.1 giveDiscount() 的判定表测试运行结果

4.4 判定表的细节

4.4.1 故障模型

对于用判定表识别出来的输入组合，其故障模型就是：没有正确处理输入数值的组合，由此产生了不正确的输出。这些故障可能与不正确的算法或者代码缺失有关，可能是因为没有正确地识别和处理不同的输入组合。

判定表能够测试输入的等价类划分中每一个数值的组合，并据此暴露这些故障。

4.4.2 描述

我们之前提到的两种技术——等价类划分和边界值分析，都没有考虑组合的情况，所以测试用例的数目就比较少。判定表技术则通过尽量少的测试用例，覆盖尽量多的（对输出有影响的）输入组合，由此提供更高的测试覆盖率。

判定表技术的目标，是百分百覆盖判定表中的规则（也就是输入组合）。

4.4.3 分析：开发判定表

有些程序只是针对单独的输入数值，完成很简单的数据处理。有些程序则根据不同的输入数值组合，完成不同的功能。如果没有正确地处理复杂的输入组合，它就可能成为需要测试的故障的源头。

分析输入的组合需要识别软件中所有的输入原因以及与之相关的输出结果的组合。我们需要基于规范，使用逻辑表达式（或断言）来表达原因和结果。这些表达式规定某一个特殊的变量在什么条件下能够造成哪一种特殊的结果。

判定表能够使用可能组合的最小子集来测试程序中所有不同的行为。输入（原因）和输出（结果）都是作为布尔表达式来呈现的（使用断言逻辑）。原因的组合就是能够产生程序中某个特定响应的输入。判定表将原因和结果放在一起，并且描述两者的对应关系。我们据此可以生成测试覆盖项，覆盖所有可行的原因和结果的组合。如果有 N 个独立的原因，就会有 2^N 个不同的组合。判定表规定了面对每个输入组合，软件应该如何行为。删除不可行的原因组合，可以降低判定表的规模。

原因与结果

原因和结果都是以布尔表达式的方式来呈现的，具体见下例。

示例 A　如前所述，被测方法 boolean isNegative(int x) 中，只有一个原因和一个结果。

（1）原因：x ＜ 0，该原因为真或为假。

（2）结果：return value，该返回值为真或为假。

请注意以下两点。

- 对于互斥（mutually exclusive）的表达式，例如 x ＜ 0 和 x >= 0，只需要一个表达式即可，该表达式为真或为假。
- 对于布尔型变量，也不需要两个表达式 variable == true 和 variable == false。对本例来说，return value 就是布尔型变量，该变量可以取值为真或为假。

示例 B　对于被测方法 boolean isZero(int x)，如果 x 为 0，则返回真，否则返回假。

只有一个原因：x==0。

只有一个结果：return value。

示例 C　对于被测方法 int largest(int x, int y)，其返回值为两个输入参数中的最大值。

原因为：

（1）x ＞ y；

（2）x ＜ y。

结果为：

（1）return value == x；

（2）return value == y。

请注意以下两点。

- 这里有三种可能的情况（x ＜ y、x == y 和 x ＞ y），我们需要至少两个表达式来覆盖这三种情况：
  - 如果 x ＞ y，则 x ＜ y 为假；
  - 如果 x ＜ y，则 x ＞ y 为假；
  - 如果 x == y，则 x ＞ y 和 x ＜ y 都为假。
- 此处的结果是以某一个输入作为输出值（本例为 return value），这些输入不是互斥的，所以需要把输入的所有可能都列出来。本例中，如果 x 等于 y，输出就是 x 或者 y。

示例 D　对于被测方法 boolean inRange(int x, int low, int high)，如果 low ≤ x ≤ high，则返回真。注意，如果 high ＜ low，则 return value 是未定义的，此时我们就不能

测试这个条件。

我们可以创建以下三个原因（可能不是最优的）：

（1）x < low；

（2）low ≤ x ≤ high；

（3）x > high。

然而，互斥的规则（只有一个可以为真）会造成判定表规模庞大，很难处理。所以我们将上述原因优化为：

（1）x < low；

（2）x ≤ high。

对上述原因的解释如表 4.17 所示。

表 4.17   对原因组合的解释

x < low	x ≤ high	解释
T	T	x 超范围，x < low
T	F	不可能，x 不可能既小于 low 又大于 high
F	T	x 在范围内，x ≥ low 且 x ≤ high
F	F	x 超范围，x > high

上表不仅可以减少原因的个数，而且因为这些原因不再完全互斥，可以更便于使用原因的组合。

布尔型 return value 只有一个结果——为真或为假。

请注意以下几点。

- 使用结果 return value == true 是冗余的。因为表达式 return value 是一个布尔型表达式，判定表中的 T 和 F 就已经可以覆盖其结果为真和为假两种情况了。
- 对于布尔型 return value，使用下面两个结果也是冗余的：
- return value；
- !(return value)。

事实上，只要 return value[一]一条规则即可。

- 如果不使用上述指南，其结果就如表 4.25 所示。

合法的原因组合

在最终实现判定表之前，一定要删除输入中不可行的组合。判定表中只要包含可行的组合即可，这样可以减少事后再删除不可行组合的工作量。

示例 E   对于被测方法 boolean condInRange(int x, int low, int high, boolean flag)，如果 flag 为真且 low ≤ x ≤ high，则返回真，否则返回假。如前所述，如果 high < low，则输出未定义，我们就无法测试。

原因包括以下三个：

（1）flag；

（2）x < low；

[一] 我们也可以将表达式 return value 换成方法的名字。本例中，你可以直接将表达式替换成 inRange()。

（3）x ≤ high。

结果只有一个 return value。

输入组合的全集，见表 4.18。

表 4.18   condInRange() 的所有原因组合

原因	所有组合							
flag	T	T	T	T	F	F	F	F
x < low	T	T	F	F	T	T	F	F
x ≤ high	T	F	T	F	T	F	T	F

高亮显示的组合是不可行的组合，其中 x 不可能既小于 low 又大于 high，因此可以删除，结果见表 4.19。

表 4.19   condInRange() 的可行原因组合

原因	所有组合					
flag	T	T	T	F	F	F
x < low	T	F	F	T	F	F
x ≤ high	T	T	F	T	T	F

在 x < low 的两种情况下，x 都必然小于 high，因此 x ≤ high 必定为真。

判定表

判定表[⊖]可以通过规则，把原因和结果相对应。每一条规则都说明：在输入的某一个特定组合（原因）下，会产生某个特定的输出结果。一次只能有一条规则起作用，如果有某个输入能够对应多条规则，那该判定表是不合法的。

判定表中的每一个原因都是单独的一行，每个原因组合就是单独的一列，每个原因组合生成一个不同的结果。判定表中的一列就是一条规则，每个规则就是一个不同的 TCI 和一个不同的测试用例。

我们前面提到的几个示例的判定表如下所示，其中使用字母 T 来指代真，用 F 指代假。

表 4.20 是 isNegative() 的判定表。

- 规则 1：如果 x < 0，则 return value 是真。
- 规则 2：如果 !(x < 0)，则 return value 是假。

表 4.20   isNegative() 的判定表

		规则	
		1	2
原因			
	x < 0	T	F
结果			
	return value	T	T

表 4.21 是 isZero() 的判定表。

- 规则 1：如果 x == 0，则 return value 是真。
- 规则 2：如果 !(x == 0)，则 return value 是假。

⊖ 从数学的角度看，这些表都可以成为真值表，其中只包含真值和假值。但是在软件测试领域，判定表的使用更为广泛，因其定义了软件所做的判定。此处也可用因果图。

表 4.21　isZero() 的判定表

		规则	
		1	2
原因			
	x == 0	T	F
结果			
	return value	T	F

表 4.22 为 largest () 的判定表。

- 规则 1：如果 x > y 且 !(x < y)，则 return value 为 x。
- 规则 2：如果 !(x > y) 且 x < y，则 return value 为 y。
- 规则 3：如果 !(x > y) 且 !(x < y)，也就是 x == y，则 return value 同时为 x 和 y。

表 4.22　largest ( ) 的判定表

		规则		
		1	2	3
原因				
	x > y	T	F	F
	x < y	F	T	F
结果				
	return value == x	T	F	T
	return value == y	F	T	T

表 4.23 所示为 inRange () 判定表。

- 规则 1：如果 x < low 且 x ≤ high，则 return value 为假。
- 规则 2：如果 !(x < low) 且 x ≤ high，则 return value 为真。
- 规则 3：如果 !(x < low) 且 !(x ≤ high)，则 return value 为假。

表 4.23　inRange () 的判定表

		规则		
		1	2	3
原因				
	x < low	T	F	F
	x ≤ high	T	T	F
结果				
	return value	F	T	F

表 4.24 为 condInRange() 的判定表。

- 规则 1：如果 flag 且 x < low 且 x ≤ high，则 return value 为假。
- 规则 2：如果 flag 且 !(x < low) 且 x ≤ high，则 return value 为真。
- 规则 3：如果 flag 且 !(x < low) 且 !(x ≤ high)，则 return value 为假。
- 规则 4：如果 !(flag) 且 x < low 且 x ≤ high，则 return value 为假。
- 规则 5：如果 !(flag) 且 !(x < low) 且 x ≤ high，则 return value 为假。
- 规则 6：如果 !(flag) 且 !(x < low) 且 !(x ≤ high)，则 return value 为假。

表 4.24　condInRange() 的判定表

原因		规则					
		1	2	3	4	5	6
原因	flag	T	T	T	F	F	F
	x < low	T	F	F	T	F	F
	x ≤ high	T	T	F	T	T	F
结果	return value	F	T	F	F	F	F

表 4.25 也是 condInRange() 的判定表，可以看到这个判定表的实现很糟糕。

- 其中含有不必要的原因，造成判定表的规模较大。
- 表中存在两个结果（return value == true 和 return value == false），不仅让人费解，而且冗余。
- 表中含有多个不可行的组合。
- 整体来看，这个表很难生成和使用。

表 4.25　较糟糕的 condInRange() 判定表

原因	规则															
	1	2	3	4	5	6	7	8	9	10	11	12	13	14	15	16
flag	T	T	T	T	T	T	T	T	F	F	F	F	F	F	F	F
x < low	T	T	T	T	F	F	F	F	T	T	T	T	F	F	F	F
low ≤ x ≤ high	T	T	F	F	T	T	F	F	T	T	F	F	T	T	F	F
x > high	T	F	T	F	T	F	T	F	T	F	T	F	T	F	T	F
结果																
return value == true				F		T	F					F		F	F	
return value == false				T		F	T					T		T	T	

就算删除了不可行的组合，上表仍然不能达到其应有的目标，即不能生成输入的组合，而且含有不必要的重复。注意看表 4.24 含有与这里完全相同的信息，但是形式更加简洁。

处理大判定表

如果规则的数目超过了 16 个，判定表就比较难处理了。我们这里介绍两种技术[注]来降低判定表的规模：

- 子表
- 成对测试

子表

如果我们将原始判定表分成两个独立的表，就可以减低表 4.24 的规模。其中一个里 flag 始终为真，另一个里 flag 始终为假。这样一来，每个表都只有原始表的一半大小，见表 4.26 和表 4.27。

[注] 有些标准技术中，会使用"无所谓"条件（don't-care condition），本书未做讨论。这是比较高级的技术，正确实现的难度比较大。

表 4.26   flag 为真时，condInRange() 的判定表

		规则		
		1	2	3
原因				
	x < low	T	F	F
	x ≤ high	T	T	F
结果				
	return value	F	T	F

表 4.27   flag 为假时，condInRange() 的判定表

		规则		
		1	2	3
原因				
	x < low	T	F	F
	x ≤ high	T	T	F
结果				
	return value	F	F	F

大家还记得我们曾经用这样的技术来删除错误的规则么？如果有一些原因组合会产生错误，那么它们可以单独形成一张判定表（只含错误的规则）。

成对测试

限制规则的数目也可以降低判定表的规模。我们可以不包含原因的每一个组合，而是只包含每一对原因的组合。这个技术需要识别每一对可能的输入组合，然后合并这些组合对，从而产生尽可能少的规则。

使用成对测试的技术，我们可以将表 4.24 缩减成表 4.28。

表 4.28   condInRange() 的成对判定表

		规则				
		1	2	3	4	5
原因						
	flag	T	T	T	F	F
	x < low	T	F	F	T	F
	x ≤ high	T	T	F	T	F
结果						
	return value	F	T	F	F	F

在判定表中，所有可能的原因对至少被包含一次。

- 规则 1：flag 且 x < low。
- 规则 2：flag 且 !(x < low)。
- 规则 4：!flag 且 x < low。
- 规则 5：!flag 且 !(x < low)。
- 规则 1：flag 且 x ≤ high。
- 规则 3：flag 且 !(x ≤ high)。
- 规则 4：!flag 且 x ≤ high。
- 规则 5：!flag 且 !(x ≤ high)。

- 规则 1：x < low 且 x ≤ high。
- 规则 2：!(x < low) 且 x ≤ high。
- 规则 3：!(x < low) 且 !(x ≤ high)。

x < low 且 x ≤ high 这个原因对在逻辑上是不可能的，因此不包含在成对判定表中，当然也不会出现在全组合判定表中。

原始表越大，使用这种技术缩减其规模的可能性就越大。例如，表 4.29 中的 16 条规则可以减少到 6 条，如表 4.30 所示。

表 4.29　四种原因的全组合决策表

规则															
1	2	3	4	5	6	7	8	9	10	11	12	13	14	15	16
T	T	T	T	T	T	T	T	F	F	F	F	F	F	F	F
T	T	T	T	F	F	F	F	T	T	T	T	F	F	F	F
T	T	F	F	T	T	T	F	T	T	F	F	T	T	T	F
T	F	T	F	T	F	T	F	T	F	T	F	T	F	T	F

表 4.30　四种原因的成对组合决策表

规则					
1	2	3	4	5	6
T	T	F	F	T	F
T	F	T	F	T	F
T	T	F	T	F	F
T	F	T	T	F	F

判定表中的每一行都代表一个原因。对于每个原因对来说，每个可能的组合（{T,T},{T,F},{F,T},{F,F}）在表中应至少出现一次[注]。例如：

- 规则 1：row1 且 row2。
- 规则 1：row1 且 row3。
- 规则 1：row1 且 row4。
- 规则 1：row2 且 row3。
- 规则 1：row2 且 row4。
- 规则 1：row3 且 row4。
- 规则 2：row1 且 !row2。
- 规则 5：row1 且 !row3。
- 规则 2：row1 且 !row4。
- 等等。

关于成对测试的效率问题，有很多深入的讨论。有时候一个方法可能找不到 N-way 故障（需要 N 个不同原因的组合才可能发生的故障），有些研究表明高阶组合（three-way、four-way、N-way）的性价比不高，带来的益处也不明显。一个明显的好处是减少了测试用例的数目。成对测试也可以减少测试设计的时间（设计更少的测试），减少测试实现的时间（编码更少的测试），同时减少测试执行的时间（运行更少的测试）。

⊖ 有些软件工具可以自动生成所需的结对。

4.4.4 测试覆盖项

判定表中的每一条规则就是一个 TCI。如果一个测试条目包括多个判定表，（例如，一个类），应该给每条规则或 TCI 都赋予一个唯一标识符，例如一个不同的名字。

通常来说，因为描述所有错误所需要的规则数目较多，所以判定表是不包含错误的。为便捷，错误应该在单独的表中呈现，而且只有当不同的原因组合会生成不同的错误时，才需要这样做。

4.4.5 测试用例

要基于当前未被覆盖的规则为测试用例选择输入数据。每个测试用例只能覆盖一个 TCI（规则），然后基于规范（使用决策表）获取预期结果。

提示：按序遍历规则，然后给每一个参数挑选一个能够匹配原因的数值，会较容易地识别测试数据。如果给每个参数都使用稍有不同的数值，会更容易发现并删除重复的测试用例，也更易于测试设计的审查。我们建议大家重用等价类划分测试中使用的数值。

4.4.6 缺点

要关注以下内容，否则判定表测试可能会出错。

- 确保原因是完整的，且没有重叠，否则判定表可能是不完整的或不一致的。
- 使用简单的逻辑表达式来表达原因，不要带有类似 && 或 || 的布尔操作符。不这样做很难保证判定表中包含所有的原因组合。
- 规则必须具有唯一性，必须保证不会有两条规则同时为真，每一条规则都必须对应不同的原因组合，否则判定表可能非法，不能用于生成测试用例。
- 保证所有可能的输入组合，都有规则与之对应。

4.5 评估

判定表测试也是一种黑盒测试技术，但与等价类划分和边界值分析测试略有区别。判定表测试考虑输入数据的组合，以及这些输入组合如何影响输出结果，而非单独考虑每个输入对输出的影响。判定表测试能够为某些代码提供更高的决策覆盖率，这些代码根据输入值的组合分类输入，或决定采取什么行为。

复杂决策是代码中常见的错误来源，这些决策通常反映了对复杂情况的正确判断，如果实现不正确，很容易会造成软件的处理不正确，从而产生失效。

4.5.1 局限性

如果软件已经通过了所有的等价类划分测试、边界值分析测试和判定表测试，是否就可以确保完全正确了呢？还是老话，只有穷尽测试才能够回答这个问题。因此，判定表测试之后，被测软件还有可能残留一些故障。我们现在使用故障注入的方法，来探讨判定表技术的优势和局限性。

针对故障 3 的判定表测试

针对故障 3 的等价类划分、边界值分析和判定表测试的执行结果，如图 4.2 所示。有一个判定表测试用例发现了这个故障。

```
PASSED: test_giveDiscount("T1.1", 40, true, FULLPRICE)
PASSED: test_giveDiscount("T1.2", 100, false, FULLPRICE)
PASSED: test_giveDiscount("T1.3", 200, false, DISCOUNT)
PASSED: test_giveDiscount("T1.4", -100, false, ERROR)
PASSED: test_giveDiscount("T2.1", 1, true, FULLPRICE)
PASSED: test_giveDiscount("T2.2", 80, false, FULLPRICE)
PASSED: test_giveDiscount("T2.3", 81, false, FULLPRICE)
PASSED: test_giveDiscount("T2.4", 120, false, FULLPRICE)
PASSED: test_giveDiscount("T2.5", 121, false, DISCOUNT)
PASSED: test_giveDiscount("T2.6", 9223372036854775807, false, DISCOUNT)
PASSED: test_giveDiscount("T2.7", -9223372036854775808, false, ERROR)
PASSED: test_giveDiscount("T2.8", 0, false, ERROR)
PASSED: test_giveDiscount("T3.2", 200, true, DISCOUNT)
FAILED: test_giveDiscount("T3.1", 100, true, DISCOUNT)
java.lang.AssertionError: expected [DISCOUNT] but found [FULLPRICE]
===============================================
Command line suite
Total tests run: 14, Passes: 13, Failures: 1, Skips: 0
===============================================
```

图 4.2　带有故障 3 的 giveDiscount() 的判定表测试执行结果

故障 4

现在我们在源代码中注入一个新的故障，来演示判定表测试的局限性，如列表 4.2 所示。

列表 4.2　故障 4

```
22          Status rv = FULLPRICE;
23          long threshold = 120;
24
25          if (bonusPoints <= 0)
26              rv = ERROR;
27
28          else {
29              if (goldCustomer)
30                  threshold = 80;
31              if (bonusPoints > threshold)
32                  rv = DISCOUNT;
33          }
34
35          if (bonusPoints == 43) // Fault 4
36              rv = DISCOUNT;
37
38          return rv;
39      }
40
41  }
```

注入的故障位于第 35 行和第 36 行，该故障增加了一个未在规范中规定的新功能。这种故障，在任何一种黑盒测试中，都很难暴露。

针对故障 4 的判定表测试

针对故障 4 的等价类划分、边界值分析和判定表测试的执行结果，如图 4.3 所示。正如我们预料的，测试没有发现这个故障，注入的故障与规范没有任何关系，因此任何一种黑盒测试技术都不能发现这个故障。

故障演示

使用专选的输入数值运行带有故障 4 的代码，其结果如图 4.4 所示。注意如果输入是 (43,true)，正确的运行结果应该是 FULLPRICE，被测软件返回的实际结果是错误的。

```
PASSED: test_giveDiscount("T1.1", 40, true, FULLPRICE)
PASSED: test_giveDiscount("T1.2", 100, false, FULLPRICE)
PASSED: test_giveDiscount("T1.3", 200, false, DISCOUNT)
PASSED: test_giveDiscount("T1.4", -100, false, ERROR)
PASSED: test_giveDiscount("T2.1", 1, true, FULLPRICE)
PASSED: test_giveDiscount("T2.2", 80, false, FULLPRICE)
PASSED: test_giveDiscount("T2.3", 81, false, FULLPRICE)
PASSED: test_giveDiscount("T2.4", 120, false, FULLPRICE)
PASSED: test_giveDiscount("T2.5", 121, false, DISCOUNT)
PASSED: test_giveDiscount("T2.6", 9223372036854775807, false, DISCOUNT)
PASSED: test_giveDiscount("T2.7", -9223372036854775808, false, ERROR)
PASSED: test_giveDiscount("T2.8", 0, false, ERROR)
PASSED: test_giveDiscount("T3.1", 100, true, DISCOUNT)
PASSED: test_giveDiscount("T3.2", 200, true, DISCOUNT)
===============================================
Command line suite
Total tests run: 14, Passes: 14, Failures: 0, Skips: 0
===============================================
```

图 4.3　带有故障 4 的 giveDiscount() 的判定表测试执行结果

```
$ check 43 true
DISCOUNT
```

图 4.4　人工演示故障

4.5.2　强项和弱项

强项

- 判定表能够处理输入数据的组合。
- 测试分析过程可以生成预期结果。

弱项

- 判定表可能会很大。当然也有很多措施用来降低判定表的规模。
- 非常详细的规范可能会产生越来越多的原因和结果，因此会派生出非常庞大和复杂的判定表。

判定表是对等价类划分和边界值分析方法的补充。现在还没有发表出来的文献能够证明判定表的效率更高，但是编程经验告诉我们，判定表的确更容易揭示等价类划分和边界值分析不能发现的错误。

4.6　划重点

- 判定表测试可以保证软件在面对输入组合时，也能正常地执行。
- 测试覆盖项和测试用例是基于判定表中的规则的。
- 测试用例中的测试数据，来自于等价类划分技术中使用的测试数值。

4.7　给有经验的测试员的建议

有经验的测试员可以在头脑中识别原因和结果，在规范的基础上直接生成判定表。他们甚至可以根据判定表直接生成测试实现。但是，在有高质量要求的系统中，例如在嵌入式系统、生命紧要系统等，就算是有经验的测试员也要使用文档来记录这些步骤，以便于质量审查。否则，软件的质量可能会面临法律上的挑战。

语句覆盖

本章我们介绍白盒测试技术，从最基础的形式开始：语句覆盖。

5.1 白盒测试

前面章节中，我们详细讨论了黑盒测试技术。这些技术能够提供基于规范的基本测试。但是，在没被运行的部分，代码中还可能残留一些故障。如果想找到这些故障，使用的测试就必须基于代码实现而非规范，我们将这类测试技术称为白盒测试或基于结构的测试技术。这些测试技术需要识别代码的特定片段，然后验证这些代码在运行时，是否能够生成正确的结果。我们需要从代码实现中获取测试覆盖项，但是也要使用规范来提供每个测试用例的预期结果。

测试员一定要从规范中获取预期结果，而非从源代码中获取。如果使用源代码，测试员很容易就会造成失误，并且可以从代码中很明显地看到输出结果。因此，使用源代码来获取预期结果只不过是验证了测试员能正确理解代码，并不能说明代码能正确地工作。

在实践中，只要运行黑盒测试，就可以自动获取代码中组成部分的覆盖情况，因此只有那些还没有被覆盖的组成部分才需要使用白盒测试技术。本书沿用这种思路。

在第 8 章，我们会更加详细地讨论白盒测试技术，以及它如何与黑盒测试技术互补。

5.2 语句覆盖测试

语句覆盖测试（更正式的说法是带有语句覆盖率准则的测试）能够确保源代码中每一行代码（或语句）在测试中都被运行，同时验证输出的正确性。

▌定义 语句（statement），是指可以被执行的一行源代码。[⊖]

5.2.1 获取语句覆盖率

绝大多数编程语言都可以自动[⊖]测量源代码中已被执行的语句，由此可以支持在测试中获取语句覆盖率。

本章讲解的测试技术能够确保在测试中所有的语句都被执行，并据此发现与未执行代码相关的故障。

5.3 示例

我们继续测试方法 OnlineSales.giveDiscount()，其中注入了故障 4，该故障没有被任何一种黑盒测试技术发现。为了便于本章的讨论，我们在这里重复该方法对应的规范和源

　⊖ 不是所有的源代码行都是可以被执行的，例如空行、注释、大括号等就不能执行。

　⊖ 本书中，我们使用 Java/JaCoCo 工具获取测试执行中的语句覆盖率，详见 www.jacoco.org。

代码。

规范就是被测方法 OnlineSales.giveDiscount() 的返回值。

- FULLPRICE：如果 bonusPoints ≤ 120 且不是 goldCustomer。
- FULLPRICE：如果 bonusPoints ≤ 80 且是 goldCustomer。
- DISCOUNT：如果 bonusPoints > 120。
- DISCOUNT：如果 bonusPoints > 80 且是 goldCustomer。
- ERROR：如果输入是非法的（bonusPoints < 1）。

注入故障 4 的源代码，见列表 5.1。

列表 5.1 故障 4

```
22        Status rv = FULLPRICE;
23        long threshold = 120;
24
25        if (bonusPoints <= 0)
26            rv = ERROR;
27
28        else {
29            if (goldCustomer)
30                threshold = 80;
31            if (bonusPoints > threshold)
32                rv = DISCOUNT;
33        }
34
35        if (bonusPoints == 43) // Fault 4
36            rv = DISCOUNT;
37
38        return rv;
39    }
40
41 }
```

5.3.1 分析

对于已经受到黑盒测试的代码来说，要实现全语句覆盖，首先要检查这些已有测试达到的语句覆盖率。

针对带有故障 4 的代码，我们来运行已经学习的全部测试（包括等价类划分、边界值分析和判定表测试），我们可以获得代码覆盖率的测量结果，并因此形成测试报告、覆盖率总结报告和源代码覆盖率报告。测试报告见图 4.3，所有的测试都通过。图 5.1 所示为对类 OnlineSales 运行这些测试之后，JaCoCo 上的覆盖率总结报告[○]。

Element	Missed Instructions	Cov.	Missed Branches	Cov.	Missed	Cxty	Missed	Lines	Missed	Methods
● OnlineSales()	▬	0%		n/a	1	1	1	1	1	1
● giveDiscount(long, boolean)	▬▬▬▬▬	93%	▬▬▬	87%	1	5	1	11	0	1
Total	5 of 32	84%	1 of 8	87%	2	6	2	12	1	2

图 5.1 带有故障 4 的 giveDiscount() 的判定表覆盖率总结报告

对于语句覆盖来说，我们只对 Lines 列和 Missed 列感兴趣。另外我们还关注被测方法，

○ 报告中还有一些这里我们不关注的内容。

被测方法显示在 giveDiscount(long, boolean) 这一行。Lines 这一列显示了被测方法中的行数目：11。Missed 这一列显示了方法中未被覆盖（未被执行）的行数目：1。由此可知测试该方法时，11 行中有 1 行没有被覆盖，因此没有达到全语句覆盖。

下一步我们确认是哪些行没有被执行，为此我们需要研究图 5.2 所示的源代码覆盖率报告。注意：此处展示了整个 OnlineSales.java 文件，包括本书中其他章节忽略的一些源代码（其他章节忽略这些源代码的原因是希望读者在阅读的时候会更容易聚焦在重要的部分）。

```java
JaCoCo Coverage Report > example > OnlineSales.java                    Sessions

OnlineSales.java

 1.  package example;
 2.  // Note: this version contains Fault 4
 3.  import static example.OnlineSales.Status.*;
 4.
 5.  public class OnlineSales {
 6.
 7.      public static enum Status { FULLPRICE, DISCOUNT, ERROR };
 8.
 9.      /**
10.       * Determine whether to give a discount for online sales.
11.       * Gold customers get a discount above 80 bonus points.
12.       * Other customers get a discount above 120 bonus points.
13.       *
14.       * @param bonusPoints How many bonus points the customer has accumulated
15.       * @param goldCustomer Whether the customer is a Gold Customer
16.       *
17.       * @return
18.       * DISCOUNT - give a discount<br>
19.       * FULLPRICE - charge the full price<br>
20.       * ERROR - invalid inputs
21.       */
22.      public static Status giveDiscount(long bonusPoints, boolean goldCustomer)
23.      {
24.          Status rv = FULLPRICE;
25.          long threshold=120;
26.
27.          if (bonusPoints<=0)
28.              rv = ERROR;
29.
30.          else {
31.              if (goldCustomer)
32.                  threshold = 80;
33.              if (bonusPoints>threshold)
34.                  rv=DISCOUNT;
35.          }
36.
37.          if (bonusPoints==43) // fault 4
38.              rv = DISCOUNT;
39.
40.          return rv;
41.      }
42.
43.  }
```

图 5.2　带有故障 4 的 giveDiscount() 判定表测试覆盖率详细结果

对代码中高亮显示的一些语句，我们做如下解释。

- 测试过程中已被执行的语句显示为浅灰色（屏幕上显示为绿色）和中灰色（屏幕上显示为黄色）。
- 未被执行的语句显示为深灰色（屏幕显示为红色）。

我们只需要关注 22 ～ 41 行方法 giveDiscount() 中的语句即可。报告中其他的高亮显示行，对应类 OnlineSales 中不在被测方法内的语句。此处我们使用 JavaDoc 规范，这也是源文件的一部分，不过为了简便，此处没有显示。

下方是被测方法 giveDiscount() 的黑盒测试覆盖情况。

- 第 38 行是深灰色的，表示没有被执行。
- 第 37 行是中灰色，表示部分被执行。我们现在分析的是语句覆盖，在下一章会讨论分支覆盖，届时再做更详细的讨论。
- 第 24、25、27、28、31 ~ 34 和 40 行都是浅灰色的，表示都已经被执行。

请注意，我们此处在测试方法 giveDiscount() 而非整个类，因此覆盖率报告会显示有些编译器生成的类代码没有被执行。第 9 章会重点关注这个问题。

通过研究源代码和覆盖结果，我们可以发现：未被执行的代码行、想要运行这些代码需要满足的条件，以及满足这些条件需要的输入值。

从图 5.2 可知，本例中未被执行的语句是第 38 行。

通过仔细研究源代码，我们可以确认执行第 38 行代码的条件是：第 37 行的 bonusPoints==43 必须为真，也就是说运行到这一行语句的时候，bonusPoints 必须等于 43。

bonusPoints 是一个输入参数，因此我们很容易就可以确认所需输入为：bonusPoints 必须取值 43。因为这是程序中的一个计算结果，所以需要我们做一些细致的分析。分析结果见表 5.1。

表 5.1　giveDiscount() 中未被执行的语句

ID	行数	条件
1	38	bonusPoints == 43

5.3.2　测试覆盖项

源代码中每一条未被执行的语句都是一个测试覆盖项（TCI），如表 5.2 所示。不能执行的源代码（例如注释或空行）可以忽略。从表中可知，只需要增加一个 TCI 就可以满足对源代码的全行覆盖（需要同时执行全部的黑盒测试）。测试员没有必要确认已经完成的测试具体覆盖了哪一些源代码语句，尤其是在语句规模较大的时候。

表 5.2　针对 giveDiscount() 的附加语句覆盖 TCI

TCI	行数	测试用例
SC1	38	待补充

TCI 和测试用例都被标记为附加的，是为了说明它们本身不能提供全语句覆盖。为达到全语句覆盖，还需要补充执行其他的测试。本例中，需要补充执行的就是我们以前完成的等价类划分测试、边界值分析测试和判定表测试。

表 5.2 中测试用例一列将在后面完成。如果审查的时候有需要，测试员也可以在表中加入一些内容，说明哪一个黑盒测试用例触发了哪一条语句的执行，不过这样的详细程度通常在实践中没有太大必要，而且这也需要单独运行和测量每一个黑盒测试。

5.3.3　测试用例

设计语句覆盖测试用例的原则，是要确保之前没有被执行的语句都要被执行。有经验的测试员可以用所需的最少测试用例达到全语句覆盖的要求。

通过分析，我们可以确认覆盖每一条未执行语句的条件是什么，然后据此条件设计测试输入数据。

本例中，我们已经分析过，执行第 38 行的条件是参数 bonusPoints 必须等于 43。从规范可知，如果 bonusPoints 等于 43，结果就永远都是 FULLPRICE，与参数 goldCustomer 的取值无关。因此 goldCustomer 的取值如何无所谓，如表 5.3 所示。

表 5.3　giveDiscount() 的附加语句覆盖测试用例

ID	TCI	输入		预期结果
		bonusPoints	goldCustomer	return value
T4.1	SC1	43	false	FULLPRICE

注：1. 与黑盒测试不同，白盒测试中，错误和非错误的测试用例之间没有区别。

5.3.4　验证测试用例

验证测试用例包括两个步骤：首先完成 TCI 表，然后审查工作成果。

完成 TCI 表

我们可以从表 5.3 中与测试用例相关的 TCI 列入手，完成 TCI 表中的测试用例列，如表 5.4 所示。

表 5.4　完成的 giveDiscount() 附加语句覆盖 TCI

TCI	行数	测试用例
SC1	38	T4.1

审查工作成果

测试设计审查包括以下内容。

（1）每个 TCI 都被至少一个测试用例覆盖，以确保测试的完整性。

（2）每个新测试用例都要覆盖一个新 TCI，以确保没有不必要的测试用例。

（3）对比等价类划分、边界值分析、判定表，以及语句覆盖的测试用例（表 2.9、表 3.3、表 4.15 和表 5.3），我们可以看到没有重复的测试用例。

从表 5.4 可以看出，本例中每个 TCI 都已被覆盖。从表 5.3 可以看出，每个语句覆盖测试用例都覆盖了新 TCI。

5.4　测试实现和测试结果

5.4.1　测试实现

全部的测试实现如列表 5.2 所示，其中也包括了前面已经完成的等价类划分、边界值分析和判定表测试的实现，所有这些测试实现加在一起可以实现全语句覆盖。⊖

列表 5.2　对 OnlineSalesTest 的语句覆盖测试

```
1  public class OnlineSalesTest {
2
3    private static Object[][] testData1 = new Object[][] {
4    // test, bonusPoints, goldCustomer, expected output
5    { "T1.1",    40L,     true,  FULLPRICE },
6    { "T1.2",   100L,     false, FULLPRICE },
7    { "T1.3",   200L,     false, DISCOUNT },
8    { "T1.4",  -100L,     false,    ERROR },
9    { "T2.1",     1L,     true,  FULLPRICE },
10   { "T2.2",    80L,     false, FULLPRICE },
```

⊖　有关将测试分组的技术，我们将在第 11 章讨论，该技术可以将测试组合成子集再执行。

```
11        { "T2.3",        81L,      false,  FULLPRICE },
12        { "T2.4",       120L,      false,  FULLPRICE },
13        { "T2.5",       121L,      false,  DISCOUNT },
14        { "T2.6", Long.MAX_VALUE, false, DISCOUNT },
15        { "T2.7", Long.MIN_VALUE, false, ERROR },
16        { "T2.8",         0L,      false,     ERROR },
17        { "T3.1",       100L,      true,   DISCOUNT },
18        { "T3.2",       200L,      true,   DISCOUNT },
19        { "T4.1",        43L,      true,   FULLPRICE },
20    };
21
22    @DataProvider(name = "testset1")
23    public Object[][] getTestData() {
24      return testData1;
25    }
26
27    @Test(dataProvider = "testset1")
28    public void test_giveDiscount( String id, long bonusPoints,
          boolean goldCustomer, Status expected) {
29      assertEquals( OnlineSales.giveDiscount(bonusPoints,
          goldCustomer), expected );
30    }
31
32 }
```

5.4.2　测试结果

图 5.3 所示为针对故障 4 执行全部测试的结果。

```
PASSED: test_giveDiscount("T1.1", 40, true, FULLPRICE)
PASSED: test_giveDiscount("T1.2", 100, false, FULLPRICE)
PASSED: test_giveDiscount("T1.3", 200, false, DISCOUNT)
PASSED: test_giveDiscount("T1.4", -100, false, ERROR)
PASSED: test_giveDiscount("T2.1", 1, true, FULLPRICE)
PASSED: test_giveDiscount("T2.2", 80, false, FULLPRICE)
PASSED: test_giveDiscount("T2.3", 81, false, FULLPRICE)
PASSED: test_giveDiscount("T2.4", 120, false, FULLPRICE)
PASSED: test_giveDiscount("T2.5", 121, false, DISCOUNT)
PASSED: test_giveDiscount("T2.6", 9223372036854775807, false, DISCOUNT)
PASSED: test_giveDiscount("T2.7", -9223372036854775808, false, ERROR)
PASSED: test_giveDiscount("T2.8", 0, false, ERROR)
PASSED: test_giveDiscount("T3.1", 100, true, DISCOUNT)
PASSED: test_giveDiscount("T3.2", 200, true, DISCOUNT)
FAILED: test_giveDiscount("T4.1", 43, true, FULLPRICE)
java.lang.AssertionError: expected [FULLPRICE] but found [DISCOUNT]
===============================================
Command line suite
Total tests run: 15, Passes: 14, Failures: 1, Skips: 0
===============================================
```

图 5.3　带有故障 4 的 giveDiscount() 的语句覆盖测试执行结果

语句覆盖测试用例 T4.1 未通过,可知代码中存在一个故障,即该测试发现了故障 4。我们不需要再针对其他版本的代码运行一遍测试了,除非能够确认其他版本的代码中需要新增测试用例来实现 100% 的代码覆盖率。当前的测试数据完全可以保证带有故障 4 的代码符合语句覆盖率的要求。图 5.4 所示为测试覆盖结果。

截至现在,我们已经达到全语句覆盖的要求,没有未被执行的语句。如果已经达到100% 的语句覆盖率,我们就没有必要再关注被注释掉的源代码了。

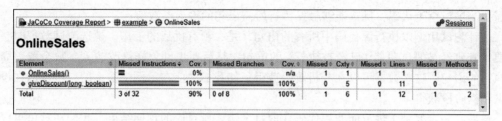

图 5.4 带有故障 4 的 giveDiscount() 的覆盖率总结报告

5.5 语句覆盖的细节

5.5.1 故障模型

在语句覆盖的故障模型中，之前测试未覆盖的源代码里可能残留故障。这些未被执行的语句通常与边界情况相关，或者与很少见的情况相关。

语句覆盖测试需要仔细选择输入数值，以保证每一条语句都能被执行。这种测试会尝试找到与源代码中每一条语句相关的故障。

5.5.2 描述

语句覆盖测试的目的是执行源代码中所有的语句。测试中通常使用百分比来表示语句覆盖程度，例如语句覆盖率 100% 意味着每条语句都被执行过，50% 则意味着只有一半的语句被测试覆盖。

语句覆盖是白盒测试中最弱的形式[⊖]。然而，就算是 100% 的语句覆盖率也可能没有完全覆盖一个程序的所有逻辑，或者触发生成所有可能的输出结果。

语句覆盖的另一个好处是能够在分析阶段，发现不可达代码。通常来说，这些代码需要被严格审查，并且删除。

5.5.3 分析：识别未执行的语句

根据之前测试（主要是黑盒测试）获得的覆盖结果，我们可以很容易地识别出未被执行的语句。

对于复杂的代码来说，我们可以先生成一个控制流图（Control-Flow Graph，CFG），这可以帮助我们在抽象层面理解代码的流程。但对于语句覆盖来说，控制流图并不必要。我们将在第 7 章解释 CFG 技术。语句覆盖测试也可以在黑盒测试之前进行，但这不是常规的实践做法。本章中，控制流图可以辅助设计测试用例，当然有经验的测试员可能并不需要。

5.5.4 测试覆盖项

源代码中的每一条语句都是一个 TCI。通常来说，一行源代码就视为一条语句。与其他测试技术一样，给 TCI 赋予一个唯一标识符可以让审查测试设计时更容易些。

5.5.5 测试用例

选择测试数据的时候，需要确保每一条语句，或程序中的每一个节点都被执行。这项工

⊖ 所有其他形式的白盒测试技术能够保证至少达到语句覆盖的要求。

作需要测试员审查代码，挑选能够触发执行所需语句的输入参数值。

设计测试用例以执行源代码中所有的语句，是一项有挑战的工作。挑选测试数据时，首先要审查已经被测试覆盖（已经被执行）的语句，然后要识别怎样修改输入参数会覆盖尚未被执行的语句。这些数据可以在分析阶段获得，如我们之前在示例中演示的，也可以在设计测试用例阶段获得。

最后，一定要基于规范而非源代码获取每个输入所对应的预期结果。我们在这里再次强调：必须从规范中获取预期结果！从代码中获取预期结果，实在太容易出错了，因此测试员一定要避免这样做。

5.6 评估

语句覆盖测试能够发现注入方法 giveDiscount() 中的故障 4。

5.6.1 局限性

到目前为止，我们使用语句覆盖发现了与因为注入故障 4 而造成的语句未被执行相关的故障。现在我们向原始代码中注入一个新的故障，来更深入地分析语句覆盖的优势和劣势。

故障 5

我们在第 31 行注入一个新的故障，以此来演示语句覆盖测试的局限性。修改第 31 行的 if 语句，错误地增加 " && bonusPoints != 93"，就有了这个故障。这部分代码会在程序中增加一个多余的分支，现有的测试数据是不会走到这个分支的（因为 bonusPoints 永远不会用到 93 这个数值）。结果是，当 bonusPoints 等于 93 的时候，第 32 行就不会被执行。改后代码如列表 5.3 所示。

列表 5.3　注入故障 5

```
22    public static Status giveDiscount(long bonusPoints, boolean
          goldCustomer)
23    {
24        Status rv = FULLPRICE;
25        long threshold = 120;
26
27        if (bonusPoints <= 0)
28            rv = ERROR;
29
30        else {
31            if (goldCustomer && bonusPoints != 93) // Fault 5
32                threshold = 80;
33            if (bonusPoints > threshold)
34                rv = DISCOUNT;
35        }
36
37        return rv;
38    }
```

测试故障 5

修改源代码后，运行等价类划分、边界值分析、判定表和语句覆盖测试之后的结果，如图 5.5 所示。这些测试都没有发现故障 5。这也是我们预期的结果，因为注入的故障与规范没有关系，不太可能被黑盒测试技术或语句覆盖测试发现。[⊖]测试用例达到了全语句覆盖[⊖]，

⊖　此处指多余型错误，我们将在 8.1 节详细讨论这部分内容。

⊖　测试用例 T4.1 实际是冗余的，代码修改后不用这个测试用例就能达到全语句覆盖。

如图 5.6 所示。

```
PASSED: test_giveDiscount("T1.1", 40, true, FULLPRICE)
PASSED: test_giveDiscount("T1.2", 100, false, FULLPRICE)
PASSED: test_giveDiscount("T1.3", 200, false, DISCOUNT)
PASSED: test_giveDiscount("T1.4", -100, false, ERROR)
PASSED: test_giveDiscount("T2.1", 1, true, FULLPRICE)
PASSED: test_giveDiscount("T2.2", 80, false, FULLPRICE)
PASSED: test_giveDiscount("T2.3", 81, false, FULLPRICE)
PASSED: test_giveDiscount("T2.4", 120, false, FULLPRICE)
PASSED: test_giveDiscount("T2.5", 121, false, DISCOUNT)
PASSED: test_giveDiscount("T2.6", 9223372036854775807, false, DISCOUNT)
PASSED: test_giveDiscount("T2.7", -9223372036854775808, false, ERROR)
PASSED: test_giveDiscount("T2.8", 0, false, ERROR)
PASSED: test_giveDiscount("T3.1", 100, true, DISCOUNT)
PASSED: test_giveDiscount("T3.2", 200, true, DISCOUNT)
PASSED: test_giveDiscount("T4.1", 43, true, FULLPRICE)
===============================================
Command line suite
Total tests run: 15, Passes: 15, Failures: 0, Skips: 0
===============================================
```

图 5.5 带有故障 5 的 giveDiscount() 的语句覆盖测试结果

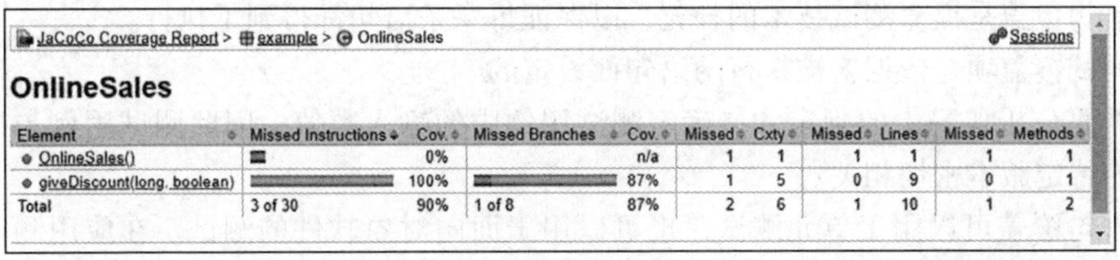
JaCoCo Coverage Report > example > OnlineSales Sessions

OnlineSales

Element	Missed Instructions	Cov.	Missed Branches	Cov.	Missed	Cxty	Missed	Lines	Missed	Methods
OnlineSales()		0%		n/a	1	1	1	1	1	1
giveDiscount(long, boolean)		100%		87%	1	5	0	9	0	1
Total	3 of 30	90%	1 of 8	87%	2	6	1	10	1	2

图 5.6 带有故障 5 的 giveDiscount() 的语句覆盖测试的覆盖率总结报告

在方法 checkDiscount() 中，没有未被执行的语句，因此检查详细的源代码报告是没有意义的，其中所有的语句都会被标识为“被覆盖”。

演示故障 5

图 5.7 所示为运行带有故障 5 的代码之后的结果，此处我们使用了一些特殊挑选的输入数据。

```
$ check 93 true
FULLPRICE
```

图 5.7 人工演示故障 5

输入为（93，true）时，程序返回了错误的结果。正确的结果应该是 DISCOUNT。我们需要更复杂的方法来发现这一类的故障，详见第 6 章。

5.6.2 强项和弱项

强项

- 语句覆盖能够保证代码中的每一条语句至少被执行了一次，因此提供了最小的覆盖率。如果在测试中，没有确认每条语句都至少被执行了一次，发布软件时可能会遇到巨大的风险。因为不是每一条语句的行为都被验证过，代码中很可能仍然存在错误。

- 只需要增加很少的测试用例，就可以达到语句覆盖的要求。

弱项

- 较难识别所需的输入参数值。
- 较难覆盖只有在非正常情况或异常情况下才可能执行的代码。
- 如果 else 分支为空，则较难提供全语句覆盖率，例如对于代码：

```
if (number < 3) number++;
```

语句覆盖测试不会生成 number ⩾ 3 这种情况下的测试用例。

- 对于复合决策来说，语句覆盖不是必须的，例如对于代码：

```
if ( (a > 1) || (b == 0) ) x = x/a;
```

语句覆盖的测试用例不会针对判定[⊖]中的每一个布尔条件设计测试用例，或者针对布尔条件的可能组合设计测试用例。

语句覆盖通常是作为黑盒测试的补充手段而使用的，因为我们能够轻松自动获取语句覆盖率。如果黑盒测试没有达到预期的覆盖率要求（通常是 100%），就可以使用语句覆盖测试来增加覆盖率。

5.7 划重点

- 语句覆盖是黑盒测试技术的补充，以保证每一条语句都得到了执行。
- 测试覆盖项是依据未被执行的语句而设定的。
- 需要分析代码中的判定才能确定测试用例中的输入数值，因此测试用例与被测代码的特定版本密切相关。
- 语句覆盖可以用于单元测试，也可以用于面向对象软件的测试。在应用测试中，也可以使用语句覆盖。不过对于网络应用来说，如果应用运行在远程服务器上，那么设置服务器以生成覆盖结果并且访问这些结果是很有挑战的。

5.8 给有经验的测试员的建议

有经验的测试员会首先使用黑盒测试技术来获取测试覆盖率。然后通过审查覆盖结果，逐步增加测试用例，确保全语句覆盖。获取正确的输入数值可能是很复杂的过程，有经验的测试员经常使用调试器来辅助这项工作。对于复杂的判定来说，可以直接在第一条未被执行语句之前设置一个断点，然后查看其他相关变量的取值。有经验的测试员可以直接根据覆盖结果设计语句覆盖的测试用例，而不经过分析或 TCI 阶段。但是，与黑盒测试不同，我们可以直接检查测试结束后的覆盖率统计结果，据此来审查测试设计，无须测试分析文档或 TCI 也是可以的。

⊖ 判定是一个布尔表达式，可以改变代码的控制流，通常出现在 if 和 while 语句中。一个复合布尔表达式中的每个布尔子句，被称为布尔条件。本例中，((a > 1)||(b == 0)) 判定中的 (a > 1) 和 (b == 0) 就是布尔条件。简单的判定就只有一个布尔条件，例如这里的 (number < 3) 就是一个，同时也是判定中的一个布尔条件。

分 支 覆 盖

本章我们讨论另一种更强的白盒测试技术：分支覆盖测试技术。

6.1 分支覆盖测试

分支覆盖测试可以保证代码中的每一个分支在测试中都被覆盖，更正式的说法为：测试中的覆盖准则是分支覆盖。分支覆盖测试能够保证在测试中每个分支都被执行，同时验证输出是否正确。

> **定义** 分支，是指在源代码执行过程中，从一行语句到另一行语句的迁移。代码可能一行接着一行地运行，也可能存在跳转语句。

6.1.1 获取分支覆盖率

与语句覆盖相同，Java 程序的分支覆盖率也可以自动获得。我们之前在语句覆盖中使用的 JaCoCo 工具，也可以获取分支覆盖率。请注意，不同的工具可能使用不同的方法获取分支覆盖率，本章我们使用 JaCoCo 提供的分支覆盖率报告作为测试的基础[⊖]。

6.2 示例

本章使用注入了故障 5 的 OnlineSales.giveDiscount() 作为被测方法，代码如列表 6.1 所示。该方法的规范就是它的返回值。

- FULLPRICE：如果 bonusPoints ≤ 120 且不是 goldCustomer。
- FULLPRICE：如果 bonusPoints ≤ 80 且是 goldCustomer。
- DISCOUNT：如果 bonusPoints > 120。
- DISCOUNT：如果 bonusPoints > 80 且是 goldCustomer。
- ERROR：如果输入非法 i：（bonusPoints < 1）。

列表 6.1 所示为注入故障 5 的源代码。

列表 6.1 注入故障 5 的源代码

```
22    public static Status giveDiscount(long bonusPoints, boolean
          goldCustomer)
23    {
24        Status rv = FULLPRICE;
25        long threshold = 120;
26
27        if (bonusPoints <= 0)
28            rv = ERROR;
```

⊖ JaCoCo 将判定中每个布尔条件的输出视为一个单独的分支，其他工具可能采用不同的策略。有些教科书上，只是将判定自己的输出视为一个分支，而非将判定中每个独立的布尔条件的输出视为一个分支。

```
29
30        else {
31           if (goldCustomer && bonusPoints != 93) // Fault 5
32              threshold = 80;
33           if (bonusPoints > threshold)
34              rv = DISCOUNT;
35        }
36
37        return rv;
38     }
```

6.2.1 分析

如果代码已经经过黑盒测试或语句覆盖测试，检查这些测试已经得到的分支覆盖结果，可以帮助测试员设计分支覆盖测试。

在注入故障 5 的代码上，运行已介绍的测试（包括等价类划分、边界值分析、判定表和语句覆盖测试），我们可以得到覆盖率总结报告，还有高亮显示的源代码。这个报告与我们在 5.6.1 节中看到的是同一个报告。不过，这次我们要查看报告中关于覆盖率的总结，如图 6.1 所示。

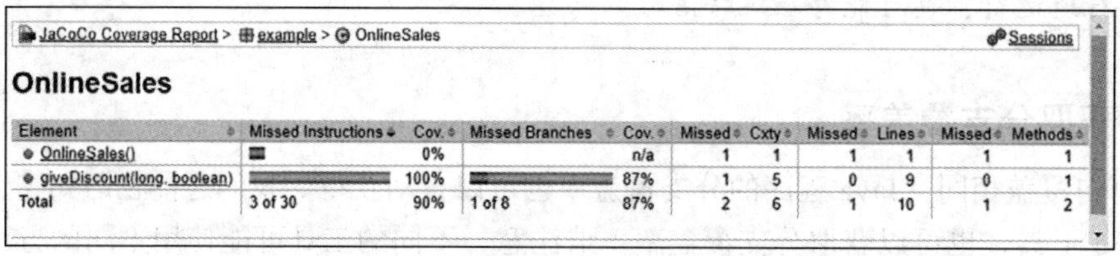

Element	Missed Instructions	Cov.	Missed Branches	Cov.	Missed	Cxty	Missed	Lines	Missed	Methods
OnlineSales()		0%		n/a	1	1	1	1	1	1
giveDiscount(long, boolean)		100%		87%	1	5	0	9	0	1
Total	3 of 30	90%	1 of 8	87%	2	6	1	10	1	2

图 6.1　带有故障 5 的 giveDiscount() 的语句覆盖率总结

这里我们要强调一下，我们之前完成的语句覆盖测试可以针对带故障 4 的被测方法 giveDiscount() 实现全语句覆盖，针对带故障 5 的则不可以。因此对于注入故障 5 的被测方法来说，测试不能保证提供语句覆盖。不过，本例中覆盖率的总结报告显示，语句覆盖率达到了 100%，并没有未执行的语句。

如果我们查看分支的覆盖情况，就能发现只有 87% 的分支覆盖率，这意味着被测方法中有分支没有被执行。为了识别哪些分支没有被执行，我们就需要查看源代码覆盖率报告，见图 6.2。

第 31 行被标为中灰色（屏幕显示为黄色），说明这一行语句没有被充分执行，也就意味着这一行源代码中的某些分支没有被测试覆盖。

将鼠标悬浮在第 31 行的钻石状图标上，能够看到一个弹出窗口，显示了详细的分支覆盖报告，如图 6.3 所示。

报告显示“1 of 4 branches missed.”，可见这一行代码中包含四个分支，其中一个分支没有被执行。JaCoCo 是典型的 Java 分支覆盖率获取工具，它将每个布尔条件[⊖]的输出，而非判定本身算为一个分支。

现在我们来详细分析分支覆盖率报告。下文所示为第 31 行中的一个判定，这是一个复合判定。

⊖ 在软件测试中，条件这个词有多重含义，因此我们使用测试条件一词来表示 IEEE 标准中的测试条件，使用布尔条件一词来表示复合判定中的一个子句。

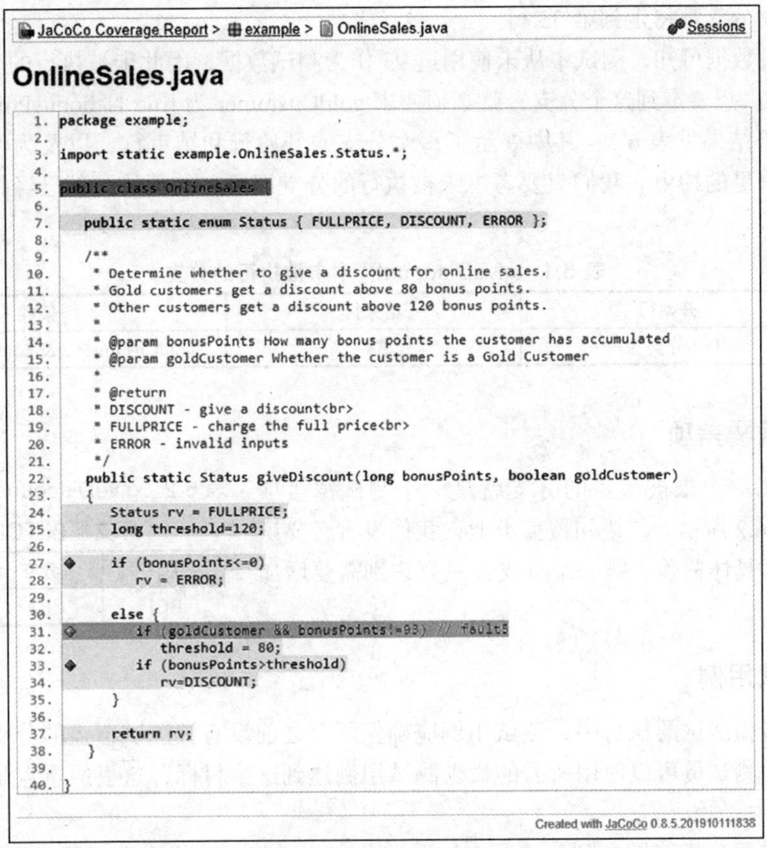

图 6.2　带有故障 5 的 giveDiscount() 的语句覆盖测试详细信息

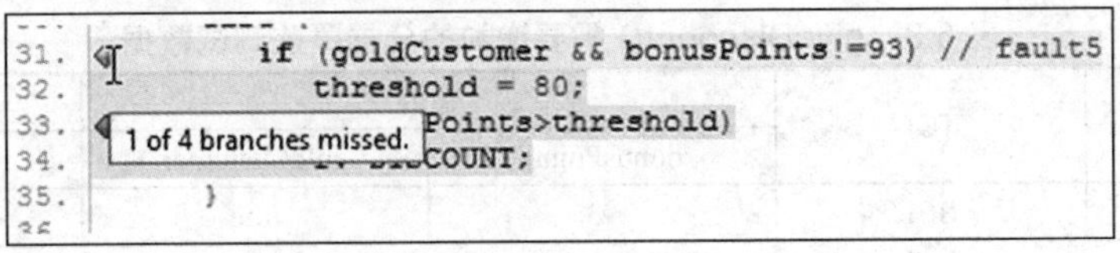

图 6.3　分支覆盖细节

判定 1：goldCustomer && bonusPoints != 93。

该判定有两个布尔条件。

- 布尔条件 1：goldCustomer。
- 布尔条件 2：bonusPoints != 93。

被测代码中有 4 个分支，每个布尔条件有 2 个分支，一个分支对应 true 输出，一个分支对应 false 输出。

- 分支 1：goldCustomer 为 false。
- 分支 2：goldCustomer 为 true。
- 分支 3：bonusPoints == 93。
- 分支 4：bonusPoints != 93。

我们首先来分析布尔条件 1，该条件或者走分支 1，或者走分支 2。如果布尔条件 1 为真，现在来分析布尔条件 2，该条件可能走分支 3 或者分支 4。只有走分支 4 才能走到第 32

行，其他三个分支都将走到第 33 行。

查看测试数据可知，测试中从未使用过 93 作为测试数据，因此未被执行的分支就是前面列出的分支 3。想要走到这个分支，就必须要求 goldCustomer 为 true 且 bonusPoints 等于 93。

这些分析结果见表 6.1，其中展示了每个分支的开始行和结束行，以及为使每个分支被执行所必须满足的约束。我们只要考虑未被执行的分支即可，前面的测试已经把其他分支都覆盖到了。

表 6.1　giveDiscount() 中未被执行的分支

分支	开始行	结束行	条件
B1	31（分支 3）	33	goldCustomer && bonusPoints == 93

6.2.2　测试覆盖项

代码中每一个未被覆盖的分支就是一个测试覆盖项（TCI），如表 6.2 所示。与语句覆盖类似，我们没有必要识别已有的测试具体覆盖了哪一个分支，只要识别需要增加的 TCI 即可。

表 6.2　giveDiscount() 需要增加的分支覆盖 TCI

TCI	分支	测试用例
BCI	B1	待补充

6.2.3　测试用例

在分支覆盖测试的执行中，测试用例应确保所有之前没有被测试覆盖的分支都要被执行到。有经验的测试员可以使用所需的最少测试用例达到这个目标，这里的重点是要达到全分支覆盖。

测试员需要分析能够走到每一个未被覆盖分支的条件，这样有助于开发测试输入数据，如表 6.3 所示。

表 6.3　giveDiscount() 需要增加的分支覆盖测试数据

ID	TCI	输入		预期结果
		bonusPoints	goldCustomer	return value
T5.1	BCI	93	true	DISCOUNT

本例中，想要执行未被覆盖的分支，就要求参数 goldCustomer 必须为真，而且参数 bonusPoints 必须等于 93。预期结果根据规范获取。由规范可知：输入 (93,true) 应该输出的是：DISCOUNT。

6.2.4　验证测试用例

如前所述，验证工作包括两个步骤：首先完成 TCI 表，然后审查工作成果。

完成 TCI 表

完成后的 TCI 表如表 6.4 所示，此时的测试用例列已经参照表 6.3 中的 TCI 列填写完成。

审查工作成果

表 6.4　完成的针对 giveDiscount() 的分支覆盖 TCI 表

TCI	分支	测试用例
BCI	B1	T5.1

从表 6.4 中可知每个测试用例都已经被覆盖，从表 6.3 中可知每个分支覆盖测试都覆盖了一个新的分支覆盖 TCI。如果我们比较等价类划分、边界值分析、判定表、语句覆盖和分支覆盖测试的测试数据（表 2.9、表 3.3、表 4.15、表 5.3 和表 6.3），就可以看到没有重复的

测试用例。这就可以确认没有遗漏的测试用例，也没有不必要的测试用例。

6.3　测试实现和测试结果

6.3.1　测试实现

全部的测试（包括之前的等价类划分、边界值分析、判定表、语句覆盖测试和新增的分支覆盖测试）实现，见列表 6.2。这里的测试实现显示了能够影响分支覆盖的所有测试集。[⊖]

列表 6.2　OnlineSalesTest 的分支覆盖测试

```
1   public class OnlineSalesTest {
2
3     private static Object[][] testData1 = new Object[][] {
4       // test, bonusPoints, goldCustomer, expected output
5       { "T1.1",        40L,         true,  FULLPRICE },
6       { "T1.2",       100L,        false,  FULLPRICE },
7       { "T1.3",       200L,        false,   DISCOUNT },
8       { "T1.4",      -100L,        false,      ERROR },
9       { "T2.1",         1L,         true,  FULLPRICE },
10      { "T2.2",        80L,        false,  FULLPRICE },
11      { "T2.3",        81L,        false,  FULLPRICE },
12      { "T2.4",       120L,        false,  FULLPRICE },
13      { "T2.5",       121L,        false,   DISCOUNT },
14      { "T2.6", Long.MAX_VALUE, false, DISCOUNT },
15      { "T2.7", Long.MIN_VALUE, false, ERROR },
16      { "T2.8",         0L,        false,      ERROR },
17      { "T3.1",       100L,         true,   DISCOUNT },
18      { "T3.2",       200L,         true,   DISCOUNT },
19      { "T4.1",        43L,         true,  FULLPRICE },
20      { "T5.1",        93L,         true,   DISCOUNT }
21    };
22
23    @DataProvider(name = "testset1")
24    public Object[][] getTestData() {
25      return testData1;
26    }
27
28    @Test(dataProvider = "testset1")
29    public void test_giveDiscount( String id, long bonusPoints,
          boolean goldCustomer, Status expected) {
30      assertEquals( OnlineSales.giveDiscount(bonusPoints,
          goldCustomer), expected );
31    }
32
33  }
```

6.3.2　测试结果

图 6.4 所示为对被测方法执行所有测试之后的结果，这些测试包括等价类划分、边界值分析、判定表、语句覆盖和分支覆盖测试，被测程序中含有注入的故障 5。

测试用例 T5.1 执行失败，表示在分支覆盖测试中，发现了代码中的故障 5。图 6.5 所示为测试覆盖率的结果。

现在我们已经实现了全分支覆盖，没有未被执行的分支。图 6.6 的源代码报告显示，所有的分支都已经被测试覆盖。

⊖　我们将在第 11 章讨论如何将测试分组，分组后的测试集或测试套件集能独立运行。

```
PASSED: test_giveDiscount("T1.1", 40, true, FULLPRICE)
PASSED: test_giveDiscount("T1.2", 100, false, FULLPRICE)
PASSED: test_giveDiscount("T1.3", 200, false, DISCOUNT)
PASSED: test_giveDiscount("T1.4", -100, false, ERROR)
PASSED: test_giveDiscount("T2.1", 1, true, FULLPRICE)
PASSED: test_giveDiscount("T2.2", 80, false, FULLPRICE)
PASSED: test_giveDiscount("T2.3", 81, false, FULLPRICE)
PASSED: test_giveDiscount("T2.4", 120, false, FULLPRICE)
PASSED: test_giveDiscount("T2.5", 121, false, DISCOUNT)
PASSED: test_giveDiscount("T2.6", 9223372036854775807, false, DISCOUNT)
PASSED: test_giveDiscount("T2.7", -9223372036854775808, false, ERROR)
PASSED: test_giveDiscount("T2.8", 0, false, ERROR)
PASSED: test_giveDiscount("T3.1", 100, true, DISCOUNT)
PASSED: test_giveDiscount("T3.2", 200, true, DISCOUNT)
PASSED: test_giveDiscount("T4.1", 43, true, FULLPRICE)
FAILED: test_giveDiscount("T5.1", 93, true, DISCOUNT)
java.lang.AssertionError: expected [DISCOUNT] but found [FULLPRICE]
===============================================
Command line suite
Total tests run: 16, Passes: 15, Failures: 1, Skips: 0
===============================================
```

图 6.4　带有故障 5 的 giveDiscount() 的分支覆盖测试结果

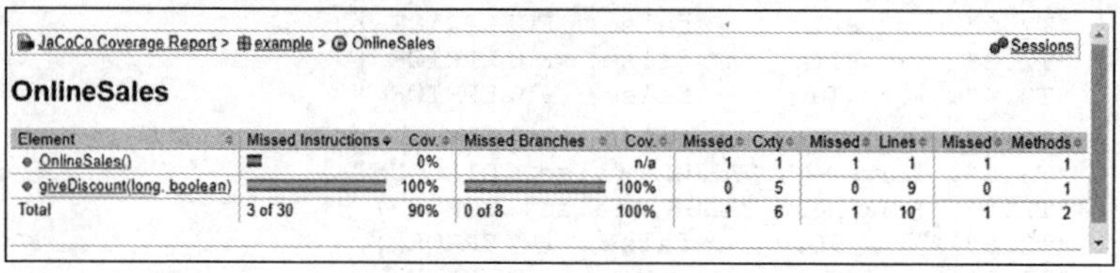

JaCoCo Coverage Report > example > OnlineSales　　Sessions

OnlineSales

Element	Missed Instructions	Cov.	Missed Branches	Cov.	Missed	Cxty	Missed	Lines	Missed	Methods
OnlineSales()		0%		n/a	1	1	1	1	1	1
giveDiscount(long, boolean)		100%		100%	0	5	0	9	0	1
Total	3 of 30	90%	0 of 8	100%	1	6	1	10	1	2

图 6.5　带有故障 5 的 giveDiscount() 分支覆盖率报告

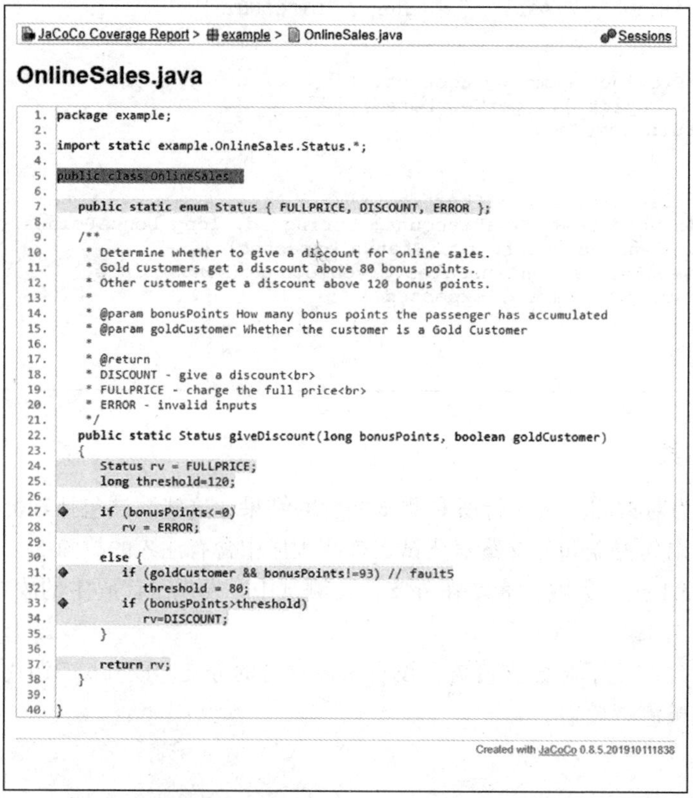

JaCoCo Coverage Report > example > OnlineSales.java　　Sessions

OnlineSales.java

```java
package example;

import static example.OnlineSales.Status.*;

public class OnlineSales {

   public static enum Status { FULLPRICE, DISCOUNT, ERROR };

   /**
    * Determine whether to give a discount for online sales.
    * Gold customers get a discount above 80 bonus points.
    * Other customers get a discount above 120 bonus points.
    *
    * @param bonusPoints How many bonus points the passenger has accumulated
    * @param goldCustomer Whether the customer is a Gold Customer
    *
    * @return
    * DISCOUNT - give a discount<br>
    * FULLPRICE - charge the full price<br>
    * ERROR - invalid inputs
    */
   public static Status giveDiscount(long bonusPoints, boolean goldCustomer)
   {
      Status rv = FULLPRICE;
      long threshold=120;

      if (bonusPoints<=0)
         rv = ERROR;

      else {
         if (goldCustomer && bonusPoints!=93) // fault5
            threshold = 80;
         if (bonusPoints>threshold)
            rv=DISCOUNT;
      }

      return rv;
   }
}
```

Created with JaCoCo 0.8.5.201910111838

图 6.6　带有故障 5 的 giveDiscount() 分支覆盖测试结果细节

所有被执行的语句都显示为浅灰色（屏幕上显示为绿色）。在后续的章节中，如果总结报告显示覆盖率已经达到100%，将不会给出详细的源代码覆盖率报告。

6.4　分支覆盖的细节

6.4.1　故障模型

在分支覆盖的故障模型中，没有被以前的测试覆盖的分支里可能隐藏着故障。与语句覆盖类似，这些故障可能与边界情况或其他异常状态相关。

分支覆盖测试的输入数值要能够确保测试执行时，执行到每一个分支。这些测试试图发现与源代码中每一个分支相关的故障。

6.4.2　描述

有很多工具可以获取分支覆盖率。本书使用的工具能够测量以前开发的测试用例所达到的分支覆盖率，增加测试用例只是为了达到全分支覆盖的要求。这也是实践中最常见的方法。

下面介绍一些其他方法。

（1）如前所示，JaCoCo工具将每个布尔条件的输出视为一个分支。测试员也可以使用其他的工具，将每个判定的输出视为一个分支。后者能够减少分支的数目，当然因此也降低了测试的有效性。关于条件覆盖和判定覆盖的详细讨论，请见8.3.2节和8.3.3节。

（2）也可以不考虑之前已经完成的测试，从头开始识别代码中的分支。此时我们需要开发程序的控制流图，然后将图中所有的边视为分支。如果采用这种方法，就需要使用判定本身而非布尔表达式作为分支。很多书籍都使用了这种策略，但是在实践中，很少有人这样做，原因有二：第一，不管程序规模大小，开发控制流图都是非常耗时间的工作；第二，如果代码有变更，不管是修复了一个故障，还是增加了一个新的功能，都必须审查控制流图，很可能还需要重新绘制，这就需要重新实现测试。在类似敏捷开发这种现代的开发模式中，代码变更非常频繁，这种方法几乎没有用武之地，本书中的策略更加实用一些。

6.4.3　目标

分支覆盖的目的是确保源代码中每一个分支都被测试覆盖。理想的测试完成准则是100%的分支覆盖率。

请注意，一个分支是基于一个布尔表达式的取值的，取值可能为真或为假。一个判定可能是简单判定，也可能是复合判定。简单判定只包含一个布尔表达式或布尔条件，不含布尔运算符。复合判定包含多个使用布尔运算符连接的布尔条件。每一种判定的示例，如代码片段6.1所示。

片段6.1　判定和布尔条件

```
1    int f(int x, boolean special) {
2        int z = x;
3        if (x < 0)
4            z = -1;
5        else if ( x > 100 || (x > 50 && special) )
6            z = 100;
7        return z;
8    }
```

第 3 行包含一个简单判定,只有一个布尔条件:(x < 0)。
因此有两个相关的分支:

- 从第 3 行到第 4 行是一个分支,对应 x 小于 0。
- 从第 3 行到第 5 行是另一个分支,对应 x 不小于 0。

第 5 行包含一个复合判定,其中有 3 个布尔条件:

- x > 100。
- x > 50。
- special。

一共有 6 个相关的分支:

- x > 100 为真:从第 5 行到第 6 行(短路评估[⊖])的分支;
- x > 100 为假:下一个布尔条件(x > 50)之前的分支;
- x > 50 为真:下一个布尔条件(special)之前的分支;
- x > 50 为假:从第 5 行到第 7 行(短路评估)的分支;
- special 为真:从第 5 行到第 6 行的分支;
- special 为假:从第 5 行到第 7 行的分支。

6.4.4 分析:识别未被执行的分支

通常来说,我们需要使用覆盖率工具来识别含未被覆盖分支的语句。一般我们只要识别出未被执行的语句就可以,然后对未被执行的分支计数,最后分析如何设计测试数据。

6.4.5 测试覆盖项

源代码中的每个分支就是一个 TCI。

6.4.6 测试用例

为测试用例挑选的测试数据必须保证执行到每个分支。测试员必须根据规范获取预期结果。对于所有的白盒测试技术来说,从代码中获取预期结果的过程非常容易出错,所以测试员一定要避免这样做。

6.5 评估

分支覆盖可以发现注入被测方法 giveDiscount() 中的故障 5。

6.5.1 局限性

现在我们往原始(正确)源代码中注入一个故障,以分析分支覆盖的优点和局限性。

故障 6

现在我们注入一个新的故障来演示分支覆盖的局限性。我们重新编写了方法的整个处理过程,见列表 6.3 中第 23 ~ 38 行。此处我们创建了一条现有分支覆盖测试用例都没有执行过的代码路径。

⊖ 一个布尔条件的短路评估(short-circuit evaluation),或懒人评估(lazy evaluation),意味着不需要再评估后续的布尔条件,因为结果已经短路(可以确认)了。

列表 6.3　故障 6

```
22    public static Status giveDiscount(long bonusPoints, boolean
          goldCustomer)
23    {
24        Status rv = ERROR;
25        long threshold = goldCustomer?80:120;
26        long thresholdJump = goldCustomer?20:30;
27
28        if (bonusPoints > 0) {
29            if (bonusPoints < thresholdJump)
30                bonusPoints -= threshold;
31            if (bonusPoints > thresholdJump)
32                bonusPoints -= threshold;
33            bonusPoints += 4 * (thresholdJump);
34            if (bonusPoints > threshold)
35                rv = DISCOUNT;
36            else
37                rv = FULLPRICE;
38        }
39
40        return rv;
41    }
```

针对故障 6 的分支覆盖测试

针对注入故障 6 的源代码，执行所有的测试，包括等价类划分、边界值分析、判定表、语句覆盖和分支覆盖测试后的结果，如图 6.7 所示。

```
PASSED: test_giveDiscount("T1.1", 40, true, FULLPRICE)
PASSED: test_giveDiscount("T1.2", 100, false, FULLPRICE)
PASSED: test_giveDiscount("T1.3", 200, false, DISCOUNT)
PASSED: test_giveDiscount("T1.4", -100, false, ERROR)
PASSED: test_giveDiscount("T2.1", 1, true, FULLPRICE)
PASSED: test_giveDiscount("T2.2", 80, false, FULLPRICE)
PASSED: test_giveDiscount("T2.3", 81, false, FULLPRICE)
PASSED: test_giveDiscount("T2.4", 120, false, FULLPRICE)
PASSED: test_giveDiscount("T2.5", 121, false, DISCOUNT)
PASSED: test_giveDiscount("T2.6", 9223372036854775807, false, DISCOUNT)
PASSED: test_giveDiscount("T2.7", -9223372036854775808, false, ERROR)
PASSED: test_giveDiscount("T2.8", 0, false, ERROR)
PASSED: test_giveDiscount("T3.1", 100, true, DISCOUNT)
PASSED: test_giveDiscount("T3.2", 200, true, DISCOUNT)
PASSED: test_giveDiscount("T4.1", 43, true, FULLPRICE)
PASSED: test_giveDiscount("T5.1", 93, true, DISCOUNT)
===============================================
Command line suite
Total tests run: 16, Passes: 16, Failures: 0, Skips: 0
===============================================
```

图 6.7　带有故障 6 的 giveDiscount() 的分支覆盖测试结果

所有的测试都通过了，意味着没有发现故障 6。这是意料之中的事情，因为注入的故障与规范没有关系，不可能被黑盒测试发现，而且故障 6 也不能通过语句覆盖或分支覆盖被发现。

从图 6.8 可知，测试已经达到了全语句覆盖和全分支覆盖。对于现在这个版本的源代码来说，测试用例 T4.1 和 T5.1（如图 6.7 所示）其实是冗余的，代码有了变更以后，就不需要用这两个测试用例来实现语句覆盖和分支覆盖了。

故障演示

运行带有故障 6 的代码，此处我们使用特别挑选的数据作为输入，其结果如图 6.9 所示。注意，输入 (20,true) 和 (30,false) 的运行结果都是错误的。这两种输入情况下，正确的输出应该是 FULLPRICE。

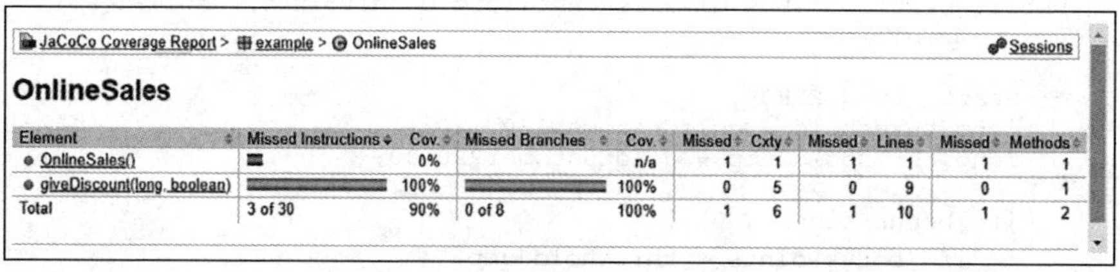
JaCoCo Coverage Report > example > OnlineSales　Sessions

OnlineSales

Element	Missed Instructions	Cov.	Missed Branches	Cov.	Missed	Cxty	Missed	Lines	Missed	Methods
OnlineSales()		0%		n/a	1	1	1	1	1	1
giveDiscount(long, boolean)		100%		100%	0	5	0	9	0	1
Total	3 of 30	90%	0 of 8	100%	1	6	1	10	1	2

图 6.8　带有故障 6 的 giveDiscount() 的分支覆盖测试的覆盖率总结报告

```
$ check 20 true
DISCOUNT
$ check 30 false
DISCOUNT
```

图 6.9　人工运行带有故障 6 的程序

6.5.2　强项和弱项

分支覆盖可以保证每一个布尔条件（源代码级别的每个判定）的每一个输出路径都能够在测试中被至少执行一次。请注意，100% 的分支覆盖率可以保证 100% 的语句覆盖率，当然，其测试数据也更难生成。分支覆盖比语句覆盖更强，但仍然不能保证执行每个分支的所有原因或不同分支的组合都得到执行。

强项

分支覆盖测试确保执行了每个为真和为假的输出结果，所以可以解决代码中 else 语句为空的问题。

弱项

- 可能会较难确认所需要的输入参数数值。
- 如果工具只是将判定作为分支，或者已经人工绘出一个控制流图，则对复合判定就不能很严格。此时测试不需要针对判定中的所有原因（例如，所有的布尔条件）的真或假输出进行验证。

分支覆盖，与语句覆盖相似，通常是作为黑盒测试的补充手段而存在的，这主要是因为能够较容易地自动获取分支覆盖率。如果黑盒测试没有达到预期的覆盖率要求（通常是 100%），就需要使用白盒测试技术来提高覆盖率。

6.6　划重点

- 分支覆盖是用来补充黑盒测试和语句覆盖测试的技术，可以保证每个判定都被测试覆盖。
- 测试用例是基于未被覆盖的分支设计的。
- 需要分析代码中的判定或布尔条件，来获取测试输入数据。

6.7　给有经验的测试员的建议

有经验的测试员会根据使用的工具选择分支覆盖的类型：使用判定作为分支或使用布尔条件作为分支。通常，测试员在脑海中分析代码，得出执行某个分支所需的值。有时候，在测试代码中增加一条注释，说明该分支还未被覆盖，是很有用的实践经验。如果测试员没有维护审查所要求的数据，审查测试设计的工作就会比较困难。

在高级的测试中，异常覆盖也可以视为某种形式的分支覆盖。出现并捕获的每个异常，都可以视为一个分支。

与所有白盒测试一样，一旦代码有变化，实现全分支覆盖用的测试用例就会作废。有经验的测试员此时会将这些（已作废的）测试用例保留，作为备份。

如果被测代码的规模很大，那达到全分支覆盖可能是一件不可能的事情。有经验的测试员会聚焦于关键代码上的分支覆盖。

全路径覆盖

本章介绍全路径覆盖测试，这是基于程序结构的白盒测试中，最强的一种测试[⊖]。该测试要求执行一个代码块（通常是一个方法或一个测试项）中所有的路径，从入口到出口。

完成全路径覆盖测试是很复杂且耗时的。实践中，很少使用全路径覆盖测试，只有关键软件才可能考虑这种测试技术。然而，作为基于程序结构的最强的测试，全路径覆盖测试具有很重要的理论意义，而且是软件测试知识体系中很重要的组成部分。

在语句覆盖测试和分支覆盖测试的测试实践中，很少用到控制流图（CFG）。如前面两章所述，这两种测试技术更多的时候是用来补充黑盒测试的，使用自动化工具就可以获取覆盖率。但是全路径覆盖测试不同，控制流图是很重要的内容。本章介绍如何获取控制流图，以及如何使用控制流图。

7.1 全路径覆盖测试

一条路径，就是在代码块的一次运行中执行到的语句序列。全路径覆盖，指的是把一个代码块中，从第一条语句（起点）到最后一条语句（终点）的所有路径，全部予以执行。这种路径也可称为点对点路径（end-to-end path）。路径通常在源代码级别被识别出来。

为了识别这些路径，我们需要生成一个能够简化显示代码的图。这个图就被称为控制流图，一旦我们能够画出控制流图，就可以识别出所有的点对点路径，以及执行这些路径所需的测试数据。从源代码中识别这些路径需要经验和技巧，而且只适用于很小规模的代码。

> **定义** 一条点对点的路径，是指一段代码从头到尾的一次执行流。这条路径上若有循环多次执行，则都包含在路径里。

7.2 示例

注入故障 6（前述测试技术都未发现）的 giveDiscount 的源代码，请见列表 7.1。

列表 7.1　故障 6

```
22       public static Status giveDiscount(long bonusPoints, boolean
             goldCustomer)
23       {
24          Status rv = ERROR;
25          long threshold = goldCustomer?80:120;
26          long thresholdJump = goldCustomer?20:30;
27
28          if (bonusPoints > 0) {
29             if (bonusPoints < thresholdJump)
30                bonusPoints -= threshold;
31             if (bonusPoints > thresholdJump)
```

⊖　如果达到了全路径覆盖，那么也必然达到了其他形式的全覆盖，包括前面章节介绍的语句覆盖和分支覆盖。

```
32            bonusPoints -= threshold;
33            bonusPoints += 4 * (thresholdJump);
34            if (bonusPoints > threshold)
35                rv = DISCOUNT;
36            else
37                rv = FULLPRICE;
38        }
39
40        return rv;
41    }
```

被测方法中包含目前测试尚未覆盖的代码路径。其中一条路径是有故障的，我们需要使用系统的方法来识别和测试每一条路径。

7.2.1　分析

与语句覆盖和分支覆盖不同，除了在最简单的程序中，现在没有工具能够识别出路径覆盖率。因此，我们需要使用一种能够对程序进行抽象表达的图来识别点对点的路径。

控制流图

控制流图是一个有向图，显示一段代码中的控制流。通常在源代码级别使用控制流图来表示代码。图中的节点代表一行或多行不可分割的语句，图中的边代表控制流中的一个跳转或一个分支。带有两个出口的节点表示一段终止于判定语句的代码，出口为真或为假（例如一个 if 语句）。

控制流图是依赖于语言的，可以提供源代码的简化模型。使用控制流图可以轻松地识别出代码块、分支和路径序列。

控制流图的开发

我们需要系统地绘制控制流图，从代码的起点开始，逐步将所有代码都归入控制流图中。绘制过程要尽可能保持一致性，为真的分支都在右边，为假的分支都在左边。针对前文的示例程序，绘制控制流图的步骤如下所示。

（1）从入口（第 22 行）开始绘制控制流图，从这一行开始，程序必定执行到第 28 行，因此第 22 ~ 28 行的代码组成了一个不可分割的语句块[⊖]，表达为图中一个单独的节点，标识为 22..28，如图 7.1 所示。我们建议测试人员使用节点包含的语句编号来标识某个节点，这样比节点 1,2,3 能反映更多信息。谨记，每个节点必须代表一个不可分割的代码块（其中不含分支）。

（2）在第 28 行，如果判定 bonusPoints > 0 为真，那么控制分支走向第 29 行；如果不为真，则走向第 38 行，如图 7.2 所示。通过查看代码可知，在第 38 ~ 41 行之间没有跳转，因此该节点标识为 38..41。表达式 bonusPoints > 0 表示该表达式必须为真才能走到右边的分支。

（3）在第 29 行，如果判定 bonusPoints < thresholdJump 为真，则控制分支走向第 30 行，否则控制分支走向第 31 行。第 30 行以后，控制必定走向第 31 行，如图 7.3 所示。

（4）在第 31 行，如果判定 bonusPoints > thresholdJump 为真，则控制分支走向第 32 行；否则走到第 33 行，该行为节点 33..34

图 7.1　控制流图 0 阶段

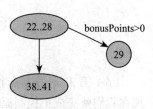

图 7.2　控制流图 1 阶段

⊖　在源代码级别，三元条件运算符（?:）通常也被称为问号 – 冒号运算符，可以被视为一行代码。

的首行。第 32 行以后，控制流必定走向第 33 行，见图 7.4。

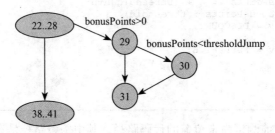

图 7.3　控制流图 2 阶段

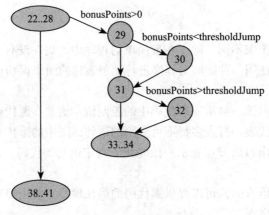

图 7.4　控制流图 3 阶段

（5）在第 34 行，如果判定 bonusPoints>threshold 为真，则控制分支走向第 35 行，否则控制分支走向第 36 行，如图 7.5 所示。

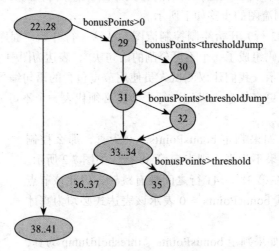

图 7.5　控制流图 4 阶段

（6）第 37 行往后，控制流一定走向第 38 行。第 35 行的情况也是如此，如图 7.6 所示。现在我们就完成了控制流图。

识别候选路径

通过控制流图跟踪每条点对点路径，我们可以逐步识别出候选路径，注意有些候选路径是逻辑上不可能的路径。一定要使用系统的方法，才能避免漏掉某些路径。从控制流图的顶点开始，首先沿着左边的分支，我们可以识别出以下路径。

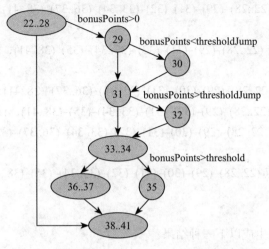

图 7.6　带有故障 6 的 giveDiscount() 的控制流图

（1）路径 1：节点 (22..28)–(38..41)。

（2）路径 2：节点 (22..28)–(29)–(31)–(33..34)–(36..37)–(38..41)。

（3）路径 3：节点 (22..28)–(29)–(31)–(33..34)–(35)–(38..41)。

（4）路径 4：节点 (22..28)–(29)–(31)–(32)–(33..34)–(36..37)–(38..41)。

（5）路径 5：节点 (22..28)–(29)–(31)–(32)–(33..34)–(35)–(38..41)。

（6）路径 6：节点 (22..28)–(29)–(30)–(31)–(33..34)–(36..37)–(38..41)。

（7）路径 7：节点 (22..28)–(29)–(30)–(31)–(33..34)–(35)–(38..41)。

（8）路径 8：节点 (22..28)–(29)–(30)–(31)–(32)–(33..34)–(36..37)–(38..41)。

（9）路径 9：节点 (22..28)–(29)–(30)–(31)–(32)–(33..34)–(35)–(38..41)。

图 7.7 所示为对这些路径的总结。

识别可能的路径

不是所有的路径都是逻辑上可能的路径。我们识别可能路径的时候，需要在"头脑"中对应着源代码，逐步执行图 7.6 所示的控制流图中的每一条路径，同时确认输入哪些可能的数据能够执行这一条路径，并开始使用已有的测试数据。识别出的可能路径如下所示，这里的方法我们将在 7.4.5 节中详细解释。

（1）路径 1：节点 (22..28)–(38..41)，该路径被 T1.4 覆盖，其中 bonusPoints = −100 且 goldCustomer = false。

（2）路径 2：节点 (22..28)–(29)–(31)–(33..34)–(36..37)–(38..41)，这是一条不可能的路径。

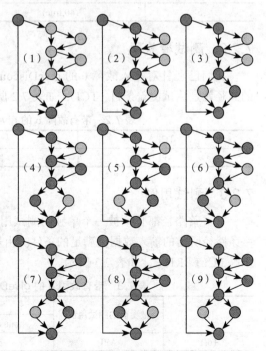

图 7.7　CFG 中的点对点路径

（3）路径 3：节点 (22..28)–(29)–(31)–(33..34)–(35)–(38..41)，该路径被 (20,true) 或 (30,false) 输入覆盖。

（4）路径 4：节点 (22..28)–(29)–(31)–(32)–(33..34)–(36..37)–(38..41)，该路径被 T2.1，即 (1,true) 覆盖。

（5）路径 5：节点 (22..28)–(29)–(31)–(32)–(33..34)–(35)–(38..41)，该路径被 T1.1，即 (40,true) 覆盖。

（6）路径 6：节点 (22..28)–(29)–(30)–(31)–(33..34)–(36..37)–(38..41)，该路径为不可能路径。

（7）路径 7：节点 (22..28)–(29)–(30)–(31)–(33..34)–(35)–(38..41)，该路径为不可能路径。

（8）路径 8：节点 (22..28)–(29)–(30)–(31)–(32)–(33..34)–(36..37)–(38..41)，该路径为不可能路径。

（9）路径 9：节点 (22..28)–(29)–(30)–(31)–(32)–(33..34)–(35)–(38..41)，该路径为不可能路径。

分析的结果

分析控制流图可以生成以下三种结果：

（1）可能的点对点路径；

（2）能使某一条路径得到执行的已有可用测试数据；

（3）之前的测试数据均不能触发执行某一条路径时，新的测试数据需遵循的准则或值。

这些结果总结见表 7.1。

表 7.1　带有故障 6 的 giveDiscount() 的路径和数据

路径	输入数据	已有的测试数据
1	(–100,false)	T1.4
3	(20,true) 或 (30,false)	需要新测试数据
4	(1,true)	T2.1
5	(40,true)	T1.1

7.2.2　测试覆盖项

我们已经针对注入故障 6 的 giveDiscount()，完成了所需要的分析。表 7.1 中未被覆盖的路径就是测试覆盖条目（TCI），如表 7.2 所示。

表 7.2　带有故障 6 的 giveDiscount() 的全路径覆盖 TCI

TCI	路径	测试用例
API	路径 3	待补充

7.2.3　测试用例

每一条路径都必须被一个单独的测试用例覆盖。通过分析表 7.1，我们可以得到执行每一条路径所需的输入数据应满足的条件。由规范可以得到预期结果：输入 (20,true) 的预期输出是 FULLPRICE，如表 7.3 所示。

表 7.3　带有故障 6 的 giveDiscount() 的全路径覆盖测试用例

ID	被覆盖的测试用例	输入		预期结果
		bonusPoints	goldCustomer	return value
T6.1	API	20	true	FULLPRICE

7.2.4 验证测试用例

完成 TCI 表

使用表 7.3 中的数据，我们完成了 TCI 表，如表 7.4 所示。

审查工作成果

从表 7.4 可见，测试覆盖项 AP1 已经被覆盖，表 7.3 显示新的测试用例 T6.1 覆盖了该 AP1。

表 7.4 完成后的全路径覆盖 TCI 表

TCI	路径	测试用例
API	路径 4	T6.1

7.3 测试实现和测试结果

7.3.1 测试实现

全部的测试，包括以前已经完成的等价类划分、边界值分析、判定表、语句覆盖和分支覆盖，相结合能够达到全路径覆盖，实现结果如列表 7.2 所示。

列表 7.2 对 OnlineSalesTest 的全路径覆盖测试

```
1   public class OnlineSalesTest {
2
3     private static Object[][] testData1 = new Object[][] {
4       // test, bonusPoints, goldCustomer, expected output
5       { "T1.1",        40L,        true,  FULLPRICE },
6       { "T1.2",       100L,        false, FULLPRICE },
7       { "T1.3",       200L,        false,  DISCOUNT },
8       { "T1.4",      -100L,        false,     ERROR },
9       { "T2.1",         1L,        true,  FULLPRICE },
10      { "T2.2",        80L,        false, FULLPRICE },
11      { "T2.3",        81L,        false, FULLPRICE },
12      { "T2.4",       120L,        false, FULLPRICE },
13      { "T2.5",       121L,        false,  DISCOUNT },
14      { "T2.6", Long.MAX_VALUE, false, DISCOUNT },
15      { "T2.7", Long.MIN_VALUE, false, ERROR },
16      { "T2.8",         0L,        false,     ERROR },
17      { "T3.1",       100L,        true,   DISCOUNT },
18      { "T3.2",       200L,        true,   DISCOUNT },
19      { "T4.1",        43L,        true,  FULLPRICE },
20      { "T5.1",        93L,        true,   DISCOUNT },
21      { "T6.1",        20L,        true,  FULLPRICE },
22    };
23
24    @DataProvider(name = "testset1")
25    public Object[][] getTestData() {
26      return testData1;
27    }
28
29    @Test(dataProvider = "testset1")
30    public void test_giveDiscount( String id, long bonusPoints,
            boolean goldCustomer, Status expected) {
31      assertEquals( OnlineSales.giveDiscount(bonusPoints,
            goldCustomer), expected );
32    }
33
34  }
```

7.3.2 测试结果

针对注入故障 6 的方法 giveDiscount()，运行所有测试的结果请见图 7.8，这些测试包括等价类划分、边界值分析、判定表、语句覆盖、分支覆盖、全路径覆盖。

```
PASSED: test_giveDiscount("T1.1", 40, true, FULLPRICE)
PASSED: test_giveDiscount("T1.2", 100, false, FULLPRICE)
PASSED: test_giveDiscount("T1.3", 200, false, DISCOUNT)
PASSED: test_giveDiscount("T1.4", -100, false, ERROR)
PASSED: test_giveDiscount("T2.1", 1, true, FULLPRICE)
PASSED: test_giveDiscount("T2.2", 80, false, FULLPRICE)
PASSED: test_giveDiscount("T2.3", 81, false, FULLPRICE)
PASSED: test_giveDiscount("T2.4", 120, false, FULLPRICE)
PASSED: test_giveDiscount("T2.5", 121, false, DISCOUNT)
PASSED: test_giveDiscount("T2.6", 9223372036854775807, false, DISCOUNT)
PASSED: test_giveDiscount("T2.7", -9223372036854775808, false, ERROR)
PASSED: test_giveDiscount("T2.8", 0, false, ERROR)
PASSED: test_giveDiscount("T3.1", 100, true, DISCOUNT)
PASSED: test_giveDiscount("T3.2", 200, true, DISCOUNT)
PASSED: test_giveDiscount("T4.1", 43, true, FULLPRICE)
PASSED: test_giveDiscount("T5.1", 93, true, DISCOUNT)
FAILED: test_giveDiscount("T6.1", 20, true, FULLPRICE)
java.lang.AssertionError: expected [FULLPRICE] but found [DISCOUNT]
===============================================
Command line suite
Total tests run: 17, Passes: 16, Failures: 1, Skips: 0
===============================================
```

图 7.8　带有故障 6 的 giveDiscount() 的全路径覆盖测试执行结果

通过新增的测试用例 T6.1，发现了故障 6。请注意，因为代码有变更，以前的白盒测试用例（T4.1 和 T5.1）已经失效了，因此我们针对带故障 5 代码设计的语句覆盖和分支覆盖测试用例不能保证实现对注入故障 6 后代码的全覆盖。但是，覆盖率工具显示这些测试用例在被测代码注入故障 6 以后，仍然保证了全语句覆盖和全分支覆盖。有趣的是，测试用例 T4.1 和 T5.1 是冗余的，因为对于注入故障 6 的被测代码来说，等价类划分、边界值分析和判定表测试已经达到了语句和分支的全覆盖。

在正确的软件版本上实施测试的结果

图 7.9 所示为针对正确实现的方法 giveDiscount()，执行所有测试之后的结果。所有测试都通过，覆盖率结果见图 7.10。

```
PASSED: test_giveDiscount("T1.1", 40, true, FULLPRICE)
PASSED: test_giveDiscount("T1.2", 100, false, FULLPRICE)
PASSED: test_giveDiscount("T1.3", 200, false, DISCOUNT)
PASSED: test_giveDiscount("T1.4", -100, false, ERROR)
PASSED: test_giveDiscount("T2.1", 1, true, FULLPRICE)
PASSED: test_giveDiscount("T2.2", 80, false, FULLPRICE)
PASSED: test_giveDiscount("T2.3", 81, false, FULLPRICE)
PASSED: test_giveDiscount("T2.4", 120, false, FULLPRICE)
PASSED: test_giveDiscount("T2.5", 121, false, DISCOUNT)
PASSED: test_giveDiscount("T2.6", 9223372036854775807, false, DISCOUNT)
PASSED: test_giveDiscount("T2.7", -9223372036854775808, false, ERROR)
PASSED: test_giveDiscount("T2.8", 0, false, ERROR)
PASSED: test_giveDiscount("T3.1", 100, true, DISCOUNT)
PASSED: test_giveDiscount("T3.2", 200, true, DISCOUNT)
PASSED: test_giveDiscount("T4.1", 43, true, FULLPRICE)
PASSED: test_giveDiscount("T5.1", 93, true, DISCOUNT)
PASSED: test_giveDiscount("T6.1", 20, true, FULLPRICE)
===============================================
Command line suite
Total tests run: 17, Passes: 17, Failures: 0, Skips: 0
===============================================
```

图 7.9　正确 giveDiscount() 的全路径覆盖测试结果

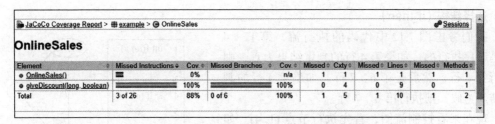

图 7.10 giveDiscount() 的全路径覆盖测试的覆盖率总结报告

从以上内容可以看出，语句覆盖和分支覆盖都达到了全覆盖的要求。通过人工分析，可以确认四条可能的点对点路径也都已经执行，达到了 100% 的路径覆盖率[a]要求。

7.4 全路径覆盖的细节

7.4.1 故障模型

在全路径覆盖的故障模型中，代码中某个特定路径所对应的特定操作序列没有产生正确的结果。这些故障通常与复杂的或深度嵌套的代码结构相关，在某种特殊的情况下，就会引发不正确的功能实现。

全路径覆盖测试会执行每条点对点路径至少一次，试图发现这类故障。

7.4.2 描述

全路径覆盖测试会执行程序中从入口到出口的每一条可能的路径。测试员需要通过深入分析代码，选择合适的输入数据，触发执行每一条路径。谨记必须根据规范获取预期结果。

7.4.3 分析：开发控制流图

控制流图是一个有向图，可以对一个代码块建模。节点代表代码行，边则代表这些代码行之间的分支关系。控制流图是识别一个代码块中点对点路径的关键工具。控制流图能够显示代码的基本结构，使得不需要了解代码内部的细节就可以识别出路径。

基础的程序结构，即顺序结构、选择结构（if-then、if-then-else 和 switch）、循环结构（while、do-while 和 for）的控制流图如图 7.11 ～图 7.17 所示[b]。

顺序结构

在图 7.11 中，第 1 ～ 7 行代码必定是顺序执行的，中间没有分支，因此这一系列的代码在控制流图中就表示为一个单独的节点。该节点的标识符为 (1..7)。

除非为了一致性考虑，否则使用花括号" {"和" }"和其他可行记号来表示不可执行源代码都是可以的，并不存在标准的表示形式。加上花括号的好处是便于审查控制流图，保证没有漏掉代码行。

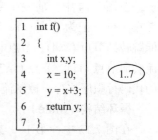

图 7.11 顺序结构的控制流图

---

[a] 使用调试器来跟踪方法 giveDiscount() 的运行，也可以确认达到了 100% 的路径覆盖率。

[b] 很多教科书都推荐我们按照顺序对节点进行编号，并且将代码的行编号放置于节点外部。这样会让控制流图的使用更加困难，要求在不同的图片之间来回引用。本书我们就使用行的编号作为节点的标识符。

选择结构（if-then）

我们考虑图 7.12 中代码的执行流，第 1 ～ 4 行是顺序执行的。如果第 4 行的判定结果为真，则执行第 5 行，然后是第 6、7 行。如果第 4 行的判定结果为假，则执行第 6、7 行。

现在来看控制流图，首先执行节点 (1..4)。如果该节点执行完成后，判定 (a > 10) 的结果为真，则控制流转移到节点 (5)，然后是节点 (6..7)。如果节点 (1..4) 执行完成后的结果为假，则控制流转移到节点 (6..7)。

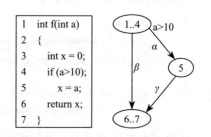

```
1   int f(int a)
2   {
3       int x = 0;
4       if (a>10);
5           x = a;
6       return x;
7   }
```

图 7.12　选择结构（if-then）的控制流图

现在我们看到了控制流图中的每个节点如何表征了一行或多行代码，以及控制流图中的边如何反映了代码中的判定和后续的分支。我们一定要记住一致性原则：为假的分支要在左边，为真的分支要在右边。

如果将判定条件写在为真的分支的旁边，那么在后续的分析中就可以直接使用控制流图了，而不需要再返回去查看源代码。

我们可以一种不同的符号来表示控制流图中的边，以防止与判定或节点的标识符混淆。此处，我们使用希腊字母 α、β 和 γ。控制流图里面的边，不会为本书的任何一种技术所用，所以后续的控制流图分析中，我们会忽略这些边。

如果将从节点 (1..4) 到节点 (6..7) 的边 β 视为空 else 语句，那么当判定为假时，就会执行该语句，其中没有任何可执行代码（因此是空语句）。

选择结构（if-then-else）

在图 7.13 中，第 1 ～ 4 行的代码永远是顺序执行的，所以使用节点 (1..4) 来表示。如果节点 (1..4) 中的判定 (a > 10) 结果为真，那么执行节点 (5) 后，控制流转向节点 (8..9)。如果节点 (1..4) 中的判定结果为假，那么执行节点 (6..7) 后，控制流转向节点 (8..9)。

选择结构（switch）

在图 7.14 中，前一个顺序执行的代码块结束在第 1 行，记为节点 (1)。视 a 的取值，控制流可

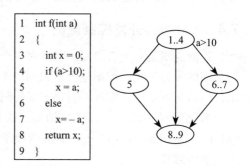

```
1   int f(int a)
2   {
3       int x = 0;
4       if (a>10);
5           x = a;
6       else
7           x= – a;
8       return x;
9   }
```

图 7.13　选择结构（if-then-else) 的控制流图

能跳转到节点 (2..4)、节点 (5..7) 或节点 (8..10)。节点 (2..4) 中的代码行顺序执行，然后控制流转向节点 (11)。节点 (5..7) 中的代码顺序执行，然后控制流转向节点 (11)。节点 (8..10) 中的代码行顺序执行，控制流转向节点 (11)。

循环结构（while）

在图 7.15 中，第 1 ～ 3 行语句总是顺序执行的，因此视为节点 (1..3)。while 语句必须是一个单独的节点，因为每次循环都会执行这个判定，可以对比一下图 7.12 中节点 (1..4) 里的 if 语句。

如果节点 (4) 中的判定 (x > 10) 结果为真，则执行节点 (5)，控制流返回节点 (4)，在该节点中重新计算判定结果。如果节点 (4) 中的判定在第一次或后续任何循环中结果为假，则退出循环，控制流转向节点 (6..7)。

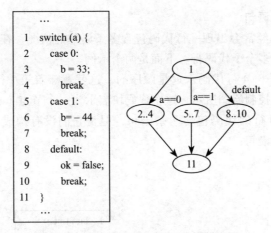

图 7.14　选择结构（switch）的控制流图

循环结构（do-while）

在图 7.16 中，第 1 ~ 3 行代码永远是顺序执行的，记为节点 (1..3)。然后执行 do-while 循环，也就是节点 (4..5)。如果节点 (6) 中的判定 (x > 10) 结果为真，控制流跳转回节点 (4..5)。如果节点 (6) 中的判定结果为假，控制跳转到节点 (7..8)。

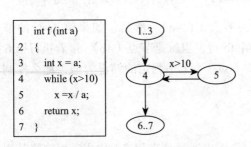

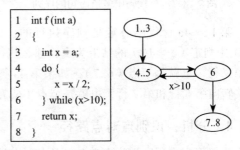

图 7.15　循环结构（while）的控制流图　　　　图 7.16　循环结构（do-while）的控制流图

注意此处的结构与前面例子中都不同。此处每次循环执行结束后才进行判定，而不是在循环执行前。

循环结构（for）

在图 7.17 中，第 4 行包含三部分，需要分成以下 3 条子语句：

4a　　int i = 0

4b　　i < a

4c　　i++

第 1 ~ 3 行语句后面，跟着 for 循环的第一部分（第 4a 行语句），这一部分语句必定都是顺序执行的，我们记为节点 (1..4a)。然后执行 for 循环的第二部分，即节点 (4b) 中的判定 (i < a)，如果结果为真，那么执行 for 循环体，也就是节点 (5)。之后执行 for 循环的第三部分，也就是节点 (4c)，完成递增的操作。控制流转回节点 (4b)，再次进行判定。如果节点 (4b) 中的判定结果为假，那么执行节点 (6..7)。

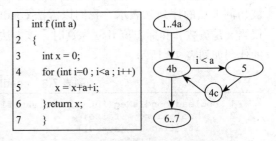

图 7.17　循环结构（for）的控制流图

一行代码中的多条语句

真实的代码里面，经常会出现一行代码包含多条语句的情况。在 for 循环示例中，我们将这样的代码行分解为多个子代码行。下面是两个示例。

在图 7.18 中，第 1 ～ 4 行代码永远是顺序的，这就意味着第 3 行中的多条语句会被控制流图忽略，正如右侧控制流图所示，这个代码块表示为一个节点（1..4）。

在图 7.19 中，第 4 行的代码包含两条语句，但是它们没有构成一个不可分割的序列，此时就必须分成两条子语句：

4a   if (a > 10)

4b   x = a

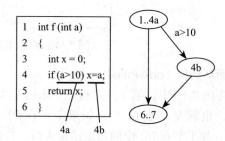

图 7.18　一行代码中多条语句的序列　　图 7.19　一行代码包含多条语句的选择结构

第 1 ～ 4a 行代码必定是顺序执行的，记为节点（1..4a）。然后，如果第 4a 行的节点（4a）中判定（a > 10）的结果为真，那么执行第 4b 行，也就是节点（4b），接着执行第 6 行和第 7 行，也就是节点（6..7）。如果第 4a 行的节点（4a）中判定的结果为假，那么控制流直接转向第 6 行和第 7 行，也就是节点（6..7）。

7.4.4　分析：识别点对点路径

我们不应将程序视为由单独的语句（在控制流图中通过分支相连）构成，而应将其视为由一系列从起点到终点的路径构成。

处理循环时，唯一的复杂之处就在于：循环数 i 对应的路径，与循环数 i+1 对应的路径，虽然从控制流图的角度来说，执行的是相同的节点，但我们还是应将它们视为两条不同的路径。很多程序因此就会产生海量的路径数目。

基于控制流图来识别路径，要比直接基于源代码容易得多，因为每一条路径都可以使用被访问节点的序列来表示。我们以方法 condIsNeg(int x, boolean flag) 的源代码为例：当且仅当 x 是负数，和标志位 flag 为真时，该方法返回 true。condIsNeg(int x, boolean flag) 方法的代码如列表 7.3 所示。

列表 7.3　condIsNeg() 的源代码

```
1  boolean condIsNeg(int x, boolean flag) {
2      boolean rv = false;
3      if (flag && (x < 0))
4          rv = true;
5      return rv;
6  }
```

boolean condIsNeg(int,boolean) 的路径如图 7.20 所示。

boolean condIsNeg(int,boolean) 的路径可以通过列出每一条路径所执行的节点来表示。

（1）路径 1：节点 (1..3) → (5..6)。

（2）路径 2：节点 (1..3) → (4) → (5..6)。

循环和路径

程序中的循环会带来一些额外的复杂度。我们先来看一下图 7.21 所示的简单循环。

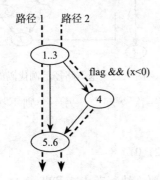

图 7.20　condIsNeg() 的路径

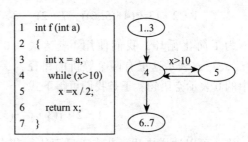

图 7.21　带有循环的路径

这一段代码中，有海量的点对点路径。

（1）节点 (1..3) → (4) → (6..7)。

（2）节点 (1..3) → (4) → (5) → (4) → (6..7)。

（3）节点 (1..3) → (4) → (5) → (4) → (5) → (4) → (6..7)。

（4）……

为了减少循环带来的路径数目庞大的问题，我们这里使用等价类划分方法，对路径进行分类。出于测试目的，如果两个路径仅是循环的数目不同，则我们将其视为等价的路径。由此可得两种循环分类：

- 循环 0 次；
- 循环 n 次（$n > 0$）。

使用基本路径这一技术，我们可以计算出点对点路径的数目，以及每条路径上的节点数目。

基本路径

控制流图中的控制流可以使用一个正则表达式来表示。之后会对此表达式进行，以得出点对点路径的数目。循环可以执行无限次，我们不妨将其整体视为一个代码片段，这个片段要么执行一次，要么一次也不执行。

有三种为正则表达式定义的操作符：

（1）. 是序列，代表图中的一系列节点；

（2）+ 是选择，代表图中的一个判定（例如 if 语句）；

（3）()* 是循环，代表图中的一个循环（例如 while 语句）。

我们来看下面的例子：

```
1    i = 0;
2    while (i < list.length) {
3        if (list[i] == target)
4            match++;
5        else
6            mismatch++;
```

```
7      i++;
8    }
```

该代码的控制流图如图 7.22 所示。

图 7.22 所示的控制流图可以使用下面的正则表达式来表示，其中的数字就是图 7.22 中的节点编号，还使用了刚描述的操作符：

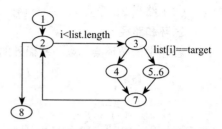

图 7.22　基本路径示例代码的控制流图

$$1 \cdot 2 \cdot (3 \cdot (4+(5..6)) \cdot 7 \cdot 2)^* \cdot 8$$

为了简化循环，我们使用（表达式 + 0）来代替（表达式）*，表示这里有两个等价的路径，一个只循环一次表达式，另一个则不执行循环，其中的 0 表示空语句。于是我们可得下式：

$$1 \cdot 2 \cdot ((3 \cdot (4+(5..6)) \cdot 7 \cdot 2)+0) \cdot 8$$

该式可以这样描述：节点 1 后面执行节点 2，然后要么执行节点 3 和节点 4，要么执行节点 3 和节点 5..6，之后是节点 7，再回到节点 2；或者节点 2 之后执行节点 8。稍加扩展，让其中的 + 符号代表替代路径，可以得出：

替代路径 1：1-2-8。

替代路径 2：1-2-3-4-7-2-8。

替代路径 3：1-2-3-(5..6)-7-2-8。

我们将每个节点的编号（以及 0）设置为数值 1，然后将表达式作为一个数学公式来计算（+ 为加法，· 为乘法），路径数目可以计算如下：

$$路径数目 = 1 \cdot 1 \cdot ((1 \cdot (1+1) \cdot 1 \cdot 1)+1) \cdot 1 = 3$$

实践中，通常可以直接人工识别出路径，不需要使用上述方法。

请注意，对于空 else 语句（也就是只有 if 没有 else）来说，我们会使用表达式 $(n+0)$。节点 n 代表为真的判定，节点 0 代表为空的 else 判定。

7.4.5　注入故障 6 之后的可能路径

在最终的控制流图（见图 7.6）中，可以通过在"脑海中"执行每一条路径来识别可能的路径，同时也要对照代码理解处理过程，识别每个判定点处为"走到"某一条路径对所需输入数据的约束条件。

如果分析的过程中发现存在冲突的约束条件，那么相应路径就是不可能的路径。否则，测试员可以确认能够同时满足约束条件的输入数据。如果可能，使用已完成的测试用例中的测试数据或数据的组合，这样可以较容易地识别出重复的测试用例，然后将其删除。

- **路径 1**：节点 (22..28) → (38..41)，这些节点必须位于正确的序列中。
  - 分支 (22..29) → (38..41)：此分支要求 (bonusPoints > 0) 取值为假，因此 bonusPoints 必须为 0 或为负数。

测试用例 T1.4 满足这些约束条件，其输入数值为 (-100,false)。

- **路径 2**：节点 (22..28) → (29) → (31) → (33..34) → (36..37) → (38..41)。
  - 分支 (22..29) → (29)：要求 (bonusPoints > 0)。
  - 分支 (29) → (31)：要求 (bonusPoints < thresholdJump) 为假。

- 分支 (31) → (33..34)：要求 (bonusPoints > thresholdJump) 为假。
- 分支 (33..34) → (36..37)：要求 (bonusPoints > threshold) 为假。

在入口处，输入 bonusPoints 必须大于或等于 0。在节点 (29) 处，bonusPoints 必须大于或等于 thresholdJump（视 goldCustomer 的取值，应为 20 或 30）。

在节点 (31) 处，bonusPoints 必须小于或等于 thresholdJump。这就意味着 bonusPoints 必须等于 thresholdJump。

在节点 (33) 中，数值应增加 4 * thresholdJump，也就是 80 或 120。

因此，如果输入是 goldCustomer 为真且 bonusPoints 等于 20，那么在节点 (34) 中 bonusPoints 就被改为 100，该值大于 threshold（80）。

如果输入是 goldCustomer 为假且 bonusPoints 等于 30，那么在节点 (34) 中 bonusPoints 就被改为 150，该值大于 threshold（120）。

不管是上述哪种情况，节点 (34) 处的判定结果都为真，但是路径 2 要求判定结果为假，所以这条路径是不可能的路径。

- **路径 3**：节点 (22..28) → (29) → (31) → (33..34) → (35) → (38..41)。
  - 分支 (22..29) → (29)：要求 (bonusPoints > 0)。
  - 分支 (29) → (31)：要求 (bonusPoints < thresholdJump) 为假。
  - 分支 (31) → (33..34)：要求 (bonusPoints > thresholdJump) 为假。
  - 分支 (33..34) → (35)：要求 (bonusPoints > threshold)。

在入口处，输入 bonusPoints 必须大于或等于 0。在节点 (29)，bonusPoints 则必须大于或等于 thresholdJump（视 goldCustomer 的取值，应为 20 或 30）。

在节点 (31)，bonusPoints 必须小于或等于 thresholdJump。这就意味着 bonusPoints 必须等于 thresholdJump。

在节点 (33) 中，数值应增加 4 * thresholdJump，也就是 80 或 120。

因此，如果输入是 goldCustomer 为真且 bonusPoints 等于 20，那么在节点 (34) 中 bonusPoints 就被改为 100，该值大于 threshold（80）。

如果输入是 goldCustomer 为假且 bonusPoints 等于 30，那么在节点 (34) 中 bonusPoints 就被改为 150，该值大于 threshold (120)。

不管是上述那种情况，节点 (34) 的判定结果都为真。现有的测试用例中没有一个 bonusPoints 的输入数据为 20 或 30 的，因此需要一个新的测试用例。输入数据要么为 (20,true)，要么为 (30,false)。

- **路径 4**：节点 (22..28) → (29) → (31) → (32) → (33..34) → (36..37) → (38..41)。
  - 分支 (22..28) → (29)：要求 (bonusPoints > 0)。
  - 分支 (29) → (31)：要求 (bonusPoints < thresholdJump) 为假。
  - 分支 (31) → (32)：要求 (bonusPoints > thresholdJump)，注意节点 (32) 修改了 bonusPoints。
  - 分支 (33..34) → (36..37)：要求 (modified bonusPoints > threshold) 为假。

在入口处，输入 bonusPoints 必须大于或等于 0。在节点 (29) 处，bonusPoints 则必须大于或等于 thresholdJump（视 goldCustomer 的取值，应为 20 或 30）。

在节点 (31) 处，bonusPoints 必须大于 thresholdJump（20 或 30）。

因此，bonusPoints 在节点 (29) 处必须大于 0，大于或等于 thresholdJump（20 或 30）；

在节点 (31) 处必须大于 thresholdJump。

在节点 (32) 处，bonusPoints 的数值会减去 thresholdJump。在节点 (33..34) 处，bonus-Points 的数值会增加 4 * thresholdJump，也就是 80 或 120。

所以，如果输入是 goldCustomer 为真且 bonusPoints 大于 20，那么在节点 (30) 中，bonus-Points 就要减去 20，而在节点 (33..34) 中，bonusPoints 就要增加 80，此时 bonusPoints 的取值整体增加 60。由于 bonusPoints 的取值必须小于或等于 80，因此 bonusPoints 的最小取值是 1，最大取值是 20。

如果输入是 goldCustomer 为 false 且 bonusPoints 等于 30，那么在节点 (30) 中，bonus-Points 就要减去 30，而在节点 (33..34) 中，bonusPoints 就要增加 120，此时 bonusPoints 的取值整体增加 90。由于 bonusPoints 的取值必须小于或等于 120，因此 bonusPoints 的最小取值是 1，最大取值是 30。

测试用例 T2.1 符合这些约束条件，其输入数值为 (1,true)。

- **路径 5**：节点 (22..28) → (29) → (31) → (32) → (33..34) → (35) → (38..41)。
  - 分支 (22..28) → (29)：要求 (bonusPoints > 0)。
  - 分支 (29) → (31)：要求 (bonusPoints > thresholdJump) 为假。
  - 分支 (31) → (32)：要求 (bonusPoints < thresholdJump)，注意节点 (32) 修改了 bonus-Points。
  - 分支 (32) → (33..34)：永远会走此分支。
  - 分支 (33..34) → (35)：要求 (modified bonusPoints > threshold)。

在入口处，输入 bonusPoints 必须大于或等于 0。在节点 (29) 处，bonusPoints 则必须大于或等于 thresholdJump（视 goldCustomer 的取值，应为 20 或 30）。

在节点 (31) 处，bonusPoints 必须大于 thresholdJump（20 或 30）。

因此，bonusPoints 在节点 (29) 处必须大于 0，大于或等于 thresholdJump（20 或 30）；在节点 (31) 处必须大于 thresholdJump。

在节点 (32) 处，bonusPoints 的数值会减去 thresholdJump。在节点 (33..34) 处，bonus-Points 的数值会增加 4 * thresholdJump，也就是 80 或 120。

所以，如果输入是 goldCustomer 为真且 bonusPoints 大于 20，那么在节点 (30) 中，bonusPoints 就要减去 20，而在节点 (34) 中，bonusPoints 就要增加 80，此时在节点 (35) 处 bonusPoints 的取值整体增加 60。bonusPoints 的取值此时必须大于 80，因此 bonusPoints 的最小取值是 21，最大取值是 Long.MAX_VALUE – 60（一个很大的值）。

如果输入是 goldCustomer 为假且 bonusPoints 等于 30，那么在节点 (30) 中，bonus-Points 就要减去 30，而在节点 (33..34) 中，bonusPoints 就要增加 120，此时在节点 (35) 处 bonusPoints 的取值整体增加 90。bonusPoints 的取值此时必须大于 120，因此 bonusPoints 的最小取值是 31，最大取值是 Long.MAX_VALUE – 90（同样是一个很大的值）。

测试用例 T1.1 符合这些约束条件，其输入数值为 (40,true)。

- **路径 6**：节点 (22..28) → (29) → (30) → (31) → (33..34) → (36..37) → (38..41)。
  - 分支 (22..28) → (29)：要求 (bonusPoints >0)。
  - 分支 (29) → (30)：要求 (bonusPoints < thresholdJump)，注意节点 (30) 修改了 bonusPoints。
  - 分支 (31) → (33..34)：要求 (modified bonusPoints >thresholdJump) 为假。

　　■ 分支 (33..34) → (36..37)：要求 (modified bonusPoints >threshold) 为假。

　　在入口处，输入 bonusPoints 必须大于或等于 0。在节点 (29) 处，bonusPoints 则必须小于 thresholdJump（视 goldCustomer 的取值，应为 20 或 30）。

　　在节点 (31) 处，bonusPoints 必须小于或等于 thresholdJump（20 或 30）。

　　因此，bonusPoints 在节点 (29) 处必须大于 0，小于 thresholdJump（20 或 30）；在节点 (31) 处必须小于或等于 thresholdJump。

　　在节点 (30) 处，bonusPoints 的数值会减去 thresholdJump，而在节点 (33..34) 处，bonusPoints 的数值会增加 4 * thresholdJump，也就是 80 或 120。

　　所以，如果输入是 goldCustomer 为真且 bonusPoints 小于 20，那么在节点 (30) 中，bonusPoints 就要减去 20，而在节点 (34) 中，bonusPoints 就要增加 80，此时在节点 (35) 处 bonusPoints 的取值整体增加 60。bonusPoints 的取值此时必须大于 80，但此时 bonusPoints 能够取的最大值是 59，所以这是不可能的路径。

　　如果输入是 goldCustomer 为假且 bonusPoints 小于 30，那么在节点 (30) 中，bonus-Points 就要减去 30，而在节点 (34) 中，bonusPoints 就要增加 120，此时在节点 (35) 处 bonusPoints 的取值整体增加 90。bonusPoints 的取值此时必须大于 120，但此时 bonusPoints 能够取的最大值是 119，所以这也是不可能的路径。

- **路径 7**：节点 (22..28) → (29) → (30) → (31) → (33..34) → (35) → (38..41)。
  - 分支 (22..28) → (29)：要求 (bonusPoints > 0)。
  - 分支 (29) → (30)：要求 (bonusPoints < thresholdJump)，注意节点 (30) 修改了 bonusPoints。
  - 分支 (31) → (33..34)：要求 (modified bonusPoints >thresholdJump) 为假。
  - 分支 (33..34) → (35)：要求 (modified bonusPoints >threshold)。

　　如果在节点 (29) 处，bonusPoints 的任何取值小于 thresholdJump（20 或 30），那么在节点 (33..34) 处，该取值就一定小于 threshold（80 或 120），因此这条路径是不可能的路径。

- **路径 8**：节点 (22..28) → (29) → (30) → (31) → (32) → (33..34) → (36..37) → (38..41)。
  - 分支 (22..28) → (29)：要求 (bonusPoints > 0)。
  - 分支 (29) → (30)：要求 (bonusPoints < thresholdJump)，注意节点 (30) 修改了 bonusPoints。
  - 分支 (31) → (32)：要求 (bonusPoints > thresholdJump)，注意节点 (32) 修改了 bonusPoints。
  - 分支 (33..34) → (36..37)：要求 (modified bonusPoints >threshold) 为假。

　　在节点 (30) 处，bonusPoints 的任何取值都不可能小于 thresholdJump，后续修改（减小）了的 bonusPoints 的取值将在节点 (31) 处大于 thresholdJump。因此这条路径也是不可能的路径。

- **路径 9**：节点 (22..28) → (29) → (30) → (31) → (32) → (33..34) → (35) → (38..41)。
  - 分支 (22..28) → (29)：要求 (bonusPoints > 0)。
  - 分支 (29) → (30)：要求 (bonusPoints < thresholdJump)，注意节点 (30) 修改了 bonusPoints。
  - 分支 (31) → (32)：要求 (bonusPoints > thresholdJump)，注意节点 (32)：修改了 bonusPoints。
  - 分支 (33..34) → (35)：要求 (modified bonusPoints >threshold)。

与路径 8 相同，bonusPoints 的任何取值在节点 (30) 处都不可能小于 thresholdJump，因此后续修改（减小）了的 bonusPoints 的取值将在节点 (31) 处大于 thresholdJump。因此这条路径也是不可能的路径。

7.4.6　测试覆盖项

每一条唯一的点对点路径都是一个 TCI。标准做法是让每一个循环操作都有两条不同的路径：一条是不执行循环的路径，另一条是至少执行一次循环的路径。

每个 TCI 应具有唯一标识符，例如路径 1 对应 AP1。这样做很有用，可以保证不漏掉任何一条路径，同时还可以列出每一条路径覆盖的控制流图中的边。

7.4.7　测试用例

测试员挑选的输入数据要保证每一条路径都走到。这就需要仔细审查代码，并选择执行每条路径时需要的输入参数。

必须根据规范获取预期结果。从代码中获取输出，然后将其视为预期结果的过程很容易出错，所以测试员一定要很小心，避免出现这样的失误。

小提示：通常较为简单的做法是从入口与出口之间一条最简单的路径出发，然后分析源代码，找到能够触发这条路径执行的输入数值。接着，继续分析源代码，尝试修改输入，触发执行其他类似的路径。每一条路径应该对应一个测试用例。

7.5　评估

达到全路径覆盖是一件非常烦琐的工作。请注意，就算执行了每一条路径，也不能保证覆盖到了执行每一个判定所需的每一个原因。

7.5.1　局限性

列表 7.4 所示的源代码中，包括三种没有被标准的黑盒和白盒单元测试技术发现的故障类型（除了偶发故障以外）。该被测程序的基本算法与之前使用的不同：这里使用了一个查找表，查找能够匹配的入口，据此决定返回值。

列表 7.4　故障 7、8 和 9

```
23      public static Status giveDiscount(long bonusPoints, boolean
            goldCustomer)
24      {
25
26          Object[][] lut = new Object[][] {
27          { Long.MIN_VALUE,              0L,  null, ERROR },
28          {               1L,           80L,  true, FULLPRICE },
29          {              81L, Long.MAX_VALUE,  true, DISCOUNT },
30          {               1L,          120L, false, FULLPRICE },
31          {             121L, Long.MAX_VALUE, false, DISCOUNT },
32          {            1024L,         1024L,  true, FULLPRICE }
            },//Fault 7
33          };
34
35          Status rv = ERROR;
36
37          bonusPoints & = 0xFFFFFFFFFFFFFEFFL; // Fault 8
38
39          for (Object[] row:lut)
```

```
40          if ( (bonusPoints >= (Long)row[0]) &&
41              (bonusPoints <= (Long)row[1]) &&
42              (((Boolean)row[2] == null)||((Boolean)row[2] ==
                    goldCustomer)))
43              rv = (Status)row[3];
44
45      bonusPoints = 1/(bonusPoints - 55); // Fault 9
46
47      return rv;
48      }
```

往代码中注入"逃得过"全路径覆盖测试的故障，难度非常大，所以我们在这里几乎重写了源代码。下面是关于所注入故障的解释。

- 故障 7：第 26 ～ 33 行包含一个故障的查找表。第 31 行将在输入数值为 1024 时，触发一次失效。

  通过使用查找表能够改进很多算法的性能，但风险就在于表本身可能是不正确的。

- 故障 8：第 37 行显示了一个故障的按位操作。注意：常数 0xFFFFFFFFFFFFEFFL 是一个长十六进制数值，从后往前数，第三位应该是 F 而此处为 E。这个错误会造成其中一个位取值为 0，如果输入数值 256，此处就会触发一次失效，因为清除这一位将会将其值改为 0。此处的被测代码其实没有必要使用按位操作，但在网络或图像相关代码中，按位操作就是常见的必需操作。

- 故障 9：第 45 行显示了除零故障。如果输入数值 55，此处会触发抛出一个未被处理的 Java 异常。因为该异常没有被处理，就会造成程序崩溃，因而 Java 会默认地产生一个栈溢出。类似这样的处理永远不会再次使用的局部变量的死代码，有时可以被编译器识别并删除。但在本例中，输入数值为 55 的时候，会引发程序崩溃。

算法中经常会用到除法，一旦发生除零异常，但又没有被正确地处理，就会造成软件失效。

图 7.23 所示为针对带有这些故障的程序，执行完全路径覆盖测试之后的结果。

```
PASSED: test_giveDiscount("T1.1", 40, true, FULLPRICE)
PASSED: test_giveDiscount("T1.2", 100, false, FULLPRICE)
PASSED: test_giveDiscount("T1.3", 200, false, DISCOUNT)
PASSED: test_giveDiscount("T1.4", -100, false, ERROR)
PASSED: test_giveDiscount("T2.1", 1, true, FULLPRICE)
PASSED: test_giveDiscount("T2.2", 80, false, FULLPRICE)
PASSED: test_giveDiscount("T2.3", 81, false, FULLPRICE)
PASSED: test_giveDiscount("T2.4", 120, false, FULLPRICE)
PASSED: test_giveDiscount("T2.5", 121, false, DISCOUNT)
PASSED: test_giveDiscount("T2.6", 9223372036854775807, false, DISCOUNT)
PASSED: test_giveDiscount("T2.7", -9223372036854775808, false, ERROR)
PASSED: test_giveDiscount("T2.8", 0, false, ERROR)
PASSED: test_giveDiscount("T3.1", 100, true, DISCOUNT)
PASSED: test_giveDiscount("T3.2", 200, true, DISCOUNT)
PASSED: test_giveDiscount("T4.1", 43, true, FULLPRICE)
PASSED: test_giveDiscount("T5.1", 93, true, DISCOUNT)
PASSED: test_giveDiscount("T6.1", 20, true, FULLPRICE)
===============================================
Command line suite
Total tests run: 17, Passes: 17, Failures: 0, Skips: 0
===============================================
```

图 7.23　注入故障 7、8、9 之后的 giveDiscount() 的全路径覆盖测试结果

所有的测试都通过。尽管全路径覆盖测试被视为最强的白盒测试类型（基于程序结构），但仍然没有发现任何一个故障。

故障演示

使用输入的 bonusPoints 数据 256、1024 和 55，执行注入故障 7、8 和 9 的代码，其结果如图 7.24 所示。

```
$ check 256 true
ERROR
$ check 1024 true
FULLPRICE
$ check 55 true
Exception in thread "main" java.lang.ArithmeticException: / by zero
        at example.OnlineSales.giveDiscount(OnlineSales.java:45)
        at example.Check.check(Check.java:21)
        at example.Check.main(Check.java:16)
```

图 7.24　人工演示故障 7、8 和 9

注意，三种输入所对应的返回结果都是错误的。

- 输入 (256,true) 应该返回：DISCOUNT。
- 输入 (1024,true) 也应该返回：DISCOUNT。
- 输入 (55,true) 应该返回 FULLPRICE，而且不应抛出异常。

这个现象还是很有趣的：在不是穷尽测试的情况下给定一组测试数据，通常来说这些测试数据不太可能发现针对代码设计的某个故障。

建议大家阅读第 14 章讨论的其他形式的白盒测试技术。

7.5.2　强项和弱项

全路径覆盖测试能够匹配一个程序中的控制流，但是对于复杂程序来说，这一点就非常困难，尤其是还需要通过仔细分析确认每一条路径是否是可执行的，如果某一条路径是可执行的，还要设计合适的输入数据来触发这条路径的执行。

强项

- 全路径覆盖测试能够覆盖所有可能的路径，如果使用其他方法，很可能不能完全覆盖这些路径。
- 全路径覆盖测试能够保证达到全语句覆盖和全分支覆盖。

弱项

- 对于复杂程序来说，开发控制流图并且识别所有的路径可能非常困难而且耗时。
- 如果代码中包含循环，必须确定如何才能限制循环的运行次数。这就需要将路径的数目限定在一个合理的范围之内，但因此会削弱测试的有效性。
- 全路径覆盖都不会显式地评估每个判定（构成一个复合布尔表达式的单个布尔子表达式）中的布尔条件。
- 全路径覆盖测试不会发现与不正确的数据处理相关的故障（例如按位操作或算法错误）。
- 全路径覆盖测试不会发现非代码的故障，例如在查询表中的故障。

7.6　划重点

- 全路径覆盖测试能够确保运行每一条点对点路径，所以可以补充黑盒测试和白盒测试的不足。这是基于程序结构的最强的测试形式⊖。

- 软件中每一条未执行的点对点路径就是一个 TCI。
- 通过分析代码中的路径和判定，可以确认测试的输入数据。

7.7　给有经验的测试员的建议

就算是一个有经验的测试员，识别所有可能的路径也是一件很复杂的任务。但是，如果是一个简单的程序，完成黑盒测试和白盒测试以后，不太可能还存在未被执行的路径。对于复杂程序，尤其是带有循环的程序来说，可能就需要测试员进行比较充分的分析，尤其需要进行结对审查，这样才可以保证没有漏掉一条路径。测试员经常使用探索型编程和调试器来找到某一个节点运行结束之后，数据的取值是多少。

很多有经验的测试员不需要使用前文详细讨论的步骤就可以绘制出控制流图。他们通常也不需要一步一步分析代码就可以获取执行每一条路径所需要的条件约束。然而，就算是有经验的测试员，找到所有路径也是一件耗时且困难的工作。

⊖　还有一些不是针对点对点路径的路径测试的形式，这些形式都更弱一些，但是更容易设计测试用例。然而，全路径覆盖测试是路径测试的最强形式，可以将其视为所有其他路径测试形式的一个超集。

黑盒测试与白盒测试

通过执行测试项，动态测试可以确认程序是否能够完成正确的操作。如图 8.1 所示，我们可以将测试过程视为将一个真实系统的输出与理想系统的输出进行对比的过程。理想系统就是规范，真实系统就是被测软件。

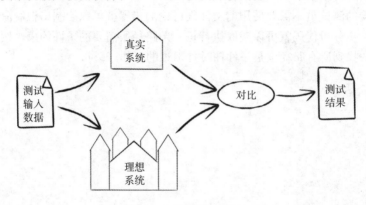

图 8.1　软件测试过程

测试人员应按照选定的测试设计技术的要求，设计测试条件，然后根据测试条件选择合适的测试输入数据。接着将测试输入数据输入理想系统，以产生正确的输出（我们称之为预期结果）。之后将测试输入数据输入真实系统，并运行真实系统，获取实际结果。将实际结果与预期结果进行对比。如果实际结果与预期结果一致，或等价，我们称测试结果为通过，否则测试结果为失败。测试过程一般是自动化测试工具完成的。

我们需要依据测试条件集获取测试数据，每一个测试条件都用来验证系统的某个特殊属性或某个方面。测试结果可能是通过或失败。然而，对于测试来说，即使没有通过，也是有价值的。因为失败的测试能让我们了解到被测系统在面对哪些输入的情况下，不能正确地按照规范来工作。

8.1　黑盒测试与白盒测试的比较

关键点 1：黑盒测试用例和测试数据只能来自于功能规范。

黑盒测试，也称基于规范的测试或功能测试，完全依据程序规范来进行，不关注程序代码内部。黑盒测试的目的，是验证程序能否满足规定的需求，不关注程序的实现方式。

黑盒测试和白盒测试可以应用于开发的不同阶段：程序开发过程中，针对代码进行单元测试，而在每一次完整系统交付的时候，实施应用测试。

黑盒测试技术的重点是确认如何从输入数据的可能组合中选取一个子集。例如，边界值分析技术就是要为每一个输入参数和输出参数，选择所有可能的边界值。

关键点 2：白盒测试用例来自于代码，测试数据来自于代码和功能规范。

白盒测试，也称为基于实现的测试或结构测试，使用软件实现来生成测试。测试仅关注程序代码的某一特定方面，例如包含的语句或判定。通过检查程序的运行方式，选择测试数据触发程序某个特定部分得以运行，白盒测试就可以发现程序结构或逻辑中的错误。

白盒测试技术的重点是其覆盖率准则，也就是测试过程中得以运行的代码部分的百分比。例如，100% 的语句覆盖率意味着一个程序中所有的源代码语句在测试中被执行至少一次。

表 8.1 比较了黑盒测试和白盒测试的一些关键特征。

表 8.1　黑盒测试与白盒测试的比较

黑盒测试	白盒测试
测试仅依赖于规范	测试依赖于实现和规范
如果代码升级（可能为了修复故障或增加新的特性），测试可以重用	只要代码有变更，测试就作废，不可能重用
由于只依赖规范，因此编码之前就可以进行测试设计	由于依赖规范和可执行代码，因此只能在编码之后才开始测试设计
测试不能保证所有代码都被执行，可能会漏掉多余型错误（见 8.1.3 节）	测试不能保证代码完全实现了规范的要求，可能会漏掉缺失型错误
很少有工具能够自动统计黑盒测试的覆盖率结果	很多工具都可以自动统计白盒测试的覆盖率结果

8.1.1　黑盒测试

我们可以使用若干种不同的方式来描述黑盒测试技术：

- 基于规范的测试；
- 使用基于规范的测试覆盖准则进行的测试；
- 根据规范设计测试用例的测试；
- 执行规范的测试。

上述表达都反映了黑盒测试的一个特点：将规范作为测试用例的来源，测试软件实现功能与否。

如果我们将软件视为从输入数据到输出数据的映射，则黑盒测试的目的就是保证输入域中的每一个数值都能映射到输出域中正确的数值（见图 8.2）。如果能将规范中所有的映射关系都执行一遍，当然是最理想的情况。但是，如 1.6 节中我们所讨论的，穷尽测试是不可行的。我们必须得挑选出可能输入值的一个子集，这个子集能覆盖输入域和输出域之间关键的映射关系。

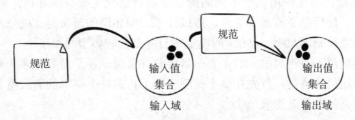

图 8.2　测试的规范模式

很难自动化地统计黑盒测试对规范的满足程度，因此黑盒测试的正确实现非常依赖于测试人员的工作质量。

8.1.2 白盒测试

同样，白盒测试也可以使用以下几种不同的方式来描述：

- 基于代码实现的测试；
- 使用基于代码实现的测试覆盖准则进行的测试；
- 根据代码实现设计测试用例的测试；
- 执行代码的测试。

上述表达都反映了白盒测试的一个特点：将代码实现的结构作为测试用例的来源，测试软件正确操作与否。

如果我们将软件视为基于输入数据产生输出数据的一组部件，则白盒测试的目的就是要确认运行这些部件的时候（语句、分支等），永远都能产生正确的输出值（见图 8.3）。我们仍然需要使用规范来确认输出值是否正确。

图 8.3　测试的代码实现模型

如果能将代码实现中所有的部件（包括部件和部件序列）都执行一遍，当然是最理想的情况。但是，如我们所讨论过的，穷尽测试是不可行的。我们必须得挑选出可能输入值的一个子集，这个子集能执行关键的部件集合。

很多编程语言和测试环境都能够提供统计测试过程中有哪些代码部件得以执行的工具。工具会记录被执行的指令，这个过程就是代码插装。使用这些记录，测试工具可以计算出简单的覆盖率指标，例如在测试中得以执行的代码行数或分支数的百分比。我们在第 5 章和第 6 章都做了示例演示。这些简单覆盖率就算达到 100%，也不能说明测试是充分的，如我们第 7 章讨论的，还可能存在复杂的点对点路径。然而，覆盖率不到 100% 明显说明存在未被测试的代码行或未被测试的分支。

这些测量工具也经常用来确认黑盒测试的覆盖率，确认后就可以使用白盒测试来补充黑盒测试的不足，提高测试覆盖率。

有些人认为只有达到 100% 的覆盖率要求，才能保证软件质量。然而，达到这个要求可能需要很多工作量，不如使用一个不同的测试方法性价比更高，例如使用静态测试技术而非动态测试技术。使用基于覆盖率的白盒测试技术，例如语句覆盖测试或分支覆盖测试技术时，在软件发布之前制定 80% ～ 90% 的覆盖率目标是比较典型的做法[⊖]。

当然，上述建议不是绝对的。对于安全紧要软件来说，还是需要更多的测试。为了快速提高覆盖率，常用的策略是：首先在整个被测程序上达到一个基本的测试覆盖率，然后在关键代码处达到更高的覆盖率要求。

⊖　R.B. Grady 的 *Practical Software Metrics for Project Management and Process Improvement*。

8.1.3　缺失型和多余型错误

黑盒测试和白盒测试都有弱点。

- 白盒测试很难发现与功能缺失相关的故障（我们通常称之为缺失型错误），因为没有对应的代码实现，所以没有办法根据实现设计测试。
- 黑盒测试很难发现与多余功能相关的故障（我们称之为多余型错误），因为没有对应的规范，所以没有办法根据规范设计测试（不能设计相应的测试用例覆盖这些未在规范中规定的功能）。

现在我们来看一下示例 boolean isZero(int x)，如果 x 是 0 则应该返回真，否则应该返回假。示例源代码见片段 8.1。

片段 8.1　缺失型错误和多余型错误

```
1    public static boolean isZero(int x)
2    {
3        if ((x + 1) / 15 > 56) return true;
4        return false;
5    }
```

这一段代码包含两个错误：

- 缺失型错误：x 等于 0 到时候，代码没有返回真的功能，而这是规范中规定的。
- 多余型错误：代码中的第 3 行有个多余的功能，即如果表达式 (x + 1)/15 > 56 取值为真，则返回真，而这一点没有在规范中规定。

这是个很简单的例子，很容易对照规范发现代码是不正确的。如果是较长或较复杂的代码，发现这些错误就会困难得多。本例中，程序员的一个失误同时造成了上述两种类型的错误，修改第 3 行的判定为 (x==0) 就可以修复这两个错误。通常来说，缺失型错误同时会造成多余型错误，反之亦然。

在复杂代码中，错误处理常常是缺失型错误的来源，也就是说没有能够正确地识别错误的输入数据。对规范的误解，常常是多余型故障的来源，程序员识别了某些不属于规范规定的输入条件。

我们也可以从覆盖率的角度来看待这个问题。

- **黑盒测试**提供了对规范的全覆盖，但不能提供对代码实现的全覆盖。也就是说，在代码实现中，可能有些代码会错误地生成规范中没有说明的结果。
- **白盒测试**提供了对代码实现的全覆盖，但不能提供对规范的全覆盖。也就是说，规范中规定的一些行为，没有在代码中予以实现。

正是因为这些原因，我们需要先进行黑盒测试确保代码是完整的，然后使用白盒测试作为补充手段确保代码中没有多余功能。

8.1.4　用法

我们一般连续地使用黑盒测试和白盒测试技术来最大化测试覆盖率。达到多大的覆盖率通常取决于测试对象的质量需求。例如，医院里面病人使用的决定是否要按铃的软件，其质量需求一定高于用于推荐电影的软件。基于不同的质量需求，测试人员需要决定是否尽早停止测试，我们在 1.8 节讨论过这个问题。

首先需要使用黑盒测试来验证软件是否满足规范的要求。

- 使用等价类划分技术，确保测试覆盖了每个等价类划分中的代表值，以此验证软件的基本操作符合要求（见第 2 章）。
- 如果规范中包含边界值，则使用边界值分析技术，验证软件在边界值处的操作是正确的（见第 3 章）。
- 如果规范中，针对不同的输入组合规定了不同的处理方式，则使用判定表技术验证软件针对每一种输入组合都能够产生正确的行为（见第 4 章）。

可以继续使用以下这些黑盒测试技术来补充测试。

- 如果规范中包含基于状态的行为，或者不同的输入序列会对应不同的行为，那么使用基于状态或序列的测试技术，验证这些行为的正确性（见本章 8.2.7 节）。
- 如果根据以往的经验，怀疑代码中可能存在一些故障，可以使用错误猜测法或专家意见法，尝试找出这些故障（见 14.3.3 节）。
- 如果已知软件的典型使用方法，或者将要完成大量的测试，则可以使用随机测试数据验证在这些使用模式下，软件操作是否符合要求（见第 12 章）。

我们可以统计这些黑盒测试的语句覆盖率和分支覆盖率。如果还没有达到覆盖率要求，我们可以使用白盒测试技术进一步提高测试的质量。

- 使用语句覆盖测试，确保 100% 的语句都得到执行。查找未被覆盖的语句，针对这些语句建立 TCI，设计测试用例（见第 5 章）。
- 使用分支覆盖技术，确保 100% 的分支都得到执行。查看被漏掉的分支，针对这些分支建立 TCI，设计测试用例（见第 6 章）。

可以使用以下这些白盒测试技术进一步补充测试。

- 如果代码中包含复杂的点对点路径，则使用全路径覆盖测试技术，确保测试覆盖这些路径（见第 7 章）。
- 如果代码中包含复杂的数据使用模式，则使用 DU 结对测试技术，确保测试覆盖这些模式（见 8.3.1 节）。
- 如果代码中包含复杂的判定，则使用 CC/DCC/MCC/MCDC 测试技术，确保测试覆盖这些判定（见 8.3.2 节 ~ 8.3.6 节）。

不管是上述哪一种情况，是否需要继续测试都属于决策范畴，而且要考虑性价比：一方面，为了完成更多的测试，我们需要付出更多的时间和工作量；另一方面，这些多出来的工作量可提高软件质量，要在这两方面达到平衡。我们在第 1 章曾经详细讨论过这个问题。

决定应该使用哪一种测试技术，以及在开发过程中什么时候使用这些技术的时候，我们还需要考虑其他一些因素。

- 黑盒测试是基于规范的，所以可以在编码之前开展，也可以与编码工作并行开展。
- 在黑盒测试之前执行白盒测试的意义不大。
- 白盒测试永远都不能作为黑盒测试的替代品，我们在 8.1.3 节详细讨论了这一点。
- 只要代码有变更，就一定要重新审查白盒测试用例，很可能还需要修改这些白盒测试用例。

8.2　黑盒测试：还需要考虑的一些问题

本节我们讨论在黑盒测试中可能出现的一些特殊情况。

8.2.1　字符串和数组

对字符串和数组的处理要更加复杂，这两种数据结构经常包含大量的数值，很可能还没有特定的长度限制。处理字符串和数组没有标准的策略，我们给大家提供一些对这些数据结构实施黑盒测试技术时的指南⊖。我们先考虑错误情况，再考虑正常情况。

错误情况

通常来说，错误情况可以分为以下几类：

- 空引用；
- 字符串或数组的长度为 0；
- 字符串或数组的长度超过了指定的最大长度，例如现代 ISBN 数字的长度应为 13⊖；
- 非法数据，例如规定字符串只能包含可以打印的字符整数数组只能包含正值；
- 非法关系，例如规定字符串只能包含以字母顺序排列的字符，整数数组内部按降序排列。

正常情况

我们很难对正常情况进行分类。因此不是从每个等价类划分中选取一个代表性数值，而是选择一些不同的数值。

对于边界值来说，需要同时考虑数据结构的长度以及数据结构包含的数据的长度。

对于输入组合来说，针对每一种组合都可能生成一系列的测试，同样地，会选择多个数值而非只选一个数值来代表一个原因。

所选数据的复杂性依赖于规范的复杂性。如果可能，尽量选择字符串或数组中每一位置带有相同数值的一个数据集。如果字符串表示的是联系人信息，例如姓名、地址或电话号码，测试人员可以使用电话簿来找到非常短的、非常长的、一组典型的数值。如果数组表示的是整数，例如一组用于统计测试的数字，测试人员就可以选择一些小数据集和一个带有已知特征的大数据集。正如我们经常强调的，一定要确保覆盖所有的输出情况，这能为选择输入数据提供更多思路。

8.2.2　不连续的输入等价类划分

有时规范会规定对不同范围内数值（不连续的等价类划分）的处理方式是相同的，或者对同一个范围内数值（重叠的等价类划分）的处理方式是不同的。我们现在来讨论这两种情况。

来看一下示例 boolean isZero(int x)。一个输入等价类划分只含数值 0，另一个输入等价类划分则含非 0 的其他所有数值，如图 8.4 所示。

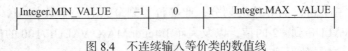

图 8.4　不连续输入等价类的数值线

处理输入参数范围不连续这种情况，最好的办法就是将连续的数值范围分开处理。本例中，可以将 x 视为有以下三个等价类划分：

⊖　不适用于白盒测试。

⊖　例如，Java 中的最大数组长度是 2^{31}，但是否能够给一个数组分配这样大的地址空间，则取决于不同的系统配置参数。

（1）x.EP 1：Integer.MIN_VALUE..−1；

（2）x.EP 2：0；

（3）x.EP 3：1..Integer.MAX_VALUE。

与之相关的边界值为：

（1）x.BVA 1：Integer.MIN_VALUE；

（2）x.BVA 2：−1；

（3）x.BVA 3：0；

（4）x.BVA 4：1；

（5）x.BVA 5：Integer.MAX_VALUE。

我们这样做，是因为 −1 和 +1 都是特殊值：一个是 0 的前一个连续值，一个是 0 的后一个连续值，但是软件对它们的处理方式却不同。软件必须正确地将它们识别为边界值，它们很容易造成软件故障。

8.2.3　重叠的输出等价类划分

现在来看一个不同的例子，该例带有重叠的返回值范围。方法 int tax(int x,boolean fixed)，计算由参数 x 指定金额的应纳税额。税额或者是一个固定的数值 56，或者是变量 x 的 1%（即 x/100）。该方法可能有三种返回值：

- 如果金额 < 0，返回值为 −1，表明这是一个错误；
- 如果 fixed 取值为真（固定税额），返回值为 56；
- 如果 fixed 取值为假（可变税额），返回值为 x/100，也就是金额的 1%。

无错误情况下的可变税额的取值范围是从 0 到 Integer.MAX_VALUE/100（最大整数值的 1%），固定税额则只有一个固定取值 56。由此我们可以得到返回值的两个重叠的等价类划分：

（1）一个等价类划分，包含从 0 到 Integer.MAX_VALUE/100 的所有值；

（2）另一个等价类划分，只有一个数值 56。

这两个等价类划分的数值线，如图 8.5 所示。等价类划分 1 中的虚线部分为重叠区域。

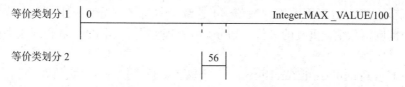

图 8.5　重叠等价类划分的数值线

其实还有第三个错误的等价类划分，此等价类划分只有一个数值 −1，图中没有显示。从 Integer.MIN_VALUE 到 −2 的值，以及大于 Integer.MAX_VALUE/100 的值，没有可能是返回值（没有输入能导致返回它们），因此不需要考虑。

处理重叠输出范围的最好的办法，就是忽略这些重叠部分，单独处理每个范围的数值。因此，本例中，视 x 有以下等价类划分：

（1）x.EP 1：0..Integer.MAX_VALUE/100；

（2）x.EP 2：56；

（3）x.EP 3：−1。

x 的边界值如下：

（1）x.BVA 1：0（来自 EP2）；

（2）x.BVA 2：Integer.MAX_VALUE/100（来自 EP2）；

（3）x.BVA 3：56（来自 EP3）；

（4）x.BVA 4：-1。

我们这样分析的原因是 55 和 57 这两个数值不是特殊值：它们不是等价类划分的边界值，触发软件故障的可能性很小。然而，56 是特殊值，因为它产生自特殊处理过程（本例中，对该值有两种不同的处理过程）。

总结来说，应对重叠等价类划分的策略如下：

- 将重叠的输入范围分成独立的等价类划分；
- 将重叠的输出范围处理为尽可能少的等价类划分。

8.2.4　频内错误报告

有一种较为特殊的情况，报告错误为"频内错误"。这种情况使用与正常处理过程相同的机制，甚至有时候使用同样的值。这方面的典型示例就是使用布尔值 false，或整数 -1，来表示输出结果。这两个值既可以表示不满足规范的要求，也可以表示程序出现了错误。另外，引发程序异常的情况可能更容易测试，但是测试人员必须能够测试出两种类型的错误报告。下面给出个例子。

有一个增强版的方法 inRange(int x, int low, int high)，如果输入是合法的，而且 x 在从 low 到 high 的范围内，那么该方法返回 true；如果输入非法（例如 low 值大于 high 值），或 x 不在指定的范围内，那么该方法返回 false。

本例中，布尔返回值有三个等价类划分：

（1）ture：表示 x 在范围内；

（2）false：表示 x 不在范围内；

（3）false：表示输入是非法值。

这将导致返回值有两个非错误情况和一个错误情况。错误输入 (low > high) 所对应的测试数据同样能够覆盖错误输出 (return value == false)。而针对非错误输入的测试数据，也能够覆盖非错误输出 (return value == true) 和 (return value == false)。

类似的方法，也可以用于整数类型或其他频内错误报告机制。

作为可测试性设计的一部分，我们可以通过频外错误报告的方式来改进错误处理机制。在 Java 中，可以通过抛出异常来达到这个目的。不过，测试人员必须编写测试代码才能使用这些方法。

8.2.5　处理相对数值

与输入和输出参数有关的另一个问题是，并非所有的等价类划分都是由绝对数值定义的。有些等价类划分是相对于另一个输入，或者输入之间的关系定义的。

以方法 int largest(int x, int y) 为例。x 有三种不同的情况：

（1）x 小于 y：x < y；

（2）x 等于 y：x == y；

（3）x 大于 y：x > y。

我们先来分析输入 x，此时将 y 视为有固定值。从 Integer.MIN_VALUE 开始沿着 x 的数值线往前走，在到达 y 之前，程序对途径数值的处理都是相同的。所以对于任何一个 y 的取值来说，x 的第一个等价类划分都是从 Integer.MIN_VALUE 到 y–1。

如果 y 取值为 Integer.MIN_VALUE，我们将第一个等价类划分视为空等价类划分。如果 y 取值为 Integer.MIN_VALUE+1，我们将第一个等价类划分视为只有一个数值的等价类划分。

下一个等价类划分只有一个数值 y。沿数值线走到 y+1 的时候，程序的处理方式就有了变化，因为现在 x 大于 y 了。

最后，从 y+1 开始沿着数值线往前走，一直到 Integer.MAX_ VALUE，程序对途径数值的处理方式都是一样的。

图 8.6 所示为输入 x 的等价类划分，这些是相对的等价类划分，因为与 y 的取值相关。

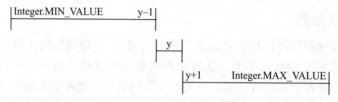

图 8.6　x 的相对等价类划分

现在我们将 x 视为有固定值，那么对于 y 来说就有以下三种情况：

（1）y < x；

（2）y == x；

（3）y > x。

总之，对于相对的等价类划分来说，可以先将 x 视为有固定值，确认 y 的等价类划分；再将 y 视为有固定值，确认 x 的等价类划分。由此我们可以得到以下 x 的等价类划分：

（1）Integer.MIN_VALUE..y – 1；

（2）y；

（3）y + 1..Integer.MAX_VALUE。

以下为 y 的等价类划分：

（1）Integer.MIN_VALUE..x – 1；

（2）x；

（3）x + 1..Integer.MAX_VALUE。

x 的边界值为：

（1）Integer.MIN_VALUE；

（2）y – 1；

（3）y；

（4）y + 1；

（5）Integer.MAX_VALUE。

y 的边界值为：

（1）Integer.MIN_VALUE；

（2）x – 1；

（3）x；

（4）x + 1；

（5）Integer.MAX_VALUE。

这些等价类划分，与我们之前讨论过的空等价类划分和含一个值的等价类划分相洽。

8.2.6　经典的三角形问题

有一个很经典的测试问题[一]：根据一个三角形的边长，将其分为等边三角形、等腰三角形、普通三角形和非法三角形这四种情况。现在我们尝试获取这个问题的等价类划分。被测方法为：

string classify(int x, int y, int z)

其中的参数 x、y、z 分别代表三个边长。

很明显负数是非法值，而且我们将 0 视为非法值。如果三个点的坐标是共线的（三点位于同一条直线上），我们将其视为非法值；如果较短的两条边之和小于最长的那条边，我们也将其视为非法值，见图 8.7。

使用我们之前讨论的重叠等价类划分的原理，我们可以得到 x 的等价类划分如下：

（1）x.EP 1：Integer.MIN_VALUE..0。

（2）x.EP 2：1..y −1。

（3）x.EP 3：y。

（4）x.EP 4：y + 1..y + z −1。

（5）x.EP 5：1..z −1。

（6）x.EP 6：z。

（7）x.EP 7：z + 1..y + z − 1。

（8）x.EP 8：y + z..Integer.MAX_VALUE。

{x,y,z}={0,0,0}

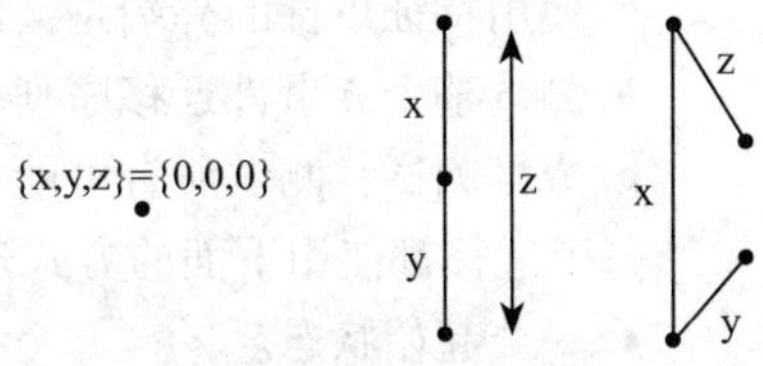

图 8.7　非法三角形

同理，可以得到 y 和 z 的等价类划分。

8.2.7　基于状态的测试（输入序列测试）

很多软件系统都是基于状态的，这些软件的行为不仅基于当前的输入，还基于当前的状态，也就是之前输入的序列。当系统到达某个特定的状态时，该状态是基于截至目前的输入序列的。

我们举个简单的例子说明这类系统：触摸控制的电灯。电灯关着的时候，触摸一下可以打开电灯；电灯开着的时候，触摸一下就会关掉电灯。系统有两个状态：开和关。系统处于哪一种状态，取决于触摸的次数，而触摸之后的软件行为取决于当前系统所处的状态。

基于状态的测试的故障模型，旨在找到与这些状态相关的软件故障。也就是说，软件没能正确地到达某个特定的状态，或者当软件处于某个特定状态时不能正常地工作。

我们可以使用状态图[二]来定义状态行为。图中可以显示所有的状态、状态之间的迁移、引起迁移的输入事件、每一次状态迁移之后需要采取的行动等。图 8.8 所示为触摸控制的电灯的状态图。框代表状态，箭头代表状态之间的迁移。初始箭头指向关状态，表示系统从该

㊀　详见《软件测试的艺术》。

㊁　也可以使用状态表，可以提供同样的信息，只是要使用表格的形式。

状态开始。toggle() 表示一个能够引起迁移[⊖]的事件，或方法调用。简单起见，这里没有显示行动。

基于状态的测试通过调用状态图中的方法，触发能导致软件在不同状态之间迁移的事件。测试因此可以验证正确的状态迁移是否发生，是否在执行正确的行动。

良好的测试设计策略会针对基于状态的测试，制定合适的测试覆盖准则：

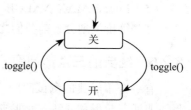

图 8.8　触摸控制的电灯的状态图

- 分段测试：测试一部分迁移。
- 测试所有迁移：测试每个迁移至少一次。
- 测试所有循环路径：测试起始和结束于同一个状态的所有路径。
- 测试 *M* 长的特征事件：通常来说，我们不可能直接按顺序地访问所有状态，以验证一个迁移是否已经正确发生。这种情况下，利用能够产生唯一输出集合的事件序列验证软件是否进入了预期的状态，是比较可行的策略。这些事件被称为特征事件。输出可能是能够引发状态迁移的方法的返回值，也可能是不在状态图中的、不能引发状态迁移的其他方法的返回值。这个策略能够测试最多 *M* 个迁移的所有特征事件。使用特征事件的弊端是会改变软件当前所处的状态，测试人员必须清楚这一点弊端。
- 测试整个 *n* 事件迁移序列：对于某个特殊值 *n* 来说，测试整个迁移序列。
- 穷尽测试：测试所有可能的迁移序列。

每个迁移都使用下面的方式进行说明：
- 一个起始状态。
- 一个能够引起迁移的事件：通常是一个函数，或方法调用。
- 守护信号（guard）：布尔表达式，此表达式为真时，才可以触发迁移。这个信号可以降低状态图的规模，因为允许同一个事件在不同的条件下，从同一个状态引发不同的迁移。
- 行动：迁移造成的结果。对软件来说，这些结果一般是应变化的数值（例如计数器结果）。这些结果还可是应该调用的方法，例如 turnBulbOn() 和 turnBulbOff()。
- 结束状态：迁移完成后软件应处的状态。

迁移应接受下面的测试：
- 验证软件处于测试要求的起始状态。
- 如果需要，设置数值，确保迁移的守护信号为真。
- 抛出事件，引发迁移。例如调用一个函数或方法。
- 验证软件现在位于测试预期的结束状态。
- 验证所有要求的行动都已发生。

基于状态的测试适用于所有在调用与调用之间应保持某种状态的软件。该方法对于面向对象的软件非常重要，因为在面向对象的软件中，所有的属性都代表某种状态，详见第 9 章。

⊖　为何会发生迁移其实不是状态图的一部分。本例中，硬件传感器可能感知到灯已经被触摸，于是软件调用了方法 toggle()。

8.2.8　浮点数

本书所有的示例都是基于整数的，如果是浮点数就要难处理很多。Java 中的浮点数（很多其他语言也一样）使用 IEEE 754 所要求的表达方式，这也是很多现代硬件支持的形式。与整数不同，浮点数有一个符号位，同时数据也不会溢出。我们最好将浮点数视为一个近似的表达：将一个很大的数值加上一个很小的数值，可能不会带来什么差异；两个大数之间的差可能会返回为 0.0，但其实这两个数字并不相等。很多分数和小数（例如 1/3 或 0.1）在浮点数中都不能精确地表示。例如，执行 Java 语句 System.out.printf("%19.17f",0.1f) 会得到输出 0.100 000 001 490 116 12，而不是预期的 0.100 000 000 000 000 00 ！

下面给出测试人员在进行与浮点数相关的测试时可能遇到的一些问题，以及我们的建议解决方案。

- 与常数做比较。如果将返回的浮点数与一个常浮点数进行比较，很可能会失败。因此，将返回的浮点数与一个规定了最大最小值的数值范围进行比较。例如，如果正确结果应该是六位小数，那么允许的范围可以是预期返回值 ± 0.000 000 5。如果软件没有规定精度，严格说来是不具备可测试性的。TestNG 提供了一些浮点数范围的断言。
- 边界值。给定一个数值，在 0.0 和 1.0 之间，小于 0.0 的等价类划分的边界值、大于 1.0 的等价类划分的边界值应该如何定义呢？对于前一个边界值，应该是 –0.1、–0.0001 还是 –0.000 000 000 1？对于后一个边界值，应该是 1.01、1.0001 还是 1.000 000 000 1？如果编程语言或库函数支持，测试人员可以借此找到刚好小于和刚好大于一个数的浮点数值。例如 Java 语言中，利用方法 Java.lang.Math.nextUp() 和 .nextAfter() 就可以得到测试人员想要的结果。
- 处理累计错误。因为不能精确地表示每一个浮点数字，所以将一个大浮点数加或减一个很小的浮点数的时候，使用浮点数的软件可能会出现累计错误。为了解决这个问题，软件必须规定最大可允许的误差，就像"与常数做比较"，这样可以提供对于正确输出的一个上下误差范围。
- 输入和输出转换。读写浮点数字的时候，很容易出现失误。例如，数值的可见类型（0.000 001 和 1.0000E–6）有可能因为数值而改变。因此测试人员一定要明白这些改变可能在什么地方发生，然后使用极大浮点数和极小浮点数测试软件输入和输出，确保能够正确处理这些数值。
- 特殊值。浮点数有一些特殊值，即 NaN（不是一个数值）、正无穷、负无穷。这些数值通常都是错误数值，应该位于特殊的输入等价类划分中。

我们建议软件测试人员阅读一些有关如何使用浮点数进行编程的标准，这有助于更好地实施浮点数相关的测试。

8.2.9　数值处理

本书示例集中在逻辑处理方面，一般不得出计算的结果。本节考虑数值处理，会返回数值计算的结果。在等价类划分和边界值分析测试中，对输入的等价类划分可以使用本书前面所讲的处理方式，但是对输出的等价类划分就需要做一些分析了。

现在我们来看一下方法 int add10(int x)，如果 x 的输入数值在 0 ～ 90 之间，该方法就会在输入数值上加 10，否则抛出 IllegalArgumentException 异常。输入 x 的等价类划分很好识别，如图 8.9 所示。

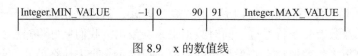

图 8.9　x 的数值线

我们可以使用在第 2 章中介绍的方法，获得 add10() 返回值的输出等价类划分，这需要测试人员如图 8.10 所示，进行一些计算。

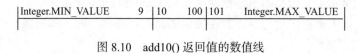

图 8.10　add10() 返回值的数值线

被测方法还有另外一个输出 IllegalArgumentException，我们将在 11.8 节进行介绍。

基于图 8.10 中的数值线，我们可以了解关于返回值的如下信息：

- 范围 [Integer.MIN_VALUE..9] 是不可能的，不会有输入能够生成在此范围内的输出。
- 当 x=0（最小合法数值）的时候，输出为 10。
- 当 x=90（最大合法数值）的时候，输出为 100。
- 范围 [101..Integer.MAX_VALUE] 是不可能的，不会有输入能够生成在此范围内的输出。

本例中，等价类划分和边界值如下所示：

- 输入 x：[Integer.MIN_VALUE..−1][0..90][101..Integer. MAX_VALUE]。
- 输出返回值：[10..100]。
- 输出异常：[IllegalArgumentException]。

如我们在 8.2.3 节中讨论的，返回值中可能产生重叠的等价类划分。浮点数返回值需要特别的分析，请见 8.2.8 节。有时候不太可能识别出输出等价类划分的所有的边界值。

8.3　白盒测试：其他技术介绍

本节讨论的技术，与语句覆盖和分支覆盖这类基础技术不同，较少在实践中使用。这主要是因为没有标准的工具能够统计这些技术的覆盖率。但是，与其他白盒技术一样，只要代码有变更，测试用例就可能不再有效，因此只有在软件已经通过了所有之前的测试，或者软件的质量要求非常高（例如航空航天或医疗设备行业的软件）的时候，才可能使用这些技术。

8.3.1　数据流覆盖（定义 − 使用对）

与我们讨论过的控制流路径技术不同，定义 − 使用对（DU 对）测试技术使用数据流作为覆盖率指标。为一个变量写一个值（定义），与后续读该变量（使用）之间的每一条路径，在测试中都需要执行。这样做的目的，是要验证程序中所有可能的数据流都是正确的。其针对的故障模型就是没有正确处理数据流。

每个可能的 DU 对就是一个 TCI。有些 DU 对不可执行，则不能成为 TCI。有了 TCI 就可以设计测试用例。测试人员需要仔细审查代码，选择合适的输入参数，触发 DU 路径的执行。与其他白盒测试一样，每个测试用例都可能覆盖若干 TCI。测试人员需要根据规范获取预期结果。如果直接根据代码获取预期结果很容易产生失误。

DU 对测试能够加深对程序中数据流的理解，但是获取测试数据是一件很耗时的工作。

强项

- DU 对测试是很强的测试形式。
- DU 对测试所生成的测试数据是需要在程序中操作的数据，而不是仅用于覆盖抽象的分支。

弱项

- 测试用例的数目可能非常庞大，最多可以达到 $\sum_{i=1}^{N} d_i \cdot u_i$，其中 d_i 是变量 i 的定义数目，u_i 是变量 i 的使用数目，N 是变量的数目（变量包括参数、局部变量和类的属性）。
- 在诸如 C 的语言中存在着对象引用、指针变量等，此时很难确定具体哪个变量被引用了。
- 如果是数组，很难确定数组中的哪个元素被引用了，解决办法是将整个数组视为一个变量。

8.3.2　条件覆盖

到此为止，我们已经使用了控制流路径和数据流路径作为覆盖准则。

对于白盒测试来说，另一种常见的覆盖准则，是能够导致一个判定结果为真或为假的布尔条件。复杂判定是由若干布尔条件构成的。条件覆盖（缩写为 CC）能够扩展判定覆盖，只要确保复杂判定里面的每一个布尔条件为真和为假时都受到了测试。注意，条件覆盖技术并未要求判定本身必须取值为真或为假。条件覆盖的故障模型，是对有些布尔条件的处理方式不正确。

条件覆盖的目标，是要让每个判定中每个布尔条件的取值都要为真、为假至少一次。但是在某些语言中，很可能因为前面布尔条件的取值已经确定了整个判定的结果，就不再判断后面布尔条件的取值了（短路求值），如果是这种情况，就可以忽略条件覆盖。源代码中每个判定中的每个布尔条件都有两个测试覆盖项：为真的输出和为假的输出。

设计测试用例时需要挑选测试输入数据，确保每一个判定中的每一个布尔条件都能取值为真和为假。这就需要测试人员仔细分析复杂的判定及其包含的布尔条件，然后选择输入参数，使得每个布尔条件能够产生为真或为假的输出。预期结果需要来自规范。

特别注意

有些语言，例如 Java，支持从左到右的求值和短路求值。这就意味着在一个判定中，基于前面条件的判断结果，可能不再会评估后面的条件。

例如，对于判定 (a||(b && c))：

- 如果 a 取值为真，那么不需要判断 b 和 c，结果也肯定为真。
- 如果 a 取值为假，b 也取值为假，那么不需要判断 c，结果也肯定为假。

条件覆盖和判定条件覆盖的标准定义并未考虑这种情况，但是测试人员必须考虑到。

强项

- 条件覆盖测试聚焦在布尔条件的输出上。

弱项

- 很难确定所需要的输入参数的数值。
- 不一定总能达到条件覆盖的要求。

8.3.3 判定覆盖

判定覆盖（通常简写为 DC）中，每个判定都应取值为真和为假至少一次。如果覆盖率统计工具将判定与分支识别为相同的结构（或使用了控制流图技术），则判定覆盖与分支覆盖等价。

8.3.4 判定条件覆盖

判定条件覆盖（缩写为 DCC）技术要求测试将每一个判定中的每一个原因至少覆盖一次（判定覆盖），同时每个布尔条件都要为真和为假至少一次（条件覆盖）。

每个判定有两个 TCI（为真的输出和为假的输出），每个判定中的每个布尔条件也有两个 TCI（为真的输出和为假的输出）。挑选测试数据时，应确保每个判定都能取值为真和为假，同时每个判定中的每个布尔条件也能取值为真和为假。这就要求测试人员审查代码中复杂的判定和布尔条件，然后选择合适的输入参数取值，触发每个判定及布尔条件产生所有可能的输出。但是在实践中，有些语言可能在前面的布尔条件已经确定判定的输出之后，不再判断后面的布尔条件，此时可以忽略判定条件覆盖的要求。

强项
- 判定条件覆盖能够提供比条件覆盖或判定覆盖更高的覆盖率。

弱项
- 尽管每个判定都被测试覆盖，每个布尔条件也被测试覆盖，但是不能保证布尔条件的每一种可能的组合都被测试覆盖。
- 很难确定所需要的输入参数数值。

如果覆盖率统计工具将布尔条件视为分支，则判定条件覆盖与分支覆盖等价。

8.3.5 条件组合覆盖

条件组合覆盖（缩写为 MCC）要求，测试应覆盖每个被测判定中布尔条件的所有可能组合。条件组合覆盖的目标是完全覆盖布尔条件的每一个组合（因此也可以达到100%的判定覆盖）。如果有些语言中，可能在前面的布尔条件已经确定判定输出之后，不再判断后面的布尔条件，那么可以忽略这一个要求。使用真值表是识别所有可能组合的最佳途径。条件组合覆盖技术所针对的故障模型就是软件没有正确处理某些布尔条件的组合。

每个布尔条件的组合就是一个 TCI。含 n 布尔条件的判定，有 2^n 个测试覆盖项（假设布尔条件都独立的），一个 TCI 对应一种布尔条件的组合。测试用例中的测试数据要保证能够覆盖每个判定中的每一种布尔条件的组合。这就要求测试人员审查代码中复杂的判定和布尔条件，然后选择合适的输入参数取值，触发产生每一种可能的组合情况。预期结果应来自规范。

特别注意
并不是所有的布尔条件组合都是可能的。尽管条件组合覆盖测试能够覆盖判定中每一个可能的布尔条件组合，但是不一定能够在程序执行过程中触发产生每一个可能的条件组合。

强项
- 条件组合覆盖能够测试到每个判定中的所有可能的布尔条件组合。

弱项
- 条件组合覆盖测试代价非常高：一个有 n 个布尔条件的判定，对应 2^n 个 TCI。

- 确认输入参数的数值可能非常困难。

8.3.6　修订的条件 / 判定覆盖

刚讲的条件组合覆盖可能会生成大量的测试用例。如果我们只考虑那些能够引起软件输出变化的条件组合，测试用例数据就可以减少。修订的条件 / 判定覆盖（缩写为 MC/DC）就是基于判定条件覆盖的[⊖]，但是增加了一个测试条件：需要验证每一个布尔条件变化对输出的独立影响。

每个判定都有两个 TCI（分别对应真和假的输出），每个判定中的每个布尔条件也有两个 TCI（分别对应真和假的输出）。另外，我们还要增加 TCI，反映那些能够独立影响输出的布尔条件变化。

现在来看方法 func(a,b)，如片段 8.2 所示。测试用例必须能够展示改变布尔条件 (a > 10) 和 (b == 0) 的取值如何独立影响输出的返回值。

片段 8.2　MC/DC 的复杂判定示例

```
1    int func(int a, int b) {
2       int x = 100;
3       if ( (a > 10) || (b == 0) ) then x = x/a;
4       return x;
5    }
```

测试人员必须审查代码中复杂的判定和布尔条件，然后选择合适的输入参数数值，以保证：

- 每个判定都能取值为真和为假。
- 每个判定中的每个布尔条件都能取值为真和为假。
- 改变每个布尔条件的取值之后，输出值会受影响。

我们以上面定义的方法 func(int a, int b) 为例：

- 输入数据为 (a = 50,b = 1) 时，预期结果为 2。
- 增加输入数据 (a = 5,b = 1)，预期结果为 100。这就显示了改变布尔条件 (a > 10) 对结果的独立影响。
- 增加输入数据 (a = 5,b = 0)，预期结果为 20。这就显示了改变布尔条件 (b == 0) 对结果的独立影响。

强项

- 修订的条件 / 判定覆盖比判定条件覆盖更强，比条件组合覆盖的测试用例数目更少。如果有 n 个布尔条件，则条件组合覆盖需要 2^n 个测试用例，修订的条件 / 判定覆盖最少需要 $n+1$ 个用例。
- 有报告显示，修订的条件 / 判定覆盖技术对于含复杂判定的代码（例如航空航天领域的软件）的测试非常有价值，尤其是判定中带有大量布尔条件时。
- 基于事件的软件很可能也带有复杂的判定，所以修订的条件 / 判定覆盖技术对于 GUI 和基于 Web 的软件也会很有价值。

⊖　K.J. Hayhurst, D.S. Veerhusen, J.J. Chilsenski, and L.K. Rierson. A practical tutorial on modified condition/decision coverage. Technical report. NASA, 2001.

弱项

- 修订的条件 / 判定覆盖没有条件组合覆盖那样充分。

8.3.7 测试分级

不是所有的测试技术都可以通过比较它们的有效性来直接进行对比，但是有些白盒测试技术是可以这样对比的。

图 8.11 所示为标准的测试技术对比分级，越靠近顶部的技术越强。这就意味着，上层技术可以提供大于或等于下层技术的覆盖率。然而实现较强的技术不可避免地需要更多的时间和成本。较强的测试技术能够包含较弱的测试技术，因为前者能够提供至少与后者相等级别的覆盖率。右侧箭头就代表了这种包含关系。

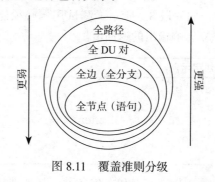

图 8.11　覆盖准则分级

8.4 基于修复的测试

不管在软件开发过程中的哪个阶段发现了故障，首要工作都是修复故障。在修复之后，通常需要设计附加的用例来验证故障已经得到正确修复。此时通常会组合使用黑盒测试技术和白盒测试技术。

一共有三种不同的测试级别：特定的测试、通用的测试和抽象的测试。

8.4.1 特定的修复性测试

特定的修复性测试要验证软件在修复后，输入特定的、可能引起失效的数据时，软件是否可以正常操作。修复性测试通常需要使用白盒测试技术，确认新的或修改后的代码能够生成正确的输出。

8.4.2 通用的修复性测试

修复性测试也需要使用其他的数据输入来实施测试，不仅是能够引起失效的输入数据。修复性测试需要分析引起失效的条件，然后设计黑盒测试用例覆盖这些条件。通用的修复性测试的目的，是验证软件在面对其他的数据输入时，仍然可以正常操作。

8.4.3 抽象的修复性测试

为了尽可能发现更多的故障，将故障抽象处理是很有用的方法。我们可以增加黑盒测试用例，在代码中寻找类似的程序员失误，进而发现更多类似的故障。如果故障带有标志性的特征（通常是复制粘贴操作造成的），就可以在类似代码中找到相似的故障。

8.4.4 示例

考虑一个程序，该程序在某个时刻必须在数据列表中搜索特定条目。数据保存在一个链表中，由于程序员的错误，代码永远找不到列表中倒数第二个条目。此故障最终会导致产生一个影响用户使用的软件失效。可以通过复现用户的使用条件并调试代码来定位故障，并重写处理链表的方法中的一行代码以修复故障。

验证修复时，应该设计白盒单元测试用例来执行新的代码行。这样做可以验证修复之后的方法面对以前造成失效的数据能否生成正确的结果。然后使用黑盒单元测试用例确保对于不同的测试输入，能够在链表中找到倒数第二个条目。接着使用系统测试用例来验证，包括链表中倒数第二个条目这种很重要的数据在内的整个系统，现在是否都可以正确工作了。

最后，还需要附加单元测试或系统测试来验证，对于任意其他链表或程序中的数据集合，倒数第二个条目都能够被正确处理。

8.4.5 使用基于修复的测试

这些附加的测试必须在修复完成后立即执行予以验证。我们也可以将这些测试作为标准测试的附加要求，保证故障不会再次出现，而且也可以保证开发人员不会错误地使用前一个版本的代码。

在发布一个软件产品之前，可以通过重新单独执行基于修复的测试，降低修复故障带来的风险。

第 9 章

Essentials of Software Testing

测试面向对象的软件

我们在第 2 ～ 7 章讨论的白盒和黑盒单元测试技术都是针对单独一个静态方法的，因此设计测试的时候不会考虑由类和对象带来的复杂性问题。同样的测试技术也可以应用于测试一个类中的实例方法⊖，此时单元测试的对象就是一个类。

9.1 在类的上下文中测试

一般来说，方法之间需要交互，因此很难单独测试方法，需要在它们更宽泛的类继承上下文中进行测试。方法之间通过类属性进行交互。

一般来说，必须首先调用 setter 方法来初始化被测方法需要的各种属性，然后调用被测方法本身，传递所需要的输入参数。测试人员必须验证方法的返回值，然后调用 getter 方法来验证被测方法对属性的任何改变。故而，测试人员必须测试若干方法之间的交互，而不是单个方法的操作。setter 和 getter 是否属于良好的面向对象设计，是见仁见智的问题，但是测试人员必须知道如何访问属性。

本章我们讨论设计针对类上下文的测试时遇到的一些关键问题。测试数据可以来自测试前期已经完成的黑盒测试或白盒测试。我们本章先给出一个示例，然后在 9.4 节更加详细地讨论面向对象的测试。

9.2 示例

SpaceOrder 类能够处理预定一个仓库中特定大小空间的订单。其中的关键方法就是 acceptOrder()，该方法可以决定是否接受某个空间订单。一般来说，所有订单要求的空间大小都应该位于某个指定的最小空间大小和最大空间大小之间。然而，对于特殊顾客来说，订单要求的空间大小也可以小于最小空间大小要求。

我们使用等价类划分技术来演示这个示例的分析过程。其他白盒测试方法和黑盒测试方法的分析和设计过程与之相同，不过之后要使用这些黑盒测试方法和白盒测试方法生成的特定数据值。

我们在这里使用 UML 类图来定义类中的方法和属性，见图 9.1。

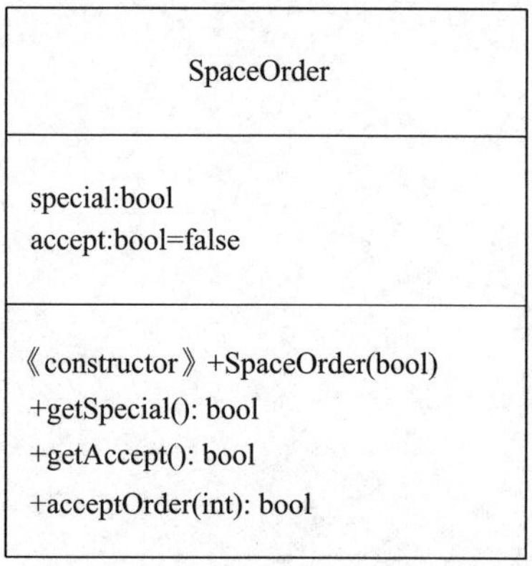

我们假设读者能够理解 UML 标识，不过为了方便，此处将类图解释如下：

- 上面的框显示类的名字 SpaceOrder。
- 中间的框显示属性：

SpaceOrder
special:bool accept:bool=false
《constructor》+SpaceOrder(bool) +getSpecial(): bool +getAccept(): bool +acceptOrder(int): bool

图 9.1 SpaceOrder 类的类图

⊖ 非静态方法。

■ special，是布尔型；

■ accept，是布尔型，初始值为 false。

● 下面的框显示方法：

■ 公共构造函数 SpaceOrder()，带有一个布尔型参数；

■ 公共方法 getSpecial()，没有参数，返回值为布尔型；

■ 公共方法 getAccept ()，没有参数，返回值为布尔型；

■ 公共方法 acceptOrder ()，带有一个整数参数，返回值为布尔型。

列表 9.1 为该方法的源代码。

列表 9.1   SpaceOrder 类

```
1   public class SpaceOrder {
2
3     protected boolean special;
4     protected boolean accept = false;
5
6     public SpaceOrder(boolean isSpecial) {
7       special = isSpecial;
8     }
9
10    public boolean getSpecial() {
11      return this.special;
12    }
13
14    public boolean acceptOrder(int space) {
15      boolean status = true;
16      this.accept = false;
17      if (space <= 0)
18        status = false;
19      else if (space <= 1024 && (space >= 16 || this.special))
20        this.accept = true;
21      return status;
22    }
23
24    public boolean getAccept() {
25      return this.accept;
26    }
27
28  }
```

上述方法的定义如下：

（1）void example.SpaceOrder(boolean isSpecial)，是构造方法。

参数：

● isSpecial，用于规定此 SpaceOrder 是否 special。

（2）boolean example.SpaceOrder.getSpecial()。

返回值：

● special 的数值。

（3）boolean example.SpaceOrder.acceptOrder(int space)，确认是否可以接受仓库空间订单。对于合法的输入数据，如果接受订单，则将 accept 设置为 true，否则设置为 false。对于非法的输入数据（数值越界），将 accept 设置为 false。

● 满足以下条件可以接受订单：

对于所有的订单，其要求的空间大小不能大于最大空间大小（1024m^2）；

对于标准订单，其要求的空间大小必须至少为最小空间大小（16m^2），如果是特殊订单则没有该限制。

参数：

- space，表示订单中要求的空间大小，以 m^2 为单位（必须大于 0）。

返回值：

- 如果输入数据合法，而且已经设置 accept 属性（或者为 true，或者为 false），则返回值为 true，否则为 false。

（4）boolean example.SpaceOrder.getAccept()。

返回值：

- accept 的数值（表示是否接受 SpaceOrder）。

9.2.1 分析

本书前面所讲的单元测试都是针对一个单独的静态方法，例如第 2～7 章中用到的 giveDiscount()。在一个类中则可能包含很多方法，测试人员必须决定哪些方法需要测试。

9.2.2 确定被测方法

从软件测试角度来看，有五种不同类型的方法。以类 SpaceOrder 为例，我们逐一进行分析。

第一种是静态方法，本例中不涉及。

第二种是构造方法，这种方法需要测试，以确保属性初始化正确。本例中的构造方法是 SpaceOrder(boolean)。

第三种是访问方法（getter 和 setter），一般来说，如果这两个方法是人工编写的，而且包括多条赋值语句（setter）或返回语句（getter），就需要测试这两个方法。不过示例类很小，通过代码审查$^\ominus$就可以验证 getter 和 setter 的正确性，因此我们在这里不再测试方法 getAccept() 和 getSpecial()。

第四种是没有类交互的方法（不涉及对任何类属性的读写操作），这种方法不需要测试。如果有这类方法，使用第 2～7 章提到的非面向对象的测试方法单独测试即可。

第五种是带有类交互的方法（涉及对类属性的读写操作），我们将测试所有这种方法。本例中带有类交互的方法是 acceptOrder(int)。

9.2.3 选择一种测试技术

现在我们必须决定使用哪一种测试技术来选择测试数据。简单起见，我们在本例中演示等价类划分测试技术。如果使用边界值分析和判定表技术，策略是完全相同的。对于语句覆盖和分支覆盖技术，也是类似的过程。

我们在这里只给出分析的结果，没有给出中间结果。如何获取自然范围、数值线和等价类划分，详见第 2 章。

构造方法和初始化

我们首先识别由构造方法以及类的初始化操作设置的属性值，如表 9.1 所示。被测类只有一个构造函数，该函数设置了 special 属性的值。UML 类图规定属性 accept 的初始值为 false。

$\ominus$ 本策略稍有风险，因为就算是一条单独的赋值语句或返回语句也可能存在故障。

表 9.1　构造方法和初始化操作设置的属性值

	属性	值
SpaceOrder(x: bool)	special	true 或 false（传递给构造方法的值）
	accept	false（在类图中规定）

访问方法

此处我们不再测试 getter 和 setter 方法。但是有些属性只能通过它们的 setter 和 getter 访问，因此为每个属性识别这两个方法是很重要的。表 9.2 列出了 getter 和 setter 方法。

表 9.2　访问方法

属性	getter	setter
special	getSpecial()	–
accept	getAccept()	–

acceptOrder() 方法会读写属性 special 和 accept，但是不视它为单纯的 getter 或 setter 方法，因为它还负责其他的处理。

其他方法

本例中没有不带类交互的方法，只有一个带有类交互的方法。表 9.3 展示了这个方法，其中列出了它读写的属性。

表 9.3　其他方法

方法	读	写
acceptOrder(int)	special	accept

等价类划分

使用我们在第 2 章讲解的技术，可以分析出每个方法所需的输入和输出。此处我们不再展示所有的步骤，只显示结果（可以参考第 2 章获取更多细节）。

一个方法的输入和输出都可能是显式的，或者隐式的：

- 显式的输入就是传递给方法的参数；
- 隐式的输入就是被方法读取的属性；
- 显示的输出就是方法的返回值，或抛出的异常；
- 隐式的输出就是被方法写入的属性。

为达到全等价类划分覆盖，所有这些隐式的和显式的输入、输出都需要被测试用例覆盖。唯一值得关注（需要分析）的是传递给方法 acceptOrder() 的参数 space 的数值线，如图 9.2 所示。其他参数都是布尔型的，不需要更多的分析就可以识别出它们的等价类划分。

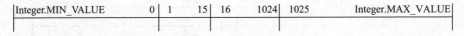

| Integer.MIN_VALUE | 0 | 1 | 15 | 16 | 1024 | 1025 | Integer.MAX_VALUE |

图 9.2　space 的数值线

所有被测方法的输入和输出的等价类划分，如表 9.4 所示。

表 9.4　SpaceOrder 类的面向对象的等价类划分

方法	名称	等价类划分
	isSpecial	true

（续）

方法	名称	等价类划分
SpaceOrder()	special	false
		true
		false
	accept	false
acceptOrder()	space	(*) Integer.MIN_VALUE..0
		1..15
		16..1024
		1025..Integer.MAX_VALUE
	special	true
		false
	accept	true
		false
	return value	true
		false

如同我们在前面章节所讨论的，星号（*）表示输入的错误等价类划分。如果一个方法具有唯一的名字，那么直接使用该方法的名字[⊖]即可。如果某个属性既是一个方法的输入也是该方法的输出，那么输入和输出的等价类划分要分别列出，不过本例中不需要如此操作。

9.2.4 测试覆盖项

每个方法的每个参数的每一个等价类划分都是一个测试覆盖项，如表 9.5 所示。输入的错误覆盖项前面带有"*"。

表 9.5　SpaceOrder 类的面向对象的等价类划分 TCI

TCI	方法	名称	等价类划分	测试用例
EP1	SpaceOrder()	isSpecial	true	待补充
EP2			false	
EP3		special	true	
EP4			false	
EP5		accept	false	
EP6*	acceptOrder()	space	Integer.MIN_VALUE..0	
EP7			1..15	
EP8			16..1024	
EP9			1025..Integer.MAX_VALUE	
EP10		special	true	
EP11			false	
EP12		accept	true	
EP13			false	
EP14		return value	true	
EP15			false	

⊖　如果存在多个同名方法，则需要写全方法名，包括参数列表，以便区分每个方法。

9.2.5　测试用例

表 9.6 所示为从每个等价类划分中选取的值。

表 9.6　选取的面向对象的等价类划分数据值

方法	名称	等价类划分	值
acceptOrder()	space	Integer.MIN_VALUE..0	−5000
		1..15	7
		16..1024	504
		1025..Integer.MAX_VALUE	5000

现在我们可以设计测试用例了。在设计面向对象的测试用例时，与第 2～7 章明显不同的是，在面向对象的测试中，就算只是测试单个方法，也需要同时调用多个方法，而且还必须使用正确的顺序调用，否则测试就不能执行[⊖]。

表 9.7 中展示了测试用例 T1 所需要的方法调用序列。每个调用的测试数据中都包括输入参数和预期返回值。一般来说，测试人员应该先设计构造方法的测试用例，然后设计访问方法的测试用例，最后设计其他被测方法的测试用例。将 TCI 与被测方法显示在同一行，能让审查测试用例的工作更容易些。

表 9.7　测试用例 T1 的等价类划分

ID	被覆盖的 TCI	输入	预期结果
T1	EP1	new SpaceOrder(true)	
	EP3	getSpecial()	true
	EP5	getAccept()	false

测试用例 T1 的设计过程如下所示：
- 第 1 行，调用构造方法，生成一个类 SpaceOrder 的实例，将数值 true（EP1）设置为输入。构造函数没有返回值。
- 第 2 行，调用 getSpecial()，返回属性 special 的数值。在正常情况下，该数值已经被构造方法设置为 true，因此预期返回值为 true（EP3）。
- 第 3 行，调用 getAccept()，返回属性 accept 的数值。根据规范可知，属性 accept 在初始化时默认设置为 false，因此预期返回值就是 false（EP5）。

我们可以使用类似的方式，完成其他的测试用例。表 9.8 所示为全部的测试用例集。在第 2～7 章我们讲过，最好使用系统化的方法完成这项工作，尽量按顺序覆盖测试覆盖项，避免不必要的重复，最后再覆盖针对错误输入的 TCI。

表 9.8　等价类划分的测试用例

ID	被覆盖的 TCI	输入	预期结果
T1	EP1	new SpaceOrder(true)	
	EP3	getSpecial()	true
	EP5	getAccept()	false
T2	EP2	new SpaceOrder(false)	
	EP4	getSpecial()	false

⊖ 不是所有的教科书都会在设计面向对象的测试用例时，采用这样详细的方式，但是我们还是建议读者尽可能采用我们使用的方法。否则，在实现测试用例的时候，测试人员就需要对被测方法重新进行分析和排序。

（续）

ID	被覆盖的 TCI	输入	预期结果
T3	[EP1]	new SpaceOrder(true)	
	EP7,10,14	acceptOrder(7)	true
	EP12	getAccept()	true
T4	[EP2]	new SpaceOrder(false)	
	EP8,11,[14]	acceptOrder(504)	true
	[EP12]	getAccept()	true
T5	[EP2]	new SpaceOrder(false)	
	EP9,[10,14]	acceptOrder(5000)	true
	EP13	getAccept()	false
T6	[EP2]	new SpaceOrder(false)	
	EP6*,15	acceptOrder(–5000)	false
	[EP13]	getAccept()	false

我们可以使用每个被测方法对应的 TCI 的最大数目，确认预期测试用例的最小数目：构造方法最多需要 2 个测试用例（基于 isSpecial），acceptOrder() 最多需要 4 个测试用例（基于 space），所以预期最小测试用例的数目是 6。

9.2.6 验证测试用例

就像黑盒测试和白盒测试，验证工作需要两个步骤：首先完成 TCI 表，然后审查工作成果。

完成 TCI 表

现在我们可以完成 TCI 表中的测试用例列，见表 9.9。我们可以通过读取表 9.8 中每一个测试用例，来完成 TCI 表。

表 9.9　完成后的 TCI 表

TCI	方法	名称	等价类划分	测试用例
EP1	SpaceOrder()	isSpecial	true	T1
EP2			false	T2
EP3		special	true	T1
EP4			false	T2
EP5		accept	false	T1
EP6*	acceptOrder()	space	Integer.MIN_VALUE..0	T6
EP7			1..15	T3
EP8			16..1024	T4
EP9			1025..Integer.MAX_VALUE	T5
EP10		special	true	T3
EP11			false	T4
EP12		accept	true	T3
EP13			false	T5
EP14		return value	true	T3
EP15			false	T6

审查工作成果

前面章节我们讲过，审查的目的是确保全部 TCI 都已被覆盖，也没有不必要的冗余测试用例。

本例中，从表 9.9 可见，每个 TCI 都已被覆盖，而从表 9.8 可见，每个测试用例都覆盖了不同的 TCI（没有冗余测试用例）。

9.3   测试实现和测试结果

9.3.1   测试实现

针对类 SpaceOrder 里面的方法，进行在类上下文中的等价类划分测试的代码实现，如列表 9.2 所示。

列表 9.2   SpaceOrder 类的等价类划分测试实现代码

```
1   public class SpaceOrderTest {
2
3       @DataProvider(name = "constructorData")
4       public Object[][] getConstructorData() {
5           return new Object[][] {
6               //          TID isSpecial, e_special,
                            e_accept
7               {"SpaceOrderTest T1", true,  true,  false},
8               {"SpaceOrderTest T2", false, false, false},
9           };
10      }
11
12      @Test(dataProvider = "constructorData")
13      public void testConstructor(String tid, boolean
            isSpecial, boolean expectedSpecial, boolean
            expectedAccept) {
14          SpaceOrder o = new SpaceOrder(isSpecial);
15          assertEquals( o.getSpecial(), expectedSpecial );
16          assertEquals( o.getAccept(), expectedAccept );
17      }
18
19      @DataProvider(name = "acceptOrderData")
20      public Object[][] getAcceptOrderData() {
21          return new Object[][] {
22              //          TID  special, space, e_rv
                        e_accept
23              { "SpaceOrderTest T3", true, 7, true,
                    true},
24              { "SpaceOrderTest T4", false, 504, true,
                    true},
25              { "SpaceOrderTest T5", false, 5000, true,
                    false},
26              { "SpaceOrderTest T6", false, -5000, false,
                    false},
27          };
28      }
29
30      @Test(dataProvider = "acceptOrderData", dependsOnMethods
            = {"testConstructor"})
31      public void testAcceptOrder(String tid, boolean special,
32              int sqm, boolean expectedReturn, boolean
                    expectedAccept) {
33          SpaceOrder o = new SpaceOrder(special);
34          assertEquals( o.acceptOrder(sqm), expectedReturn );
35          assertEquals( o.getAccept(), expectedAccept );
36      }
37
38  }
```

请注意测试代码中的以下内容：

- 第 12 ～ 17 行的方法 testConstructor，使用了参数化的数据来实现测试用例 T1 和 T2。我们通过第 3 ～ 10 行定义的数据提供器 constructorData 来生成这些数据。
- 第 30 ～ 36 行的方法 testAcceptOrder()，使用了参数化的数据来实现测试用例 T3 ～ T6。我们通过第 19 ～ 28 行定义的数据提供器 acceptOrderData 来生成这些数据。该测试方法依赖于方法 testConstructor，后者可以迫使构造器测试先行执行⊖。
- 按照测试用例的要求，测试代码只调用一次被测方法。这样一来就可以较容易地审查测试代码，如果测试失败，调试也较为容易。

9.3.2　测试结果

针对 SpaceOrder 类执行所有测试的结果，见图 9.3。所有测试都通过。

```
PASSED: testConstructor("SpaceOrderTest T1", true, true, false)
PASSED: testConstructor("SpaceOrderTest T2", false, false, false)
PASSED: testAcceptOrder("SpaceOrderTest T3", true, 7, true, true)
PASSED: testAcceptOrder("SpaceOrderTest T4", false, 504, true, true)
PASSED: testAcceptOrder("SpaceOrderTest T5", false, 5000, true, false)
PASSED: testAcceptOrder("SpaceOrderTest T6", false, -5000, false, false
    )
===============================================
Command line suite
Total tests run: 6, Passes: 6, Failures: 0, Skips: 0
===============================================
```

图 9.3　SpaceOrder 类的等价类划分测试结果

9.4　面向对象测试的细节

本节我们首先讨论面向对象的编程以及面向对象的软件运行的环境。然后讨论面向对象测试的故障模型，接着我们继续讨论 9.2 节中演示过的测试。最后，我们归纳几种其他的面向对象的测试技术。

9.4.1　面向对象的编程

我们可以将面向对象的编程定义为：使用类、继承和消息进行编程的技术。类是一个包裹器（wrapper），能够将数据（属性）及其相关的代码（方法）封装在一起。继承（inheritance）可以提供代码重用的机制，尤其便于用代码实现一些通用特性。消息（或方法调用）能够为某个对象提供接口。

类是面向对象编程的基础，其中包含一组属性和方法。通常来说，属性对于外部访问是隐藏的，只能通过方法进行访问，这种机制称为数据封装。类与其他类也有关系，它们可以从其他类继承属性和方法，还可以调用其他类中对象的方法。

图 9.4 总结了方法运行的环境。方法的输入可以是显式的输入或传递给方法调用的参数，输出则可以是显式的输出或者方法调用的返回值。公有方法都位于类的边界，在类的外部也可以访问。私有方法和私有属性则隐藏在类的内部⊜，不能从类的外部访问，测试人员也

⊖　第 11 章会描述这个属性。

⊜　在 Java 中很少使用公有属性。

不能使用或访问这些私有方法和属性。图 9.4 中重要的特性包括：

- 只用于为某个属性设置数值的方法，称之为 setter，标记为 S。
- 只用于获取某个属性数值的方法，称之为 getter，标记为 G。
- 出于测试目的，在图中没有标识 getter 和 setter 以外的方法。这些方法会被传入输入参数，可能读一些属性作为输入，做一些处理，调用公有和私有方法，写一些属性作为输出，将返回值作为输出，或者抛出一个异常作为输出。测试人员可以调用公共方法，私有方法只能在类内部被调用。
- 类可能与其他类有所关联，如类之间可能有继承关系，一个类可能会重用另一个类的所有代码（is-a 关系，也称为通用化 / 特殊化关系）；类之间还会有聚合（aggregation）关系，一个类包含其他类的组合（has-a 关系）。

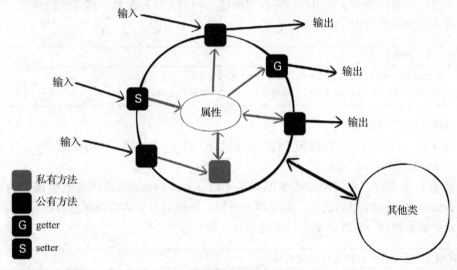

图 9.4　面向对象的执行模式

9.4.2　面向对象的软件测试

面向对象的测试，是一个庞大而复杂的领域[⊖]，更多有关此话题的内容请见 14.3 节。

本章讨论能够适用于所有面向对象的测试的核心测试技术：在类的上下文中进行测试。在被测代码所在类的内部，数据是受保护的，不能从外部访问这些数据，方法之间则通过属性进行交互。

9.4.3　故障模型

面向对象的特性，本意是要提高代码质量，支持代码重用。但是这个概念很复杂，除了常见的软件相关的故障模型以外，面向对象的技术还有其专属的故障模型。

类方面，在方法调用之间，对象能保持其属性的数值（更正式的说法是对象的状态）不变。很多情况下，是否使用正确的顺序调用方法，对于是否完成了正确的操作，是至关重要的。一般来说，能够确保调用顺序正确的代码，分散在很多方法中。这就带来了我们称之为状态控制故障的风险，也就是说在某种特定的状态下对象可能会不正确地操作（见 8.2.7 节）。

⊖　Binder 所著的 *Testing Object Oriented Systems* 一书可能是最详细的参考书。

继承方面，继承能够在对象和不同的类、接口[a]之间完成绑定。一般在运行时执行动态绑定，由 Java VM 决定使用哪一个被重载的方法。复杂的继承结构，或者对 Java 中继承机制的理解不足，都可能导致很多故障，例如绑定不正确或者错误理解了使用方式。

消息方面，编程员在调用方法时的编程错误，即传递了错误的参数，或者虽然参数正确但调用顺序混乱，是程序化语言编程中首要引起故障的原因。面向对象的程序中会有很多较短的方法，因此更容易发生这些接口[b]类的故障。

9.4.4 在类的上下文中执行测试

一个类中的方法必须在该类所定义的其他方法的上下文中接受测试。这一点是面向对象测试的核心要素，因为所有的方法都是在类的上下文中执行的。本书前几章详细讨论了针对静态方法的传统测试模型，其中我们将所有的输入视为方法的参数，然后返回结果。

传统单元测试结构如片段 9.1 所示。

片段 9.1　传统测试

```
1    actual_result = Classname.method( p1, p2, p3 );
2    check_equals( actual_result, expected_results );
```

测试操作非常简单。
- 第 1 行，使用测试输入数据（此处以 p1、p2 和 p3 为示例）调用被测方法，返回值存入临时变量 actual_result。
- 接着在第 2 行，将被测方法返回的实际值 actual_result 与测试规范中规定的预期值 expected_results 进行比较。如果两者相同，测试通过，否则测试失败。

实践中通常使用一行代码来实现上述过程，如片段 9.2 所示。

片段 9.2　显示在一行的传统测试代码

```
1    check_equals( Classname.method( p1, p2, p3 ),
            expected_results );
```

在面向对象的环境中测试软件，首先应先创建一个对象（被测类的一个实例）。当我们调用一个方法的时候，该方法的部分或全部输入或输出可能是属性，而非显式传递过来的参数或返回值。本例中，我们还需要先行调用其他的方法（setter）来设置一些输入值，然后调用一些方法（getter）获取输出数值。

典型的面向对象的单元测试结构，如片段 9.3 所示。我们将这个测试结构称为在类的上下文中测试。请注意，可将这个过程与片段 9.1 显示的传统测试相对比。

片段 9.3　在类的上下文中测试

```
1    object = new Classname( p1 );
2    object.setParameter2( p2 );
3    actual_status = object.method_under_test( p3 );
4    check_equals( actual_status, expected_status );
5    actual_result = object.get_result();
6    check_equals( actual_result, expected_results );
```
---

[a] 这是指 Java 接口，用更通用的术语来描述，就是一个抽象类。
[b] 此处的接口指一个 API，或者对一个方法调用所用参数的定义，不是 Java 接口。

变量 p1、p2 和 p3 与在传统测试中直接传递给被测方法的参数相同，actual_result 也与传统测试中的相同。但是这个测试的操作要复杂得多，还存在一些小技巧：

- 在第 1 行，使用数值 p1 调用构造方法，创建对象。数值存储在私有属性 paramP1 中（程序片段中未显示）。
- 在第 2 行，设置数值 p2。同样，该数值存储在内部属性 paramP2 中。
- 在第 3 行，使用数值 p3 调用被测方法。方法 method_under_test() 使用属性 paramP1 和属性 paramP2，还有参数 p3 作为输入。被测方法返回一个布尔数值，显示方法是否成功执行。方法的返回结果存储在私有属性 theResult 中。返回的状态存储在变量 actual_status 中。
- 在第 4 行，将实际状态值和预期状态值进行比较，如果两者相同，测试继续，否则测试失败。
- 在第 5 行，使用 getter 方法 get_result() 获取属性 theResult 的值，这是实际结果。
- 在第 6 行，将实际结果与预期结果进行比较，如果相同则测试通过，否则测试失败。

上述过程演示了面向对象的测试代码对类上下文中的输入和输出进行的一些其他设置。所有本书提到的传统黑盒和白盒测试技术都可以用于测试类上下文中的方法，这些技术有等价类划分、边界值分析、判定表、语句覆盖测试、分支覆盖测试和全路径覆盖测试。测试条件都是相同的，关键的区别体现在分析、测试用例和测试实现环节，这些环节需要将类的上下文纳入考虑。

9.4.5　分析面向对象的测试

测试分析分为三部分。第一部分是决定被测方法的范围。第二部分是分析类及其接口。第三部分与传统测试技术相同，是分析测试规范（有可能是代码），使用适当的测试设计技术识别 TCI。

9.4.6　测试覆盖项

测试人员利用测试分析的结果，使用适当的测试设计技术识别 TCI。

9.4.7　测试用例

在设计测试用例的时候，测试人员不仅需要考虑使用哪些数据，还需要考虑调用方法的顺序。这部分工作可以留在测试实现的时候完成，在实现测试代码的时候，一定要确认清楚被调用的被测方法，因为不同的方法在不同的使用环境中可能会使用相同的参数名字，而且调用方法的顺序对测试数据的选取也是有影响的。

就像在 9.2.2 节的示例中展示的，测试用例的设计过程如下所述。

（1）静态方法：不依赖于构造方法。通常来说静态方法是独立的，但若它们通过静态属性进行交互，因此应该视它们为和其他方法一起在类中的上下文中。

（2）构造方法：包括默认的构造方法。请注意，需要在其他对象已经完成初始化之后才能调用构造方法。

（3）简单方法：不使用类属性的简单方法。

（4）访问方法（getter 和 setter）：如果需要测试这种方法，就纳入考虑。

（5）其他方法：使用类属性的方法。

虽然可能需要调用若干被测方法的支撑方法，但我们仍然建议为每个测试用例限定一个主要的被测方法。这样在测试用例的审查中，会更容易发现测试完整性和调用顺序是否正确方面的问题[⊖]。

只要输入错误是针对不同方法的，而且不会造成错误隐藏，就不强制要求每个输入错误都必须有一个单独的测试用例与之对应，这一点与等价类划分测试技术的要求不同。

9.4.8　测试实现

在面向对象的测试中，有两种类型的测试方法：一种是可以任何顺序执行的方法，一种是需要其他方法前置运行的方法。在此处的示例中，测试方法为每一个测试用例创建一个类的新实例，因此可以任意顺序运行（见第 11 章，了解如何使用测试优先级或测试依赖关系来强制某一种特定的顺序）。如果一个测试用例依赖于另一个测试的前置运行，那么要么这两个测试用例必须在同一个测试中按规定的顺序运行，要么就要使用测试依赖关系来保证运行顺序。

一旦确定测试用例的定义，测试实现就是顺理成章的过程了。

9.4.9　高级面向对象测试概述

有很多面向对象的测试技术，我们后续会进行总结。14.3 节我们提供了一些扩展阅读和推荐的技术，供面向对象的测试人员参考。

本章一开始展示的一些测试形式，可以称为在类的上下文中进行的传统测试。与故障模型相对应，本节总结了两种其他形式的面向对象的测试技术：继承测试和基于状态的测试。继承测试首先是一个测试自动化的问题：在一个类（子类）上如何运行针对另一个类设计的测试用例，这个问题我们会在第 11 章进行详细讨论。基于状态的测试可验证面对某种输入序列，软件的行为是否正确，通常会用到 UML 的状态图。

9.4.10　继承测试

继承测试主要针对与继承操作相关的故障模型。继承测试的目的是验证在一个继承层次关系中，类的行为是否正确。继承测试的一个简单形式，旨在验证一个被继承的超类在其子类的上下文中，能否仍正确工作。我们可以将其扩展为，确保整个继承树中所有的方法都能否正确地工作。

Liskov 替换理论

不是所有的子类都被设计为完全支持其超类的行为的。那些不支持的子类被称为不是 Liskov 可替换的[⊜]。对于继承测试来说：

- 如果一个子类是完全可替换的，那么不管其超类有何功能，子类都是完全支持的。很多时候子类可能具有更多的特性。验证继承特性时，超类的测试用例也要在每个子类上执行，这样可以验证子类能否在超类的上下文中正常工作。
- 如果一个子类不是完全可替换的，那么超类的测试用例可能只有一部分（也可能一个都没有）能在子类继承测试上重用。此时必须进行测试分析，选择适用的测试用例。因为标准的 UML 类图不会说明某个子类是否为完全可替换的，所以测试分析工作会很有难度。

⊖　在实现测试代码时，可以将多个测试用例压缩成一个单独的测试方法，以提高性能。

⊜　见 B.H. Liskov and J.M. Wing 的 A behavioral notion of subtyping。

- 不管哪种情况，都需要增加测试用例以验证子类工作的正确性。

一旦选择了需要运行的测试用例，继承测试就是一个测试自动化的问题了，请见 11.9 节获取更多细节。

9.4.11 基于状态的测试

基于状态的测试特别针对与类的封装 / 状态相关的故障模型。基于状态的测试的目的是验证某个类在其状态规范（例如，UML 状态图）方面的行为是正确的。状态图包含状态，以及状态之间的迁移。基于状态的测试旨在验证软件能否在状态之间进行正确迁移。有三种简单的测试策略：

- 全迁移：每个迁移至少被验证一次。
- 全点对点路径：每一条从起始状态到结束状态的路径都被至少验证一次。如果没有结束状态（这种情况在状态图中很常见），那么每一条从起始状态到每一个终点状态[⊖]之间的路径都被至少验证一次。
- 全回路：每一条起始状态和结束状态相同的路径必须被至少验证一次。

每一个迁移都对应一个能够引发该迁移的事件，以及一个后续应该产生的行为（事件 – 行为对）。要验证一个迁移的操作是否正确，需要：

- 验证软件是否处于正确的起始状态，这一点已经通过验证前一个迁移完成了；
- 产生特定的事件，例如使用正确的参数值调用某个方法；
- 验证后续的行为是否正确产生；
- 验证软件是否处于正确的结束状态。

很难完全检查某个对象是否处于正确的状态，或者是否产生了正确的行为[⊖]。此时，测试人员可以只执行部分检查。

SpaceOrder 类的状态图如图 9.5 所示。图 9.5 中，有两个显式的状态和三个显式的迁移，还有四个隐式的迁移没有表现出来。这些隐式的迁移是图中未显示的方法调用，它们可以触发返回至同一状态的迁移，且不产生相关的行为。本例中，在两个状态中调用 getSpecial() 和 getAccept() 的结果就没有显示出来，因此隐含需求就是它们没有后续操作。我们需要测试所有的迁移，对每个迁移都应进行编号以便于后续引用，如表 9.10 所示。

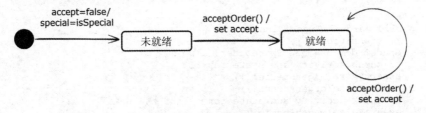

图 9.5　SpaceOrder 类的状态图

表 9.10　SpaceOrder 类的迁移

编号	开始状态	事件	结束状态
1	开始	构造方法	未就绪
2	未就绪	getSpecial()	未就绪

⊖ 终点状态就是不存在能够到达另一个状态的迁移的状态。

⊖ 这是可测试性设计（DFT）问题，如果设计者将可测试性考虑在内，那么带有基于状态的行为的类更易测试。

（续）

编号	开始状态	事件	结束状态
3	未就绪	getAccept()	未就绪
4	未就绪	acceptOrder()	就绪
5	就绪	getSpecial()	就绪
6	就绪	getAccept()	就绪
7	就绪	acceptOrder()	就绪

状态图的重要性就在于：在未就绪的状态里调用 getAccept() 不会产生合法的结果，因为没有调用方法 acceptOrder()。

使用全迁移策略会产生七个 TCI，每个迁移对应一个 TCI。验证状态迁移是否正确发生，需要进行以下工作：

- 测试人员很难完全验证软件是否处于未就绪状态，不过我们可以令方法 getAccept() 返回 false，令 getSpecial() 返回 isSpecial 的给定值进行部分检查。
- 测试人员可以验证软件是否处于就绪状态的情况：acceptOrder() 调用 getAccept()（其返回值应为 true）和 getSpecial()（其返回值应为 isSpecial 的给定值）将 accept 设置为了 true。
- 测试人员不可以验证软件是否处于就绪状态的情况：acceptOrder() 将 accept 设置为了 false。

因此，验证从未就绪状态到就绪状态的迁移时，应该设置 special 和 space 的值使 accept 为 true。这样做可以唯一标识未就绪状态和就绪状态（如果软件正确运行）。如果要通过调用 acceptOrder() 验证从就绪状态到就绪状态的迁移，则只能设置 space 的数值触发 accept 为 false，进行部分验证。

列表 9.3 所示，为 SpaceOrder 的基于状态的测试代码示例。请注意，验证软件是否处于正确状态的动作，其自身也经常会触发迁移，这也是必须要验证的。这就使得编写基于状态的测试代码很具挑战性。

列表 9.3 SpaceOrder 基于状态的测试实现

```
1   public class SpaceOrderStateTest {
2
3     @Test
4     public void allTransitionsTest() {
5       // transition 1
6       SpaceOrder o = new SpaceOrder(false);
7       // check activity and state for t1
8       assertFalse(o.getSpecial());
9       assertFalse(o.getAccept());
10      // check activity and state for t2 and t3
11      assertFalse(o.getSpecial());
12      assertFalse(o.getAccept());
13      // transition 4
14      o.acceptOrder(1000);
15      // check activity and state for t4
16      assertFalse(o.getSpecial());
17      assertTrue(o.getAccept());
18      // check activity and state for t5 and t6
19      assertFalse(o.getSpecial());
20      assertTrue(o.getAccept());
21      // transition 7
22      o.acceptOrder(2000);
23      // check activity and state for t7
```

```
24        assertFalse(o.getSpecial());
25        assertFalse(o.getAccept());
26    }
27
28  }
```

测试迁移时，顺序很重要。我们将在 11.9.2 节详细讨论如何为每个迁移测试"设计"单独的测试方法，然后使用依赖关系强制这些方法以正确的顺序执行。列表 9.3 所示为另一种策略，其中将所有的迁移置于单个方法中。这样实现起来比较容易，但弊端就是如果测试失败，调试起来难度较大，因为测试用例覆盖了多个迁移。

在 SpaceOrder 上运行所有测试的结果见图 9.6。所有测试都通过，因此状态图中的每个迁移都能够正常工作。因为没有获取对象的状态，所以测试有效性是有一定的局限性的。测试人员只能测试可被测试的部分。

```
PASSED: allTransitionsTest
===============================================
Command line suite
Total tests run: 1, Passes: 1, Failures: 0, Skips: 0
===============================================
```

图 9.6　SpaceOrder 的所有迁移状态测试结果

9.4.12　基于 UML 的测试

UML（通用建模语言）是面向对象软件主流的分析和设计工具。UML 2.5[⊖]版本内有大量的图。对于测试人员来说，每一种图都是一个潜在的测试信息源和测试覆盖项。类上下文中的测试和继承测试技术都要用到类图，基于状态的测试则要使用状态图，其他各种图也可以用于生成测试。

每种图里面的每个条目都有具体的含义，因此可以代表软件系统中一个可测试的属性。例如，类之间的关系以及任何相关的多重度都是类图中非常有价值的信息，类和方法之间的交互则是顺序图、活动图和交互预览图中非常有价值的信息。

9.4.13　内置测试

测试人员通过访问类的属性以验证实际结果是否与预期结果匹配时，面向对象编程中的封装特性使得这件工作的难度较大。对此有多种解决方式，例如可以使用 Java 的反射（refelction）机制[⊖]，在运行时访问私有属性。又如一种解决方法在很多语言中都可用，即使用内置测试（BIT）断言。内置测试得名是由于测试断言直接内置于代码中，而非外部的测试类中。

这个方法，可以在代码需要时非常有效地确保程序员已做的假设其实是正确的。测试人员还可以在每个方法的底部加入断言，非常有效地验证每个方法是否保持了类不变性[⊜]。在 Java 环境中，可以选择在运行时打开这些断言，因此可在测试的时候使能断言，开发的时候

⊖　有官方和非官方的图，见 www.uml-diagrams.org 获取更多细节。

⊖　可以使用 Java 的反射机制检查运行时的类，访问 https://docs.oracle.com/javase/tutorial/reflect/index.html，查看 *The Reflection API tutorial* 获取更多信息。

⊜　类不变性限制类属性必须保持不变，通常用于安全紧要软件中，详见 14.3.9 节。例如，在通道管理系统中，通道中火车的数目必须一直少于 2 个。

禁用这些断言。

不过，在替代常规单元测试方面，这个策略并不有效，因为断言技术不仅需要引用方法变量（属性、参数、局部变量）的当前值，还需要获取被测方法启动时变量的初始值。如果在测试过程中一直保留初始值的备份，需要占用内存空间和运行时长，会明显增加开销，同时会增加编码每个被测方法的工作量，更有可能失误。

列表 9.4 所示为 BIT 的示例，此示例在类中增加了一个属性 acceptedSpace。

列表 9.4　带有 BIT 的 SpaceOrder 类

```
 1  public class SpaceOrder {
 2
 3    boolean special;
 4    boolean accept = false;
 5    int acceptedSpace = 0; // must always be in [0..1024]
 6
 7    public SpaceOrder(boolean isSpecial) {
 8      special = isSpecial;
 9      assert acceptedSpace >= 0 && acceptedSpace <= 1024;
10    }
11
12    public boolean getSpecial() {
13      return special;
14    }
15
16    public boolean acceptOrder(int space) {
17      assert acceptedSpace >= 0 && acceptedSpace <= 1024;
18      boolean status = true;
19      acceptedSpace = 0;
20      accept = false;
21      if (space <= 0) {
22        status = false;
23      }
24      else if (space <= 1024 && (space >= 16 || special)) {
25        accept = true;
26        acceptedSpace = space;
27      }
28      // Check correct result here?
29      assert acceptedSpace >= 0 && acceptedSpace <= 1024;
30      return status;
31    }
32
33    public boolean getAccept() {
34      return accept;
35    }
36
37  }
```

通过 Java 的 assert 语句，可以很直接地验证安全性条件。这些语句位于构造方法末尾（第 9 行），以及方法 acceptOrder() 的起始位置（第 17 行）和末尾位置（第 29 行）。为减少代码重复，可以实现一个检查安全性条件的方法，以免调用上述代码行。

然而，通过断言来验证方法 acceptOrder() 是否能够正确地工作，并不总是很容易就实现。第 29 行检查 acceptedSpace 是否合法，但并没有检查 accept 属性或返回值是否正确。此时需要在进入被测方法时，访问属性 special 以及参数 space 的取值，而这两个数值在方法的执行过程中可能会被修改。本例中这两个数值并未修改，但在不同的算法中，或代码中有故障时，可能修改其中一个。既然在方法结束时，不能使用方法开始运行时的数值进行比较，那么必须保存方法开始时数值的副本。本例较为简单，较容易保存副本，但这样做仍然可能引入更多的故障。而且一般来说，需要的是一份被引用对象的完整副本，这不是个小问题，实现起来也不是很现实$^\ominus$。例如，如果将一个计数器数组作为输入，那么我们需要保留整个数组的副本，包括数组中每个计数器的副本。

在 SpaceOrder 上运行带有内置测试的等价类划分测试的结果见图 9.7。所有测试都通过，表明我们不仅验证了 SpaceOrderTest 中测试全部返回正确的数值，且所有 BIT 中的断言也都得到了验证。

```
PASSED: testConstructor("SpaceOrderTest T1", true, true, false)
PASSED: testConstructor("SpaceOrderTest T2", false, false, false)
PASSED: testAcceptOrder("SpaceOrderTest T3", true, 7, true, true)
PASSED: testAcceptOrder("SpaceOrderTest T4", false, 504, true, true)
PASSED: testAcceptOrder("SpaceOrderTest T5", false, 5000, true, false)
PASSED: testAcceptOrder("SpaceOrderTest T6", false, -5000, false, false
  )
===============================================
Command line suite
Total tests run: 6, Passes: 6, Failures: 0, Skips: 0
===============================================
```

图 9.7　SpaceOrder 类的等价类划分和内置测试执行结果

9.5　评估

本节我们将引入三种不同的故障，然后检查测试结果，设计在类的上下文中进行传统测试的设计用例。

9.5.1　局限性

三种类型的故障如下所示：

- 简单的笔误，使用等价类划分测试技术就可以发现。
- 更复杂的状态故障。
- 更复杂的（存在于一个新子类内的）继承故障。

9.5.2　简单的笔误

列表 9.5 显示了在类 SpaceOrder 中的一个简单的故障，其中的一个笔误造成在第 19 行出现了一个基础的处理故障（1024 被错误地输入成 10240）。

列表 9.5　带有简单笔误故障的 SpaceOrder 类

```
1    public class SpaceOrder {
2
3       protected boolean special;
4       protected boolean accept = false;
5
6       public SpaceOrder(boolean isSpecial) {
7          special = isSpecial;
8       }
9
10      public boolean getSpecial() {
11         return this.special;
12      }
13
14      public boolean acceptOrder(int space) {
```

$\ominus$　Java 不支持这类复制，仅复制一个对象引用是不够的，类的属性可能在测试方法的过程中被改变。

```
15        boolean status = true;
16        this.accept = false;
17        if (space <= 0)
18          status = false;
19        else if (space <= 10240 && (space >= 16 || this.special))
              // typo fault
20          this.accept = true;
21        return status;
22      }
23
24      public boolean getAccept() {
25        return this.accept;
26      }
27
28  }
```

图 9.8 所示为针对 SpaceOrder 执行等价类划分测试的结果。从结果可见测试发现了这种简单的故障，但注意任何等价类划分测试都不能发现特殊的故障。

```
PASSED: testConstructor("SpaceOrderTest T1", true, true, false)
PASSED: testConstructor("SpaceOrderTest T2", false, false, false)
PASSED: testAcceptOrder("SpaceOrderTest T3", true, 7, true, true)
PASSED: testAcceptOrder("SpaceOrderTest T4", false, 504, true, true)
PASSED: testAcceptOrder("SpaceOrderTest T6", false, -5000, false, false
        )
FAILED: testAcceptOrder("SpaceOrderTest T5", false, 5000, true, false)
java.lang.AssertionError: expected [false] but found [true]
        at example.SpaceOrderTest.testAcceptOrder(SpaceOrderTest.java
            :40)
================================================
Command line suite
Total tests run: 6, Passes: 5, Failures: 1, Skips: 0
================================================
```

图 9.8　带有笔误的 SpaceOrder 类的等价类划分测试执行结果

9.5.3　状态故障

列表 9.6 所示为针对带有更细微故障的类 SpaceOrder。

列表 9.6　带有状态故障的 SpaceOrder

```
1  public class SpaceOrder {
2
3    boolean special;
4    boolean accept = false;
5    boolean locked = false;
6
7    public SpaceOrder(boolean isSpecial) {
8      special = isSpecial;
9    }
10
11   public boolean getSpecial() {
12     return this.special;
13   }
14
15   public boolean acceptOrder(int space) {
16     if (locked)
17       return false;
18     boolean status = true;
19     this.accept = false;
20     if (space <= 0)
21       status = false;
```

```
22        else if (space <= 1024 && (space >= 16 || this.special))
23          this.accept = true;
24        return status;
25    }
26
27    public boolean getAccept() {
28        locked = true;
29        return this.accept;
30    }
31
32 }
```

此处没有正确地实现新增加的属性 locked，因此第一次调用 acceptOrder() 时会破坏对象，从而使得后续调用 acceptOrder() 时出错。本质上这引入了一个新的状态——locked（锁定），而这个状态未体现在状态图中，因此在该状态软件就不能正常工作，详见第 5、16、17 和 28 行。

针对这个故障，我们在类的上下文执行等价类划分测试的结果，见图 9.9。请注意，测试没有发现该故障。我们需要更加系统化的分析过程，才能更可靠地在基于状态的行为中发现这一类故障，如 9.4.11 节所讨论。

```
PASSED: testConstructor("SpaceOrderTest T1", true, true, false)
PASSED: testConstructor("SpaceOrderTest T2", false, false, false)
PASSED: testAcceptOrder("SpaceOrderTest T3", true, 7, true, true)
PASSED: testAcceptOrder("SpaceOrderTest T4", false, 504, true, true)
PASSED: testAcceptOrder("SpaceOrderTest T5", false, 5000, true, false)
PASSED: testAcceptOrder("SpaceOrderTest T6", false, -5000, false, false
    )
===============================================
Command line suite
Total tests run: 6, Passes: 6, Failures: 0, Skips: 0
===============================================
```

图 9.9 针对状态故障的等价类划分测试结果

故障演示

我们在注入故障的 SpaceOrder 上执行基于状态的测试，其结果如图 9.10 所示。从结果可见该故障被发现了。

这种针对迁移的系统化测试，比起在类的上下文中执行传统测试，更容易发现基于状态的故障。

```
FAILED: allTransitionsTest
java.lang.AssertionError: expected [true] but found [false]
        at example.SpaceOrderStateTest.allTransitionsTest(
            SpaceOrderStateTest.java:22)
===============================================
Command line suite
Total tests run: 1, Passes: 0, Failures: 1, Skips: 0
===============================================
```

图 9.10 针对状态故障的基于状态的测试结果

9.5.4 继承故障

列表 9.7 所示为类 TrackableSpaceOrder 中的一个简单故障，类 TrackableSpaceOrder 继承自类 SpaceOrder。

列表 9.7 带有继承故障的 TrackableSpaceOrder 类

```
1   public class TrackableSpaceOrder extends SpaceOrder {
2
3       private long code = 0;
4
5       public TrackableSpaceOrder(boolean isSpecial) {
6               super(isSpecial);
7           }
8
9       public void setTrackCode(int newValue) {
10          code = newValue;
11      }
12
13      public int getTrackCode() {
14          return (int)code;
15      }
16
17      @Override
18          public boolean acceptOrder(int space) {
19          return true;
20      }
21
22  }
```

在第 17 ~ 20 行，我们重写了 acceptOrder() 方法。在第 19 行的测试实现是不完整的。如果在一开始编程时，写了一个空方法或骨架（skeleton）方法，就很容易出现这种情况，开发人员很可能忘了把方法写完。

针对类 TrackableSpaceOrder 的一个实例，执行为 SpaceOrder 设计的等价类划分测试，结果见图 9.11。我们将在 11.9 节详细讨论如何完成这件工作。

```
PASSED: testAcceptOrder("SpaceOrderTest T5", false, 5000, true, false)
FAILED: testAcceptOrder("SpaceOrderTest T3", true, 7, true, true)
java.lang.AssertionError: expected [true] but found [false]
        at example.TrackableSpaceOrderInhTest.testAcceptOrder(
            TrackableSpaceOrderInhTest.java:26)

FAILED: testAcceptOrder("SpaceOrderTest T4", false, 504, true, true)
java.lang.AssertionError: expected [true] but found [false]
        at example.TrackableSpaceOrderInhTest.testAcceptOrder(
            TrackableSpaceOrderInhTest.java:26)

FAILED: testAcceptOrder("SpaceOrderTest T6", false, -5000, false, false
    )
java.lang.AssertionError: expected [false] but found [true]
        at example.TrackableSpaceOrderInhTest.testAcceptOrder(
            TrackableSpaceOrderInhTest.java:25)
===============================================
Command line suite
Total tests run: 4, Passes: 1, Failures: 3, Skips: 0
===============================================
```

图 9.11 继承故障的等价类划分测试结果

运行 TrackableSpaceOrder 的实例时，有三个 SpaceOrder 的测试失败。

请注意我们不能使用测试用例 T1 和 T2，因为这两个用例调用了 SpaceOrder 中的构造方法，该方法不是类中的一个常规方法。

9.5.5　强项和弱项

在状态的上下文中进行传统测试的局限性，不仅与使用的测试技术（等价类划分、边界值分析、判定表、语句覆盖、分支覆盖、全路径覆盖测试等）本身的弱点相关，也与在类的上下文进行测试所引入的复杂性有关。

传统测试是有可能找到状态故障和继承故障的，但通常来说，这两类故障需要使用系统化的测试方法才能发现。

9.6　划重点

- 需要在类的上下文中对方法进行测试，测试中可以使用 setter 和 getter 方法。
- 在类的上下文中进行测试时，可以使用传统的黑盒测试和白盒测试技术。
- 面向对象的程序有两点特殊之处需要在测试中予以重视：基于状态的行为和继承。
- 因为测试代码不能访问私有属性，所以可以使用内置测试作为辅助手段，验证状态不变性时使用内置测试非常有效。
- 在测试面向对象的程序时，还有些特性需要关注，例如每个 UML 图都是一个规范，也都是测试用例和测试数据的潜在信息源。

9.7　给有经验的测试员的建议

有经验的测试人员经常在自己的脑海中进行测试设计工作，然后直接根据类的规范文档写出测试代码，尤其是对于比较小的类。这其中包括：

- 选择被测方法，特别是需要决定是否测试 getter 和 setter 方法；
- 如果在类的上下文中使用传统测试技术，需决定使用哪一种测试设计技术（例如一个或多个等价类划分、边界值分析、判定表、语句覆盖、分支覆盖、全路径覆盖等）；
- 使用测试设计技术，识别测试覆盖项；
- 设计测试用例；
- 编写测试代码。

在敏捷开发环境中，有经验的测试人员很可能使用用户故事和验收准则作为面向对象的测试的基础。这是完全可行的，因为类实现的模型与用户问题域是紧密相关的。此时，特殊的用户操作很容易就能与方法调用相对应，而用户故事中验收准则所规定的交互顺序也可以很容易地与方法调用的顺序相对应。

有经验的测试人员同样还可以直接基于状态图或继承树编写测试代码，这样可以保证测试用例能够支持继承测试。

应 用 测 试

本章我们使用一个 Web 应用作为示例，讲解在测试一个用户应用程序的时候，需要关注的核心要素。桌面应用和移动应用的测试非常相似，主要区别在于测试自动化工具不同，这点我们将在第 11 章进行讨论。

与单元测试相比，应用测试多一些复杂度，主要体现在如何定位屏幕上的输入、如何定位屏幕上的输出，以及如何在用户界面上自动运行测试用例方面。

10.1 使用用户故事测试 Web 应用

测试应用程序时，规范中很多不同的元素都可作为测试基础。现代的敏捷开发过程重点关注用户需求，而用户需求的表达形式就是用户故事。大型系统可能包含若干用户故事，可以将其分成我们称之为史诗（epics）的不同组合。

> **定义** 用户故事，是指利益相关者（stakeholder）表达他们需求的方式。
> 用户故事的形式通常为：
> 作为一个〈角色〉，我想要〈做某件事情〉以便〈达到某个目的〉。

利益相关者，可能是终端用户、项目的出资方、销售代表或市场人员等。角色是利益相关者在用户故事中扮演的部分。

每个用户故事都带有验收准则（acceptance criteria），也可称为确认条件（confirmation），利益相关者将使用该准则验证系统的设计和实现是否都正确。这些验收准则为给用户故事的自动化测试设计用例提供了基础。

和前面章节一样，我们首先使用一个小的示例来说明，再详细分析我们将要使用的原理和应注意的事项。

10.2 示例

一个燃料库希望使用基于 Web 的系统帮助工作人员确认：一个油箱能否装得下收到的大量燃料。如果是低挥发性燃料就可以完全充满一个油箱，如果是高挥发性燃料就需要在油箱中留出一点膨胀空间，以保证安全。油箱的容量不含膨胀空间时是 1200L，含膨胀空间时是 800L。对收到的燃料量取整，该数据不支持小数点。

经过与用户沟通，得到以下用户故事：

用户故事 S1：作为一个燃料库的工作人员，我需要检查某个燃料量是否匹配一个油箱的容量，然后据此决定是否可以接受这些燃料。

经过与客户沟通和确认，制定以下验收准则：

S1A1 检查与一个油箱容量相匹配的低挥发性燃料量；

S1A2 检查与一个油箱容量相匹配的高挥发性燃料量；

S1A3　检查与一个油箱容量不匹配的低挥发性燃料量；

S1A4　检查与一个油箱容量不匹配的高挥发性燃料量；

S1A5　列出油箱容量；

S1A6　结束后退出，这是加油站公司所有软件的通用要求；

S1A7　识别用户的错误输入数据，这是开发团队结合 Web 应用设计方面的经验，建议客户加上的验收准则。

现在，我们已经得到一个用户故事和七个验收准则。

10.2.1　分析

设计测试时，我们需要识别以下内容：

（1）应用程序显示的不同屏幕；

（2）每个屏幕上我们需要交互的用户界面元素；

（3）屏幕上如何显示输入数据和输出数据。

试运行

使用软件提供的试运行（trial run）功能，可以很容易地在用户界面上查看每个用户故事的完成情况。我们在后面描述了 Fuel Checker 应用，该应用程序试运行时的每个屏幕见图 10.1～图 10.4，每个图都配有简短的说明。

- 图 10.1a：启动，显示 Enter Data（输入数据）屏幕。
- 图 10.1b：点击 Information 按钮后，显示 Information（信息）屏幕。
- 图 10.2a：点击 Continue 按钮后，显示 Enter Data 屏幕，然后用户在 Litres 后输入 1000，选择 High Safety Required。
- 图 10.2b：点击 Enter 按钮后，显示 Results（结果）屏幕，同时弹出消息 "Fuel does not fit in tank."。
- 图 10.3a：点击 Continue 按钮后，显示 Enter Data 屏幕，用户再次在 Litres 后输入 1000。
- 图 10.3b：点击 Enter 按钮后，显示 Results 屏幕，同时弹出消息 "Fuel fits in tank."。
- 图 10.4a：点击 Continue 按钮后，返回 Enter Data 屏幕，用户在 Litres 后输入 xxx，点击 Enter 按钮，显示 Results 屏幕，同时弹出错误消息 "Invalid data values."。
- 图 10.4b：点击 Continue 按钮，返回 Enter Data 屏幕，用户点击屏幕下端的 Exit 链接。显示 Goodbye 屏幕，同时弹出消息 "Thank you for using Fuel Checker."。

从这些试运行中我们已识别出应用程序显示的每一个页面、需要测试的界面组件，以及数据在屏幕上的表示方式。

从试运行中获取信息

打开 Web 浏览器，我们在屏幕上很容易可以看到页面标题，通常显示为选项卡名称。

一个设计良好的 Web 页面会使用唯一的 HTML id 属性来标识每一个元素。试运行能够让测试员找到在每个 Web 页面里面，输入和输出元素进行交互时，所需要的 id。如果没有这些功能，实现自动化测试会非常困难[○]。

○　在测试驱动设计（TDD）环境下，一旦设计完成屏幕的布局，图形用户界面（GUI）设计师或测试员就要使用选定的 id，开始设计测试用例。程序将使用这些 id 来通过测试用例。

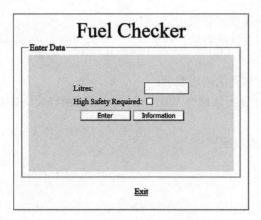
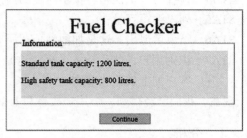

b）标题：Fuel Checker Information

a）标题：Fuel Checker

图 10.1　Fuel Checker 应用试运行 1

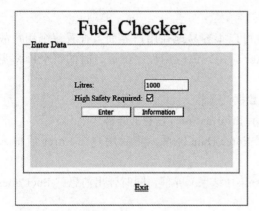
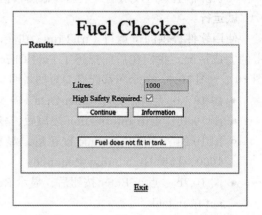

a）标题：Fuel Checker　　　　　　　　b）标题：Results

图 10.2　Fuel Checker 应用试运行 2

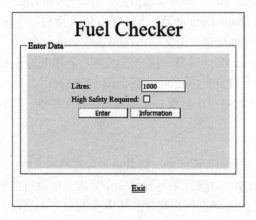
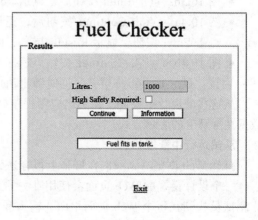

a）标题：Fuel Checker　　　　　　　　b）标题：Results

图 10.3　Fuel Checker 应用试运行 3

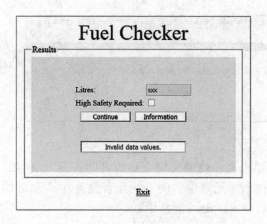

b）标题：Thank you

a）标题：Fuel Checker

图 10.4　Fuel Checker 应用试运行 4

很多 Web 浏览器都带有检查器（inspector），使得可以在 Web 浏览器上检查元素的 id 及其他信息[⊖]。下面我们用三个示例来说明。

示例 1：用户右击 litres 的输入文本框，从下拉菜单中选择 Inspect 时，Chrome 浏览器中显示的 Element 选项卡如图 10.5 所示。

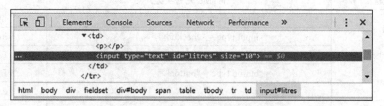

图 10.5　检查器——litres 的输入文本框

对于测试员来说，该元素重要的细节内容包括：
- HTML 元素类型（<input type = "text">）。
- id（id = "litres"）。

示例 2：同示例 1 的 Web 页面中，Enter 按钮的检查器信息如图 10.6 所示。

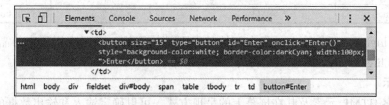

图 10.6　检查器——Enter 按钮

对于测试员来说，该元素重要的细节内容包括：
- HTML 元素类型（<button type = "button">）。
- id（id = "Enter"）。

示例 3：body 元素的检查器信息如图 10.7 所示。

_____

⊖　页面源代码也可以显示在浏览器中。

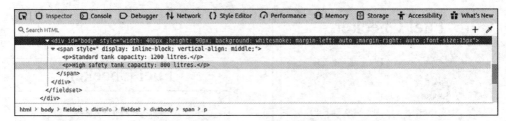

图 10.7　检查器——body 元素

如果显示的文本没有被某个带有 id 的容器包含，就要使用更高级别的容器[⊖]。例如，Information 屏幕里面所显示文本的行号包含在 <p> 元素中，而 <p> 元素包含在不含 id 的 <span> 元素中，<span> 元素包含在带有 id（body）的 <div> 元素中。

对于测试员来说，该元素重要的内容包括：

- HTML 元素类型（<div>）。
- id（id = "body"）。

使用检查器工具，我们可以确认所有必需的 Web 元素的 HTML 元素类型和 id，如表 10.1 所示。

表 10.1　HTML 元素类型和 id

页面标题	HTML 元素类型	id
Fuel Checker	\<input type = "text"\>	litres
	\<input type = "checkbox"\>	highsafety
	\<button type = "button"\>	Enter
	\<button type = "button"\>	Info
	\<a\>	exitlink
Fuel Check	\<button type = "button"\>	goback
Information	\<div\>	body
Results	\<input type = "text" disabled\>	litres
	\<input type = "checkbox" disabled\>	highsafety
	\<button type = "button"\>	Continue
	\<input type = "text"\>	result
	\<a\>	exitlink
Thank you	\<div\>	body

litres 和 highsafety 的输入元素在初始状态下是禁用的。根据应用程序的需求，会动态使能 litres 和 highsafety，产生试运行时显示的屏幕。

数据表示

通过观察 HTML 元素及其在屏幕上的呈现方式，可以确定输入和输出数据的表示方式。

- 输入 highSafety 是一个选择框元素，这说明 highSafety 是一个布尔型数据。
- 输入 litres 是一个文本输入元素（字符串），这说明 litres 是一个整型数据。
- 输出 result 是不可编辑的文本元素（字符串），只有三种可能的输出：

⊖　HTML 元素可以嵌套，因此如果我们想要引用的元素或容器没有 id，我们就可以选择一个高级别的元素或容器。更多内容详见 www.w3schools.com/html/html_elements.asp。还有一种方法是查找在高级别容器中包含所需文本的段落元素。

- "Fuel fits in tank.";
- "Fuel does not fit in tank.";
- "Invalid data entered."。
- Information 屏幕上的输出 body 也是不可编辑的文本元素（字符串），body 的内容是一个复杂的 HTML 表达式（如图 10.7 所示）。我们不需要测试文本格式是否正确，只要检查该元素是否包含正确的文本即可。其他的 HTML 元素可以忽略。正确的文本包含以下两个重要的部分：
  - "Standard tank capacity: 1200 litres";
  - "High safety tank capacity: 800 litres"。

简单的用户故事测试用例会给每一个验收准则使用一个单独的数据值。更高级的测试中，测试员还可以在分析阶段识别等价类划分、边界值和用作测试的组合。

现在我们已经完成了分析工作，识别出了应用程序显示的每个屏幕、每个屏幕中需要测试的所有 Web 元素，以及每个元素中使用的数据表示。

10.2.2　测试覆盖项

每个用户故事的每个验收准则（AC）都是一个测试覆盖项，如表 10.2 所示[⊖]。在测试设计审查中，我们将会完善表格中测试用例这一列。

表 10.2　Fuel Checker 的测试覆盖项

TCI	验收准则	测试用例
US1	S1A1	
US2	S1A2	
US3	S1A3	
US4	S1A4	待补充
US5	S1A5	
US6	S1A6	
US7	S1A7	

虽然 US7 会给用户报告一个错误，但这里的错误与等价类划分测试中的错误输入用例是完全不同的。我们需要单独测试每一个用户故事的每一个验收准则，所以不会存在错误隐藏这种情况，也不需要使用星号来表示输入错误的情况。

10.2.3　测试用例

选择有代表性的数值作为测试用例，这点与等价类划分测试技术相似。如表 10.3 所示，这些数据可以提前选择，也可以在设计测试用例的过程中再确定。与前文所述的测试技术相同，选择标准的数据会让对测试用例的完整性审查较为容易。对于应用测试来说，一般不需要使用 2.2.1 节单元测试中使用的数值线进行详细的分析。

⊖　一个用户故事及对应的七条验收准则。US1 ～ US7 为 TCI 的唯一标识符，此处使用前缀 US 表明这些是用户故事的 TCI。

表 10.3   选定的输入数据值

TCI	输入	值
US1	litres	"1000"
US2	litres	"400"
US3	litres	"2000"
US4	litres	"1000"
US7	litres	"xxx"

有代表性的数据值

对于 US7 来说，可能往需要整数的地方输入很多种非法的字符串。

在分析应用程序时，测试员已经确认了预期结果（正确的输出以及其数据表示方式），如表 10.4 所示。

表 10.4   输出数据值

TCI	输出	值
US1	result	"Fuel fits in tank."
US2	result	"Fuel fits in tank."
US3	result	"Fuel does not fit in tank."
US4	result	"Fuel does not fit in tank."
US5	body	contains "Standard tank capacity: 1200 litres" and "High safety tank capacity: 800 litres"
US6	body	"Thank you for using fuelchecker"
US7	result	"Invalid data values."

测试用例表

在自动化测试中，每个测试用例的测试数据都被模拟为一系列的用户操作。每个 TCI 都对应一个单独的测试用例。

下方列出了第一个测试用例的测试数据设计过程，此处不说明打开 Web 页面等操作细节，测试员可以自行选择在执行每个测试用例的时候是否重新打开页面（为提高效率，最好不要这样做）：

- 启动应用程序，在 Litres 后输入 1000；
- 确认未选择 highsafety；
- 点击 Enter，确认应用程序转到 Results 屏幕；
- 检查结果是否包含文本"Fuel fits in the tank."。

表 10.5 所示为测试用例 T1。本例中涉及操作的输入包括：需要键入的数据值、选择或未选择的选择框，以及需要点击的按钮。涉及 Web 应用程序响应的预期结果包括：窗口的标题、需验证的屏幕显示文本。

表 10.5   用户故事测试的测试用例 T1

ID	被覆盖的 TCI	输入	预期结果
T1	US1	在 Litres 后输入 "1000"	
		未选择 highsafety	
		点击 Enter	转到 Results 屏幕
			结果是 "Fuel fits in tank."

我们可以使用同样的方法获取其他测试用例的数据，确认应用程序的输入以及预期结果。表 10.6 所示为所有的测试用例。

表 10.6　用户故事测试的测试用例

ID	被覆盖的 TCI	输入	预期结果
T1	US1	在 Litres 后输入 "1000"	
		未选择 highsafety	
		点击 Enter	转到 Results 屏幕
			结果是 "Fuel fits in tank."
T2	US2	在 Litres 后输入 "400"	
		选择 highsafety	
		点击 Enter	转到 Results 屏幕
			结果是 "Fuel fits in tank."
T3	US3	在 Litres 后输入 "2000"	
		未选择 highsafety	
		点击 Enter	转到 Results 屏幕
			结果是 "Fuel does not fit in tank."
T4	US4	在 Litres 后输入 "1000"	
		选择 highsafety	
		点击 Enter	转到 Results 屏幕
			结果是 "Fuel does not fit in tank."
T5	US5	点击 Information	转到 Information 屏幕
			body 包含 "Standard tank capacity: 1200 litres"
			body 包含 "High safety tank capacity: 800 litres."
T6	US6	点击 Exit 链接	转到 Thank You 屏幕
			body 包含 "Thank you for using fuelchecker."
T7	US7	在 Litres 后输入 "xxx"	
		选择 highsafety	
		点击 Enter	转到 Results 屏幕
			结果是 "Invalid data values."

10.2.4　验证测试用例

表 10.7 所示为完成后的测试覆盖项。从表中可以确认每个测试覆盖项都已被测试用例覆盖，也没有冗余的测试用例。

表 10.7　已完成的测试覆盖项表

TCI	验收准则	测试用例
US1	S1A1	T1
US2	S1A2	T2
US3	S1A3	T3
US4	S1A4	T4
US5	S1A5	T5
US6	S1A6	T6
US7	S1A7	T7

10.3　测试实现和测试结果

我们可以使用工具 TestNG 执行测试用例，获取运行结果。为模拟 Web 应用中的用户输入操作，并获取输出进行验证，我们必须使用 Web 自动化测试库。Selenium⊖就是一个应用

⊖　详见 www.selenium.dev。

广泛且深受好评的选择。我们使用 Selenium 来完成测试实现，展示 Web 应用程序中测试自动化的基本原理。

10.3.1　测试实现

此处我们只给出测试方法本身的代码。完整的测试程序还包括其他的方法来配置 Selenium 并打开 Web 浏览器，详见 10.4 节。

测试 1

列表 10.1 所示为第一个测试用例（T1）的实现代码。

列表 10.1　Fuel Checker 的测试用例 T1

```
58     // Tests go here
59
60     @Test(timeOut = 60000)
61     public void test1() {
62       String litres = "1000";
63       boolean highsafety = false;
64       String result = "Fuel fits in tank.";
65       wait.until(ExpectedConditions.titleIs("Fuel Checker"));
66       wait.until(ExpectedConditions.visibilityOfElementLocated(
             By.id("litres")));
67       driver.findElement(By.id("litres")).sendKeys(litres);
68       wait.until(ExpectedConditions.visibilityOfElementLocated(
             By.id("highsafety")));
69       if (driver.findElement(
             By.id("highsafety")).isSelected()!=highsafety)
70         driver.findElement(By.id("highsafety")).click();
71       wait.until(ExpectedConditions.visibilityOfElementLocated(
             By.id("Enter")));
72       driver.findElement(By.id("Enter")).click();
73       wait.until(ExpectedConditions.titleIs("Results"));
74       wait.until(ExpectedConditions.visibilityOfElementLocated(
             By.id("result")));
75       assertEquals( driver.findElement(
             By.id("result")).getAttribute("value"),result );
76       wait.until(ExpectedConditions.visibilityOfElementLocated(
             By.id("Continue")));
77       driver.findElement(By.id("Continue")).click();
78       wait.until(ExpectedConditions.titleIs("Fuel Checker"));
79     }
```

开发此代码的过程如下：

- 基于 Web 的测试需要超时控制。如果浏览器没有响应，或者测试一直因等待某个特定的响应而挂起，就需使用超时控制策略。本例中，我们设置超时时间为 60s，该超时设置依赖于网络连通性（也是上下文相关的，可能需要运行一些测试才能确认最合适的超时时间），见第 60 行。
- 测试首先要确保浏览器显示的是正确的屏幕，如果用到了 Web 页面的标题，那么此时检查标题是否正确就可以，见第 65 行。
- 其次，必须输入 litres 变量的数值。浏览器可能还没有渲染完窗口，因此测试需要等待窗口显示完全，然后使用 sendKeys() 模拟用户输入，见第 66 和 67 行。
- 调用方法 By.id()，可以获取测试中使用的所有 HTML 元素，示例见第 67 行。
- 一定不选 highsafety 选择框。先要检查选择框的当前值（第 69 行），如果已经选择，则取消选择，见第 69 和 70 行。

- 同样，浏览器可能还没有渲染完窗口，测试必须等 Enter 按钮出现以后才能点击，见第 71 和 72 行。
- 测试用例必须检查应用程序是否已经转到正确的屏幕（标题为 Results），见第 73 行。
- 测试验证预期结果：文本域结果的属性值中带有预期结果，和变量 result 中保存的一样（Fuel fits in tank.），见第 64 和 75 行。
- 现在测试要等待 Continue 按钮出现后，点击该按钮，验证应用程序是否转到了 Fuel Checker 屏幕，见第 76 和 78 行。

图 10.8 所示为运行测试用例 T1 的结果。

```
Test started at: 2020-08-28T13:04:28.398050100
For URL: ch10\fuelchecker\fuelchecker.html

Starting ChromeDriver 84.0.4147.30 (48
    b3e868b4cc0aa7e8149519690b6f6949e110a8-refs/branch-heads/4147@
    {#310}) on port 35538
Only local connections are allowed.
Please see https://chromedriver.chromium.org/security-considerations
    for suggestions on keeping ChromeDriver safe.
ChromeDriver was started successfully.
Aug 28, 2020 1:04:31 P.M. org.openqa.selenium.remote.ProtocolHandshake
    createSession
INFO: Detected dialect: W3C
PASSED: test1
===============================================
Command line suite
Total tests run: 1, Passes: 1, Failures: 0, Skips: 0
===============================================
```

图 10.8　Fuel Checker 的 T1 测试结果

测试代码打印了测试启动的时间和 URL。这些数值与测试员的配置和测试何时运行相关，因此可能会有所改变。WebDriver 启动和连接的信息能够确认 Web 浏览器已经正确地启动，浏览器的对话也已经启动，当然这些细节对于测试结果来说并不重要。结果显示测试用例通过。

增加测试用例 T2 ～ T4 和 T7

测试用例 T1 可以自己运行，增加更多的测试用例后，就需要确认这些测试用例的执行顺序，以及如何避免代码冗余。每次都重启应用程序是很慢的，因此通常会顺序执行测试用例。这就要求每个测试用例在退出应用程序的时候，程序打开的是指定的屏幕。对示例中的应用程序来说，最简单的解决办法就是在每次测试用例结束的时候，让应用程序返回到 Fuel Checker 屏幕。我们可以使用参数化的测试用例来避免代码冗余（与单元测试相同）。

测试用例 T1、T2、T3、T4 和 T7 的结构都是一样的，只是测试数据不同。此时可以使用 DataProvider，如列表 10.2 所示。

列表 10.2　Fuel Checker 的测试用例 T1、T2、T3、T4、T7

```
70    // Tests go here
71
72    // Test data
73
74    @DataProvider(name = "testset1") // Data for test cases
          T1-T4,T7
75    public Object[][] getdata() {
76      return new Object[][] {
```

```
77          { "T1", "1000", false, "Fuel fits in tank." },
78          { "T2", "400", true, "Fuel fits in tank." },
79          { "T3", "2000", false, "Fuel does not fit in tank." },
80          { "T4", "1000", true, "Fuel does not fit in tank." },
81          { "T7", "xxx", true, "Invalid data values." },
82        };
83      }
84
85      @Test(timeOut = 60000, dataProvider = "testset1")
86      public void testEnterCheckView(String tid, String litres,
            boolean highsafety, String result) {
87        wait.until(ExpectedConditions.titleIs("Fuel Checker"));
88        wait.until(ExpectedConditions.visibilityOfElementLocated(
            By.id("litres")));
89        driver.findElement(By.id("litres")).sendKeys(litres);
90        wait.until(ExpectedConditions.visibilityOfElementLocated(
            By.id("highsafety")));
91        if (driver.findElement( By.id("highsafety")).isSelected()
            != highsafety)
92          driver.findElement( By.id("highsafety")).click();
93        wait.until(ExpectedConditions.visibilityOfElementLocated(
            By.id("Enter")));
94        driver.findElement( By.id("Enter")).click();
95        wait.until(ExpectedConditions.titleIs("Results"));
96        wait.until(ExpectedConditions.visibilityOfElementLocated(
            By.id("result")));
97        assertEquals( driver.findElement(
            By.id("result")).getAttribute("value"),result );
98        wait.until(ExpectedConditions.visibilityOfElementLocated(
            By.id("Continue")));
99        driver.findElement( By.id("Continue")).click();
100       wait.until(ExpectedConditions.titleIs("Fuel Checker"));
101     }
```

测试用例 T5 和 T6 的结构与前述测试用例不同，因此需要单独的测试，如列表 10.3 和列表 10.4 所示。

列表 10.3　Fuel Checker 的测试用例 T5

```
103     @Test(timeOut = 60000)
104     public void test_T5() {
105       // Info -> "Standard tank capacity: 1200 litres" and "High
            safety tank capacity: 800 litres"
106       wait.until(ExpectedConditions.titleIs("Fuel Checker"));
107       wait.until(ExpectedConditions.visibilityOfElementLocated(
            By.id("Info")));
108       driver.findElement(By.id("Info")).click();
109       wait.until(ExpectedConditions.titleIs("Fuel Checker
            Information"));
110       wait.until(ExpectedConditions.visibilityOfElementLocated(
            By.id("body")));
111       assertTrue(
112         driver.findElement(
              By.id("body")).getAttribute("innerHTML").contains(
              "Standard tank capacity: 1200 litres")
113         &&
114         driver.findElement(
              By.id("body")).getAttribute("innerHTML").contains(
              "High safety tank capacity: 800 litres")
115       );
116       wait.until(ExpectedConditions.visibilityOfElementLocated(
            By.id("goback")));
117       driver.findElement(By.id("goback")).click();
118       wait.until(ExpectedConditions.titleIs("Fuel Checker"));
119     }
```

列表 10.4　Fuel Checker 的测试用例 T6

```
121    @Test(timeOut = 60000)
122    public void test_T6() {
123        // exit -> "Thank you for using FuelChecker."
124        wait.until(ExpectedConditions.titleIs("Fuel Checker"));
125        wait.until(ExpectedConditions.visibilityOfElementLocated(
               By.id("exitlink")));
126        driver.findElement(By.id("exitlink")).click();
127        wait.until(ExpectedConditions.titleIs("Thank you"));
128        wait.until(ExpectedConditions.visibilityOfElementLocated(
               By.id("body")));
129        assertTrue(driver.findElement(
               By.id("body")).getAttribute("innerHTML").contains(
               "Thank you for using FuelChecker."));
130    }
```

就算是测试用例失败，也要确保测试用例退出应用程序时，打开的是主屏幕，所以每次测试用例之后都要运行一个方法。如列表 10.5 所示，该方法使用 TestNG 提供的 @AfterMethod，保证在每一个 @Test 方法[一]运行完成后立即执行 returnToMain()。

列表 10.5　returnToMain() 方法

```
58    @AfterMethod
59    public void returnToMain() {
60        // If test has not left app at the main window, try to
              return there for the next test
61        if ("Results".equals(driver.getTitle()))
62          driver.findElement(By.id("Continue")).click();
63        else if ("Fuel Checker
              Information".equals(driver.getTitle()))
64          driver.findElement(By.id("goback")).click();
65        else if ("Thank you".equals(driver.getTitle()))
66          driver.get( url ); // only way to return to main screen
              from here
67        wait.until(ExpectedConditions.titleIs("Fuel Checker"));
68    }
```

returnToMain() 方法的工作过程如下所示：

- 如果一个测试失败，一定要返回到程序的 Fuel Checker 屏幕，这样才能保证后续的测试能够正常执行，因为我们定义所有的测试都从主屏幕开始执行。为达到这个目的，我们使用一个 @AfterMethod 方法 returnToMain()，见第 59 ～ 67 行。
- 如果应用程序在失效之后留在 Thank You 屏幕，则此时没有任何链接或按钮能够让用户返回到主屏幕。@AfterMethod 代码会重新加载主应用程序的 UML 来返回到主屏幕，见第 65 和 66 行。

10.3.2　测试结果

图 10.9 所示为在 Fuel Checker 应用程序上执行上述所有测试用例的结果。所有用例都通过。

⊖　详见第 11 章。

```
Test started at: 2020-09-24T19:15:14.618050100
For URL: ch10\fuelchecker\fuelchecker.html

Starting ChromeDriver 84.0.4147.30 (48
    b3e868b4cc0aa7e8149519690b6f6949e110a8-refs/branch-heads/4147@
    {#310}) on port 1388
Only local connections are allowed.
Please see https://chromedriver.chromium.org/security-considerations
    for suggestions on keeping ChromeDriver safe.
ChromeDriver was started successfully.
[1600971316.989][WARNING]: This version of ChromeDriver has not been
    tested with Chrome version 85.
Sep 24, 2020 7:15:18 P.M. org.openqa.selenium.remote.ProtocolHandshake
    createSession
INFO: Detected dialect: W3C


=================================================
    Command line test
    Tests run: 7, Failures: 0, Skips: 0
```

图 10.9   Fuel Checker 的用户故事测试结果

10.4   应用测试的细节

应用程序是带有用户界面的一类基于计算机的系统。我们先从通用系统测试的角度来理解应用测试。

系统测试，意味着将系统视为一个整体，验证其行为是否正确，通常使用黑盒测试技术来完成。我们也可以获取简单的白盒覆盖率（语句覆盖率和分支覆盖率），将覆盖率的结果作为后续开发测试用例的基础。系统的种类繁多，每一种都有其独特的测试挑战。所有的系统都是通过系统接口来进行测试的，在生成测试数据的时候，可以使用黑盒测试或白盒测试的理论。

10.4.1   系统测试模型

软件系统是通过其系统接口进行测试的。

系统测试的通用测试模型如图 10.10 所示。测试工具可以通过系统接口给测试对象提供输入，然后从测试对象获取输出。有时系统接口是同步的，每个输入都会产生一个输出。有时系统接口是异步的，一个输入可能产生一系列的输出，测试对象也可能基于时钟或其他内部事件同时生成若干输出。

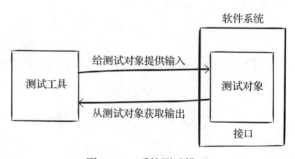

图 10.10   系统测试模型

10.4.2　应用测试模型

通用测试模型可以应用于不同类型的应用程序。

桌面应用的测试模型如图 10.11 所示。测试工具（例如 Java 中的 AWT、Swing 或 JavaFX）模拟用户，通过一个视窗接口与桌面应用进行交互。当用户与屏幕进行交互的时候，视窗接口软件能够生成 GUI 事件，测试工具也会生成同样的 GUI 事件。视窗接口工具再把事件的响应返回给测试工具，我们称之为 GUI 响应。

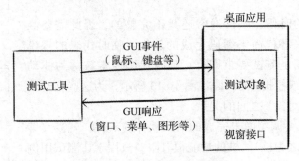

图 10.11　桌面应用的测试模型

Web 应用测试的模型，如图 10.12 所示。Web 应用使用 Web 浏览器提供用户接口，而浏览器和 Web 服务器上运行的应用程序通过超文本传输协议（HTTP）在网络上进行通信。图 10.12a 中，我们通过 Web 浏览器进行测试，测试工具模拟用户的行为。在图 10.12b 中，我们在网络接口上直接使用 HTTP 对应用程序进行测试。此时测试工具必须自己生成 HTTP 消息。有很多工具和库能够生成 HTTP 请求，并且分析 HTTP 响应，这些工具如 curl、Beautiful Soup 等。一般来说，这种方式下测试用例执行得会更快一点，而且也独立于 Web 浏览器，当然测试实现会更复杂，需要深入理解 HTML 和 HTTP，还不能保证在 Web 浏览器上运行时一定能够正确地操作。同时，如果应用程序是使用 JavaScript 在浏览器中实现的，测试工具就必须支持这种实现方式（这带来了一些附加的工作）。

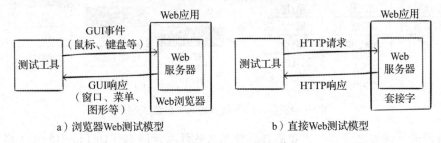

a）浏览器Web测试模型　　　　　　　b）直接Web测试模型

图 10.12　Web 应用测试模型

10.4.3　系统测试和集成测试

系统测试和集成测试通常都在同样的接口（系统接口）上完成，但是两者的目的并不相同。系统测试是验证作为一个整体的系统工作是否正确，而集成测试是验证系统的一些部件（或分系统）能否在一起正确地工作。

集成测试

在软件开发的不同过程，集成测试有不同的形式。在传统的软件开发过程中，软件是分层的，因此集成测试在这些不同的层次之间进行。按照软件开发过程来区分，集成测试的形式可能是：自顶向下的集成测试、自底向上的集成测试或特性测试（下文详述）。在现代的敏捷开发过程中，增加一个新的软件特性必然会涉及所有层次的更改。此时的集成测试就需要验证新特性与旧特性是否正确地集成在了一起，我们可以称之为测试点对点功能。

集成测试也可能采取与单元测试相似的形式，此时集成测试的目的是验证两个软件部件（通常呈现为类）能否一起正确地工作。

驱动、桩或模拟

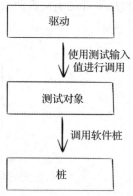

执行集成测试的时候，软件通常还是不完整的，因此需要测试员编写临时代码来替代尚未编码完成的软件。临时代码的规模要越小越好，只要满足测试要求即可。临时代码通常被称为驱动（driver）、桩（stub）或模拟（mock）。图 10.13 所示，为这些临时代码与被测软件（测试对象）之间的关系。

如果被测软件需要调用尚未完成的另一软件的部件，就需要编写临时代码（我们称之为桩）。桩的功能很有限，只用于让测试用例能执行。桩也可能用于加速测试进程，避免因为网络调用太慢而造成测试用例执行较慢，或者用于阻止进行真实的操作，例如发送邮件或修改某个活跃的数据库。

图 10.13　测试驱动和桩

可以对桩进行插装操作，例如在桩代码中加入一个计数器。插装操作可以计算到底有多少临时代码被调用，或使用了多少个断言⊖来验证操作是否正确。这些插装完成的桩代码我们称之为模拟。带有模拟的测试被称为模拟测试，很多工具⊜都支持模拟。

如果首先编码完成的是软件的最顶层，则适合使用自顶向下的集成测试策略，如图 10.14a 所示。如果首先完成的是软件最底层，则适合使用自底向上的集成测试策略，如图 10.14b 所示。

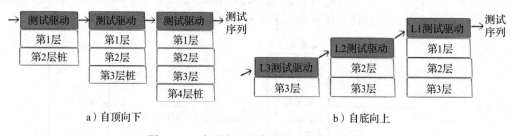

a）自顶向下　　　　　　　　　　　　　　　　b）自底向上

图 10.14　自顶向下和自底向上的集成测试

在自顶向下的测试过程中，我们首先要测试软件的顶层（图 10.14a 中的第 1 层），此时使用桩来替代第 2 层。后续的测试中，再使用桩来替代第 3 层，测试第 2 层软件。以此类推，直到所有的桩都被可操作的软件替代。所有的测试用例都使用第 1 层软件提供的顶层接口（可能是一个 API 或用户界面）。此时只需要一个测试驱动，尽管它可能需要有所扩展以确保与底层软件的渐进集成得到彻底测试。

自底向上的测试则相反，从 L3（第 3 层）的测试驱动开始，测试软件的最底层（第 3 层），然后是第 2 层，此时测试员需要重新写一个测试驱动（L2 测试驱动）。以此类推，直到

⊖ 见 9.4.13 节。

⊜ 例如：EasyMock、JMock、JMockit、Mockito 和 PowerMock。

所有的软件层都集成完成并得到测试。与自顶向下的测试相反，L3 测试驱动将使用第 3 层的 API，最后的 L1 测试驱动将使用第 1 层的 API。此时不需要桩，但是需要编写多个测试驱动。

还有一种混合策略，叫作三明治测试，能够减少桩的数目，把三层软件一起测试，而测试的重点在中间层。

作为这些分层策略的一种替代方案，大多数现代的开发过程都集中在增加端到端的用户功能（例如产品日志中每一个可发布的特性）上。随着这些特性的逐步增加，测试顺序如图 10.15 所示。

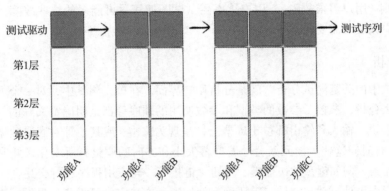

图 10.15　功能集成测试

在实践中，我们通常将系统测试（或应用测试）视为集成测试，使用模拟来验证集成结果。设计充分覆盖每一个接口的测试用例是非常耗时的工作，而且如何为集成测试设计 TCI 也还有待于更多的研究，见第 14 章。

10.4.4　应用测试的故障模型

应用程序的故障模型与用户想要完成的任务相关，称为用户需求故障，这种故障模型对应的是应用程序的响应与用户故事中规定的预期响应不一致。

然而，用户故事不太可能覆盖界面上所有的功能。在测试应用程序的时候，这也是需要考虑的设计层次的第 2 层。在使用一个应用程序的时候，用户会在不同的屏幕之间来回转换，每个屏幕都包含多个界面元素，而这些元素都要跟软件的特性进行交互。在一个 MVC（model–view–controller，模型视角控制器）的设计中，这种浏览和转换可能与控制器、带有视角的屏幕内容及带有模型的软件特性有关。由此可能带来应用程序的三种功能故障模型[⊖]：

- 导航故障：在不同的界面组件（视窗、屏幕、页面、表格等）之间导航时，未能正确工作。应用程序可能显示了错误的屏幕，或者忽略了某个用户操作，没有完成相应的功能。
- 屏幕元素故障：系统的每个带有输入和输出的交互式界面组件，都有预期的行为。例如，如果点击一个按钮就要执行某个操作，文本输入框应该能支持键盘输入，一个超链接应该能导航到另一个页面等。如果一个元素没有完成其预期的行为，我们就称发生了元素行为故障。在 Web 应用中，很多预期的行为都是隐含的，没有体现在文档中。例如，设计师可能会假设一个用户会在提示为"用户名"的文本框中输入自己的名字，不会特别说明该文本框应该如何操作。

⊖　还有很多故障模型此处未显示，例如与性能和显示相关的故障模型。

- 软件特性故障：只要系统的软件特性被文档化说明，这些特性就可以独立于用户故事接受测试。典型的一个软件特性，就是系统的一系列交互会引发某个特殊的输出。用户故事通常会涉及多个特性，而一个软件特性可能是一个方法或类，此时可以使用黑盒测试方法，例如等价类划分、边界值分析、判定表等来实现测试。

有些故障模型可能会重叠，例如如果一个 HTML 锚链接没有正确实现，那么点击该链接，就会产生操作错误（元素行为故障），由此造成显示的下一个屏幕不正确（导航故障），而这又会造成没有显示正确的输出（软件特性故障），所以应用程序不能满足用户故事中规定的验收准则（用户需求故障）。用户故事测试试图捕获尽可能多的这些故障，以便最大程度地保证用户完成所需要的任务。

10.4.5 分析

应用测试中的关键测试分析，就是分析用户界面。在单元测试中，对一个方法调用几乎不需要做什么分析，参数、参数的类型和参数调用的顺序等都是明确定义好的。但是对于一个用户界面来说，输入和输出都位于屏幕上，呈现为文本（或其他针对底层数据类型的用户界面隐喻）。有时候这些界面元素会随着屏幕大小和方向的调整有所变化，此时用户就得使用其他界面元素，例如键盘的快捷键、按钮、链接等，与应用程序进行交互。

为应用程序设计自动化测试，需要确定使用哪种方法定位所需要的界面元素，以及如何输入与数据表示方式兼容的数据并获取相应的输出数据。数字在屏幕上经常表示为文本，此时我们需要以下几种转换方式。

- 当用户输入一个数字的时候，每个被按下的数字键都会被解析为一个数字，作为对用户的响应，这些数字会出现在屏幕上显示的字符串的尾部。然后，这个字符串将被转换为供程序使用的整数。测试工具需要将整数输入转化成字符串（或者键盘按键）才能作为应用程序的输入。
- 当程序想要向用户显示一个整数的时候，首先要将其转换成文本字符串。测试工具需要提取这个字符串，然后将其转换成一个整数，再检查其数值是否正确。
- 数字输入和输出也可能使用不同的屏幕元素作为值隐喻，这些元素可能是拨号键盘、滑块、下拉菜单等。不管是哪一种形式，测试工具都必须处理这些屏幕元素，为程序提供正确的输入，再把显示的结果转换回来，验证程序的输出是否正确。

我们在后面讨论通过用户界面与软件应用进行交互，与通过程序接口调用一个方法之间的区别。

程序接口与用户界面

对检查燃料量是否匹配一个油箱容量的方法，其程序接口如片段 10.1 所示。

片段 10.1   软件编程接口

```
1    boolean check(int volume, boolean highSafety)
              throws FuelException
```

上述程序接口包括以下内容：

- 参数 volume，对应燃料量；
- 参数 highSafety，对应燃料是否为高挥发性的，是否需要为了安全提供膨胀空间；
- 方法的返回值就是输出；

- 如果发生错误，方法会抛出异常 FuelException；
- 方法使用其名字作为标识，在 Java 环境，方法的全名包含包的名字和类的名字：example.FuelChecker.check()。

对于一个有经验的程序员来说，编写一个程序与上述方法进行自动交互是很容易的事情，除非参数类型非常复杂，否则不需要太多的分析工作。

使用上述方法检查燃料量与一个油箱的容量是否匹配的应用程序，其用户界面见图 10.16。

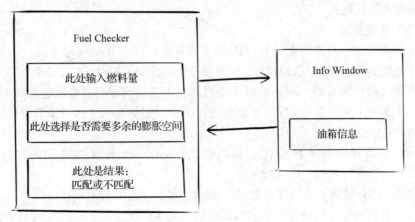

图 10.16   软件用户界面

上述用户界面包括以下内容：
- 燃料量、是否需要多余的膨胀空间等输入，都要在屏幕上显示。
- 通常来说，上述输入的提示框要么位于输入字段的上边，要么位于左边。提示框一般很言简意赅，如图所示；也有的较长，带有一些描述性文字。
- 结果显示在单独的字段，本例中位于输入字段的下方。输出可能有提示框或者标题，也可能需要通过上下文获取。

一般来说，识别一个屏幕需要使用位于屏幕外部的名字（例如 Web 浏览器的 tab 名称）、页面顶部的标题（例如上例中的 Fuel Checker 和 Info Window），或者屏幕内部的内容。

本例中，输入和输出参数在屏幕上表示为文本及选择框。问题就在于数字如何使用合法的文本形式来表达，以及如何解释选择框的内容。这些问题我们在后面讨论。

编写测试程序与应用程序自动地交互，是比较复杂的。
- 如果完全基于每个元素在屏幕上的绝对坐标值 (x,y) 来进行交互，就很容易出现问题。一旦屏幕布局有变化，测试用例就会失败，对于响应式交互设计⊖来说，这是个非常明显的问题。
- 使用提示符文本也会带来问题。不同的使用习惯会影响提示符所在的位置。例如，拨号的提示符就会位于元素内部，文本框的提示符可能在文本框的左边或上边，甚至可能是文本框内部的灰色字体。通过提示符来定位非文本也是比较困难的，例如一个警告可能只是在屏幕上弹出一个小图标（如一个警示小旗）。

⊖ 响应式界面会自动改变屏幕的布局，以适应屏幕的大小和方向。例如，如果旋转手机，屏幕元素就会随之改变，以适应屏幕的方向。更复杂的版本还有可能改变屏幕的内容，例如，在小屏幕上显示时，就会移除较大的 logo，或将文本和提示符缩短。

对于用户来说，通过提示符，依据习惯或者经验来定位和解释这些用户界面元素，是很容易的事情。但是定位这些元素、解析这些元素的数据表示就会给测试自动化带来巨大的挑战。除非有详细的文档描述了界面的细节，否则需要深入研究之后，才可能使用黑盒测试技术来选择测试数据。

应用程序可能会使用很多种不同的屏幕界面元素，例如下拉菜单、弹出菜单、滑块、拖曳操作、键盘手势等，甚至可能还会用到屏幕外的接口，例如视频、音频、触摸屏等。这些都会极大地加大测试难度。

与 HTML 元素交互

测试员必须找到一种能够定位 HTML 元素的方法，对于 Web 应用来说，如果页面设计良好，最好是使用每个页面上的 HTML 标题和每个元素的 HTML id 来实现定位。如果没有这些辅助手段，就会稍微难一点，此时元素可能是由其内容（例如按钮上的文本）定位的，或者更糟，元素可能由其在页面上（更确切地说，在当前加载的文档对象模型里）的相关位置或绝对位置来定位。

Selenium 库是其他 Web 自动化工具的代表，Selenium 可以提供一系列的方法找到 HTML 元素并与之进行交互。

- 可以使用 By 对象来代表搜索准则。HTML 元素可能由若干特征来标识：id、类的名字、CSS 选择器、锚链接文本、锚部分链接文本匹配、名字、标签或 xpath 等[⊖]。
- WebDriver.findElement()/findElements() 方法使用 By 对象，可以返回第一个或所有匹配的元素。

数据表示

数据表示方式是测试员要面临的另一个关键问题，图 10.17 即为一个示例。该示例中，用一个文本字符串表示一个整数。在程序中，有许多可以将字符串转换为整数的方式，当然也有很多方式不能。下面的分析有些是 Java 特有的，有些是许多语言通用的。有效字符串一词表示可以使用单个标准 Java 库调用[⊖]将其转换为整数值的字符串。

如果没有预处理（通常是先调用 String.strip()），带有空格的字符串（例如 " 44 "）是不能通过上述整数转换方法来进行转换的。如果一个应用程序允许调用不标准的整数（比如标准 Java 字符串转换方法不支持的格式），程序员就必须编写定制的转换程序，而测试员要验证对这些整数的处理都是正确的。

重要之处不是程序员使用哪一种方法完成转换，而是应用程序能够支持哪一种方法。理想的情况下，应用程序规范中会说明这一点。不然，就需要询问客户，或者通过查看使用了哪一种接口来确定。

常识使用起来很方便，但很容易产生失误。例如，程序员可能认为 033（八进制）和 33（十进制）之间的区别非常明显，但是客户会将其视为数据错误。

⊖ 如果没有定义 HTML 元素的 id，By.ByXPath() 将是非常有用的工具，By.ByXPath() 可以通过元素的内容找到该元素。不过，使用 By.ByXPath() 不是很容易和直接。请参见 www.javadoc.io/doc/org.seleniumhq. selenium/selenium-api/2.50.1/org/openqa/selenium/By.html 获取更多细节。

⊖ Integer.parseInt() 或 Integer.decode()。

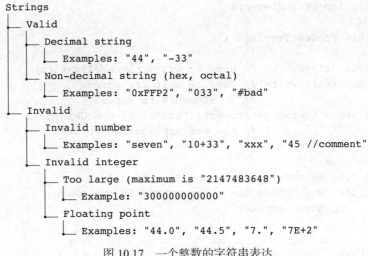

图 10.17　一个整数的字符串表达

10.4.6　测试覆盖项

在基本的用户故事测试中，每一条验收准则就是一个 TCI。我们可以使用标准的技术来规定用户应用及其界面，这些技术有 UML 用例[⊖]、IEEE 场景[⊖]等。如果是 UML 用例测试，那么每个场景就是一个 TCI；如果是 IEEE 场景测试，那么主场景和其余场景都是 TCI。

用户故事测试不仅可以使用验收准则，还可以使用等价类划分、边界值或输入值的组合来作为 TCI。这样做会增加一些正常的测试用例，以及大量错误的测试用例，例如有很多种错误地表示整数输入的情况，所以需要使用系统化的策略来获取更严格的测试。

如果没有提前完成单元测试，那么使用等价类划分、边界值分析、判定表等技术作为应用测试的补充，是很必要的。这些测试用例可能不像使用编程接口测试单个方法或类的时候那样严格。我们可以使用等价类划分、边界值分析、判定表等技术（而不是使用用户故事/验收准则）来识别 TCI。

重要提示：除了使用客户认可的用户故事以外，测试员使用等价类划分、边界值分析、判定表、面向对象的测试技术、基于经验的测试技术等，也可能会识别出大量的 TCI。

14.3 节会更详细地讨论这些内容。

10.4.7　测试用例

每个 TCI 都是一个测试用例，新增的测试用例应该提供更广泛的测试输入数据，尤其是错误的输入数据。

10.4.8　测试实现

片段 10.2 所示，为 TestNG/Selenium 测试用例的基本结构。

片段 10.2　基本测试用例结构

```
// TestNG import statements
```

⊖　请参见 www.omg.org 提供的 Object Management Group 标准。

⊖　ISO/IEC/IEEE 29119-3:2013 Software and systems engineering – Software testing – Part 3: Test documentation。

```
// Selenium import statements

public class WebTestTemplate {

    WebDriver driver;      // used to drive the application
    Wait<WebDriver> wait; // used to wait for screen
                          //     elements to appear
    String url = System.getProperty("url"); // the URL for
                          // the web application to test

    @BeforeClass
    public void setupDriver() throws Exception {
        // This runs before any other method in the class:
            open web browser
    }

    @AfterClass
    public void shutdown() {
        // This runs after all other methods:
            close the web browser
    }

    // Tests go here

    @Test(timeOut = 20000)
    public void test_Tnnn() {
    }

    // Post test method processing goes here

    @AfterMethod
    public void postMethodProcessing() {
        // Runs after each test method:
            return to a common start screen
    }

}
```

我们可以根据代码中的注释识别出关键元素。

启动和关闭

每个 Selenium 测试用例都需要与 Web 浏览器建立连接，才能运行自动化测试，最后应关闭浏览器。列表 10.6 和列表 10.7 所示为必需的 @BeforeClass 和 @AfterClass 方法。

列表 10.6　TestNG/Selenium 启动代码

```
33    @BeforeClass
34    public void setupDriver() throws Exception {
35       System.out.println("Test started at:
             "+LocalDateTime.now());
36       if (url == null)
37         throw new Exception("Test URL not defined: use
               -Durl=<url>");
38       System.out.println("For URL: "+url);
39       System.out.println();
```

```
40      // Create web driver (this code uses chrome)
41      if (System.getProperty("webdriver")== null)
42        throw new Exception("Web driver not defined: use
                -Dwebdriver=<filename>");
43      if (!new File(System.getProperty("webdriver")).exists())
44        throw new Exception("Web driver missing: "+
                System.getProperty("webdriver"));
45      System.setProperty("webdriver.chrome.driver",
              System.getProperty("webdriver"));
46      driver = new ChromeDriver();
47      // Create wait
48      wait = new WebDriverWait( driver, 5 );
49      // Open web page
50      driver.get( url );
51    }
```

列表 10.7　TestNG/Selenium 关闭代码

```
53      @AfterClass
54      public void shutdown() {
55        driver.quit();
56      }
```

上述代码有以下几种重要的特性：

- 通过 Selenium WebDriver 控制浏览器。
- 开始运行测试之前，必须使用 @BeforeClass 方法打开 Selenium WebDriver。本例中，我们使用 Chrome 浏览器，这就要运行 chromedriver.exe[⊖]，见第 45 和 46 行。
- Web 浏览器与测试程序是异步运行的，需要等一段时间浏览器才能显示完全所有的条目，因此在第 48 行，我们创建了 WebDriverWait 对象。
- 必须触发浏览器才可以打开 Web 页面，见第 50 行。
- 所有的测试都执行完成后，应使用 @AfterClass 方法关闭 Web 浏览器，见第 53 ～ 56 行。
- 我们将 URL 作为参数传递给测试方法，这样可以更容易地测试 Web 应用不同的版本，每个版本只要使用不同的 URL 即可。使用 System. getProperty() 就可以提取 URL 参数，见片段 10.2，之后对其进行合法性验证，见列表 10.6 中第 36 和 37 行。

10.4.9　与 HTML 元素进行交互

每个 HTML 元素都有其自有的属性和行为[⊖]，测试员需要了解这些属性和行为，才能设计出高效的测试。本节我们使用以下 Selenium 方法与 HTML 元素进行交互：

- anchor.click()
- button.click()
- checkbox.click()
- checkbox.isSelected()
- div.getAttribute("InnerHTML")
- element.id
- input,type=text,element.getAttribute("value")

⊖　详见 www.selenium.dev。

⊖　由 W3C 定义，详见 https://dev.w3.org。

- input,type=text,element.sendKeys()
- page.title

在实践中，我们经常需要引用 HTML 文档对象模型和 HTML 规范[⊖]，以及 Selenium API 文档[⊖]来找到相应的 API 调用，这样才能正确地访问 HTML 元素。

有时，测试员需要使用不同的 Selenium 调用或不同的属性执行一些试运行操作，以确保测试能够正确地运行。设计测试时，在控制台打印元素不同的属性，或者不同 Selenium 方法的执行结果，也是很有帮助的。

10.4.10 测试输出消息

到目前为止，我们还没有考虑测试输出的两个元素：

- 记录时间和测试对象；
- WebDriver（本例中为 ChromeDriver）启动消息。

图 10.18 所示为这两个元素。

```
Test started at: 2020-09-24T19:15:14.618050100
For URL: ch10\fuelchecker\fuelchecker.html

Starting ChromeDriver 84.0.4147.30 (48
    b3e868b4cc0aa7e8149519690b6f6949e110a8-refs/branch-heads/4147@
    {#310}) on port 1388
Only local connections are allowed.
Please see https://chromedriver.chromium.org/security-considerations
    for suggestions on keeping ChromeDriver safe.
ChromeDriver was started successfully.
[1600971316.989][WARNING]: This version of ChromeDriver has not been
    tested with Chrome version 85.
Sep 24, 2020 7:15:18 P.M. org.openqa.selenium.remote.ProtocolHandshake
    createSession
```

图 10.18 附加的测试输出消息

测试应用程序（或其他系统）的时候，记录测试的日期和时间，以及被测应用程序（也就是测试对象）的细节，是非常有用的。本例中，测试对象就是一个 URL。测试程序使用方法 @BeforeClass 打印这些有用的信息，见列表 10.6 中第 35 和 38 行。

ChromeDriver 消息能够显示正在运行的版本、警告信息（运行在 ChromeDriver 控制之下时，Chrome 只允许本地连接），以及确认信息（ChromeDriver 已经成功打开一个与 Chrome 浏览器的连接）。

10.4.11 录制与回放测试

另外一种形式的自动用户界面测试，就是录制与应用程序的人工交互过程，再自动向应用程序回放该交互过程，将录制下来的响应与应用程序在自动回放过程中产生的响应进行对比。如果软件更改之后，需要验证软件已有的行为有没有遭到破坏，那这种方法非常有用，这个过程也被称为回归测试。

一般来说，录制与回放工具都是自动记录用户的输入，但是需要用户手工确认一些重要

⊖ 详见 www.w3.org。

⊖ 详见 www.selenium.dev/documentation/en。

的输出，因为工具没有办法识别对于正确的响应来说，屏幕上哪些部分是重要的，哪些部分不是。用户确认以后，这些重要部分的输出就会被自动记录下来。当回放交互过程的时候，给定同样的用户输入之后，工具会检查重要的输出部分是否包含与之前记录的信息一样的内容。

大多数基于 Web 的测试工具，例如 Selenium[⊖]，都可以提供这样的工具。测试员还可以进行一些定制化的操作，比如每次测试执行的时候，让日期字段会有所变化等。但如果是测试用户故事，则需要更多的编程实现，如本节所示。

10.5　评估

在一个良好设计的开发过程中，已经提前对实现燃料检查功能的类进行了单元测试。因此在系统测试阶段，只有与用户界面相关的错误才可能造成失效。本章后面只讨论用户故事测试的局限性。

10.5.1　局限性

本节探讨一些示例故障，包括三种故障类型。

- 导航故障：插入一个故障，该故障能够阻止应用程序从一个屏幕转换到另一个屏幕。
- 屏幕元素故障：在某个屏幕元素中，插入一个故障。
- 软件特性故障：在软件特性中插入一个故障，检查燃料量。

应用程序使用 HTML 和 JavaScript 实现，可以通过 Fuelchecker.html 进行查看。

导航故障

我们往 Fuel Checker 应用从 Results 屏幕到 Exit 屏幕转换的过程中，注入一个故障。

此处从正确代码中摘出两个片段。列表 10.8 所示为在屏幕上点击 <u>EXIT</u> 超链接时，将设置超文本引用 exitlink 来调用 JavaScript 方法 Exit()。

列表 10.8　exitlink 初始化

```
74    <li style ="display: inline"><a id="exitlink"
          href="javascript:Exit()"
          style="color:black">Exit</a></li>
```

当应用程序转换到 Results 屏幕时，列表 10.9 所示为正确的代码实现。

列表 10.9　正确的导航代码

```
132       document.getElementById("result").value = result;
133
134       document.getElementById("Enter").style.display='none';
135       document.getElementById("Continue").style.display='block';
136       document.getElementById("subhead").innerHTML = "Results";
137       document.getElementById("result").style.display='inline';
138       document.getElementById("litres").disabled = true;
139       document.getElementById("highsafety").disabled = true;
140       document.title = "Results";
```

列表 10.10 所示为注入故障的代码实现。

列表 10.10　注入故障的导航代码

```
132       document.getElementById("result").value = result;
133
```

⊖ 详见 www.selenium.dev/selenium-ide，获取更多 Selenium IDE 细节。

```
134        document.getElementById("Enter").style.display='none';
135        document.getElementById("Continue").style.display='block';
136        document.getElementById("subhead").innerHTML = "Results";
137        document.getElementById("result").style.display='inline';
138        document.getElementById("litres").disabled = true;
139        document.getElementById("highsafety").disabled = true;
140        document.getElementById("exitlink").removeAttribute("href");
                   // navigation fault
141        document.title = "Results";
```

在第 140 行，转换到 Results 屏幕时，错误地删除了 exitlink 超文本引用。结果就是在屏幕上点击超链接时，什么也不会发生。

在注入故障的应用程序上，运行用户故事测试的结果，如图 10.19 所示。

```
Test started at: 2020-08-28T13:24:31.014562300
For URL: ch10\fault-nav\fuelchecker.html

Starting ChromeDriver 84.0.4147.30 (48
    b3e868b4cc0aa7e8149519690b6f6949e110a8-refs/branch-heads/4147@
    {#310}) on port 8104
Only local connections are allowed.
Please see https://chromedriver.chromium.org/security-considerations
    for suggestions on keeping ChromeDriver safe.
ChromeDriver was started successfully.
Aug 28, 2020 1:24:33 P.M. org.openqa.selenium.remote.ProtocolHandshake
    createSession
INFO: Detected dialect: W3C
PASSED: testEnterCheckView("T1", "1000", false, "Fuel fits in tank.")
PASSED: testEnterCheckView("T2", "400", true, "Fuel fits in tank.")
PASSED: testEnterCheckView("T3", "2000", false, "Fuel does not fit in
    tank.")
PASSED: testEnterCheckView("T4", "1000", true, "Fuel does not fit in
    tank.")
PASSED: testEnterCheckView("T7", "xxx", true, "Invalid data values.")
PASSED: test_T5
PASSED: test_T6
===============================================
Command line suite
Total tests run: 7, Passes: 7, Failures: 0, Skips: 0
===============================================
```

图 10.19　注入导航故障之后的测试结果

所有的测试用例都通过了，因为在用户故事中，显示 Results 屏幕后，从来没有使用过这个特殊的链接。导航测试可以用来确保每个链接的正确性，或应该触发一个页面转换的操作的正确性，通常在每个屏幕都适用。

屏幕元素故障

我们往 Fuel Checker 应用程序处理屏幕元素 highsafety 的过程中，注入一个故障，该故障会阻止应用程序返回到主屏幕。列表 10.11 所示为正确代码的片段。

列表 10.11　正确的屏幕元素代码

```
150        document.getElementById("Info").style.display='block';
151        document.getElementById("Enter").style.display='block';
152        document.getElementById("Continue").style.display='none';
153        document.getElementById("result").style.display='none';
154        document.getElementById("litres").disabled = false;
155        document.getElementById("highsafety").disabled = false;
156        document.title = "Fuel Checker";
```

```
157        document.getElementById("subhead").innerHTML = "Enter
               Data";
```

点击 Continue 按钮后，应用程序返回至主屏幕，同时 highSafety 选择框重新使能，见第 155 行代码。用户可以根据下一次输入的数据，选择或不选择该选择框。

列表 10.12 所示为注入故障的代码。

列表 10.12　注入故障的屏幕元素代码

```
150        document.getElementById("Info").style.display='block';
151        document.getElementById("Enter").style.display='block';
152        document.getElementById("Continue").style.display='none';
153        document.getElementById("result").style.display='none';
154        document.getElementById("litres").disabled = false;
155        document.getElementById("highsafety").disabled = true;
               // Screen element fault
156        document.title = "Fuel Checker";
157        document.getElementById("subhead").innerHTML = "Enter
               Data";
```

点击 Continue 按钮后，应用程序返回至主屏幕，同时 highSafety 选择框被禁用，见第 155 行代码。但是用户不会根据下一次输入的数据，对该选择框进行操作。

在注入故障的应用程序上执行用户故事测试用例后，其结果如图 10.20 所示。

```
Test started at: 2020-08-28T13:35:51.590660100
For URL: ch10\fault-elem\fuelchecker.html

Starting ChromeDriver 84.0.4147.30 (48
    b3e868b4cc0aa7e8149519690b6f6949e110a8-refs/branch-heads/4147@
    {#310}) on port 25965
Only local connections are allowed.
Please see https://chromedriver.chromium.org/security-considerations
    for suggestions on keeping ChromeDriver safe.
ChromeDriver was started successfully.
Aug 28, 2020 1:35:54 P.M. org.openqa.selenium.remote.ProtocolHandshake
    createSession
INFO: Detected dialect: W3C
PASSED: testEnterCheckView("T7", "xxx", true, "Invalid data values.")
PASSED: test_T5
PASSED: test_T6
FAILED: testEnterCheckView("T1", "1000", false, "Fuel fits in tank.")
java.lang.AssertionError: expected [Fuel fits in tank.] but found [
    Invalid data values.]
        at example.FuelCheckerWebStoryTest.testEnterCheckView(
            FuelCheckerWebStoryTest.java:97)

FAILED: testEnterCheckView("T2", "400", true, "Fuel fits in tank.")
java.lang.AssertionError: expected [Fuel fits in tank.] but found [
    Invalid data values.]
        at example.FuelCheckerWebStoryTest.testEnterCheckView(
            FuelCheckerWebStoryTest.java:97)

FAILED: testEnterCheckView("T3", "2000", false, "Fuel does not fit in
    tank.")
java.lang.AssertionError: expected [Fuel does not fit in tank.] but
    found [Invalid data values.]
        at example.FuelCheckerWebStoryTest.testEnterCheckView(
            FuelCheckerWebStoryTest.java:97)
```

图 10.20　屏幕元素故障的测试结果

```
FAILED: testEnterCheckView("T4", "1000", true, "Fuel does not fit in
    tank.")
java.lang.AssertionError: expected [Fuel does not fit in tank.] but
    found [Invalid data values.]
        at example.FuelCheckerWebStoryTest.testEnterCheckView(
            FuelCheckerWebStoryTest.java:97)
=================================================
Command line suite
Total tests run: 7, Passes: 3, Failures: 4, Skips: 0
=================================================
```

图 10.20　屏幕元素故障的测试结果（续）

有四个测试用例失败，测试用例 T1、T2、T3 和 T4 在应用程序返回至主屏幕后要使用 highsafety 按钮，但因为注入故障的代码没有重新使能这个按钮而使用失败。测试用例 T5 和 T6 没有使用 highsafety 按钮。测试用例 T7 使用了 highsafety 按钮，但是不需要该按钮也可以正常工作。类似这样的高影响度故障很可能造成多个用户故事测试用例执行失败，但如果是比较轻微的故障就不太可能被简单的用户故事测试用例发现。

软件特性故障

当用户与应用程序进行交互的时候，应用程序一般会使用一个或多个特性来完成用户故事中规定的工作。Fuel Checker 应用程序具有三个软件特性：检查燃料量、显示油箱容量、退出。

在检查燃料量这个特性中，我们注入一个故障：用户界面代码不能将正确的参数值传递给软件特性代码。数据可以正确地从一个文本字符串转换成一个整数，但是此处含有一个不正确的乘法操作，因此会产生一个错误的数据值。

列表 10.13 所示为原始的正确代码。从 litres 元素中读取字符串变量 lss，然后使用 parseInt(lss,10) 将其转换为一个整数。

列表 10.13　正确的软件特性代码

```
104     var lss = (document.getElementById("litres")).value.trim();
105     if (lss == parseInt(lss,10))
106        ls = parseInt(lss,10);
107     else
108        ls = "Invalid";
```

列表 10.14 所示为注入故障的代码。正确地完成数据转换之后，进行了错误的乘 10 操作，使得后续检查加油量时，使用了错误的数据。

列表 10.14　错误的软件特性代码

```
104     var lss = (document.getElementById("litres")).value.trim();
105     if (lss == parseInt(lss,10))
106        ls = parseInt(lss,10)*10; // Fault: incorrect
                multiplication
107     else
108        ls = "Invalid";
```

图 10.21 所示，为在注入故障的应用程序上运行用户故事测试用例之后的结果。

图中可见有两个测试用例失败。对于某些输入数据，软件特性代码还是可以正常工作的，但是对于其他的输入，则出现错误。很多情况下，这种类型的故障只会造成软件行为产生非常细微的变化，简单的用户故事测试很难发现这类故障。

```
Test started at: 2020-08-28T15:43:45.978844200
For URL: ch10\fault-feat\fuelchecker.html

Starting ChromeDriver 84.0.4147.30 (48
    b3e868b4cc0aa7e8149519690b6f6949e110a8-refs/branch-heads/4147@
    {#310}) on port 24601
Only local connections are allowed.
Please see https://chromedriver.chromium.org/security-considerations
    for suggestions on keeping ChromeDriver safe.
ChromeDriver was started successfully.
Aug 28, 2020 3:43:49 P.M. org.openqa.selenium.remote.ProtocolHandshake
    createSession
INFO: Detected dialect: W3C
PASSED: testEnterCheckView("T3", "2000", false, "Fuel does not fit in
    tank.")
PASSED: testEnterCheckView("T4", "1000", true, "Fuel does not fit in
    tank.")
PASSED: testEnterCheckView("T7", "xxx", true, "Invalid data values.")
PASSED: test_T5
PASSED: test_T6
FAILED: testEnterCheckView("T1", "1000", false, "Fuel fits in tank.")
java.lang.AssertionError: expected [Fuel fits in tank.] but found [Fuel
    does not fit in tank.]
        at example.FuelCheckerWebStoryTest.testEnterCheckView(
            FuelCheckerWebStoryTest.java:97)

FAILED: testEnterCheckView("T2", "400", true, "Fuel fits in tank.")
java.lang.AssertionError: expected [Fuel fits in tank.] but found [Fuel
    does not fit in tank.]
        at example.FuelCheckerWebStoryTest.testEnterCheckView(
            FuelCheckerWebStoryTest.java:97)


===============================================
    Command line test
    Tests run: 7, Failures: 2, Skips: 0
===============================================
```

图 10.21　软件特性故障的测试结果

10.5.2　强项和弱项

通过测试，确认被测应用已经满足用户故事中的验收准则，能够确保用户所需要的基本功能都已可以正确地实现。

用户故事测试不太可能发现应用程序中所有的导航故障、屏幕元素故障和软件特性故障，只能发现因与用户故事或文档化验收准则不匹配而暴露出来的那些故障。

10.6　划重点

- 系统是通过系统接口完成测试的，通常比给方法传递参数的方式要复杂得多。
- 应用测试是系统测试的一种形式。
- 通过 GUI 测试应用程序（基于 Web 的、基于桌面的，或移动应用）需要用到一些独特的标识符，这样才可以引用输入和输出所需的界面元素。
- 通过浏览器进行基于 Web 的测试离不开浏览器的支持，这样自动化测试才能够模拟用户的输入，获取输出。

- 如果使用用户故事测试，可能无法实现针对错误情况的测试或者发现应用程序中所有的错误。

10.7　单元测试和应用测试之间的关键区别

正如本章所展示的，应用测试的复杂度远远超过了单元测试。因为用户界面等于在用户和代码之间插入了一个翻译层，只有正确地处理这一翻译层，才能正确地模拟用户的操作。这个过程增加了复杂性。单元测试与应用程序测试的主要区别体现在三方面。

- 定位输入方面：
  - 在单元测试中，通过输入在方法或函数调用里的位置来定位输入，当然有些编程语言可以支持命名参数。输入也可以是类的属性，或者可以来自外部资源，例如文件、数据库或物理设备。
  - 在应用测试中，输入可能是屏幕上的一个元素，或滚动条等。我们可以通过试运行来确定这些输入。在一个良好设计的应用程序中，每个输入都有唯一标识符，至少在每个屏幕上会有，否则就只能通过屏幕上的绝对坐标或者相对坐标来定位输入。与单元测试相同，有时候应用程序的输入也可以来自外部资源。
- 定位输出方面：
  - 在单元测试中，输出可能是方法或函数调用的返回值，也可能是这些调用的副作用，例如类属性的改变，或者发送给外部资源的输出。
  - 在应用测试中，输出可能与输入一样，也是屏幕上的某个元素，或在多个屏幕上显示的元素。因此怎样定位输入，就可以用同样的方法来定位输出。与单元测试一样，应用程序的输出有可能是发送给外部资源，例如数据库的输出。
- 自动化实现测试方面：
  - 在单元测试中，自动化实现测试是很简单直接的：确定一组输入数值，调用方法 / 函数，获取返回值（实际结果），并与预期结果进行比对。
  - 在应用测试中，每个输入元素都需要单独定位，这些输入可能位于不同的屏幕，还要正确地处理它们以呈现输入数值。测试员还需要触发应用程序的功能，有时只需要通过一个简单的按钮就可以，但通常需要屏幕元素进行复杂的操作才行。输出也是一样，确定输出之后再从屏幕上获取输出，然后进行解析，生成实际的结果，并与预期结果进行比对。

10.8　给有经验的测试员的建议

有经验的测试员经常会直接根据用户故事和验收准则设计测试代码，同时运行应用程序，以便找到 HTML 的 id 以及测试所需的元素类型，最后在脑海中决定使用哪些代表性的数据类型。但这样一来，如果审查人员不能重新做一遍所有的分析，是不可能审查测试员的工作的。所以，测试员还是应该以注释的形式，在测试代码中写下选择代表性数据类型的原因。一般来说还需要设计一些测试用例，覆盖潜在的数据表示问题，尤其是针对输入错误数据的情况。最后，应该基于测试员的经验，增加一些基于经验的测试用例，以便尽可能发现在基础的用户故事测试中可能忽略掉的一些隐患。

设计和执行测试用例所花费的时间成本，与应用程序自身的价值密切相关。本书第 1 章就探讨过基于失效的风险。对于一个只针对少数客户销售低价值商品的电商网站来说，可能根本不会对代码做单元测试，至于用户故事，可能也就包括列出商品、将商品加入购物车、结账和查看订单状态等。人工测试就足够了，甚至不会有正规的文档。但如果是另一种情况，比如一个银行的网站，其所有代码可能都要经过单元测试，而且还要进行深入的自动化应用测试，包括用户故事测试以及我们提到的其他测试方法，以保证银行客户在使用网站时不会遇到任何故障。

测试自动化

人工测试总是又慢又容易失误，还难以重复。但是软件测试需要快速、准确、可重复。这个冲突的解决方案就是测试自动化。本章详细探讨自动化测试的细节，以及自动化测试与前述章节中测试设计技术之间的关系。

11.1 简介

软件测试需要快速完成，这样才可以多次重复执行测试而不造成时间延迟。软件测试需要准确，这样测试结果才可以作为质量的标尺。软件测试还需要可重复，这样才可以支持回归测试，在软件不同版本上重复运行多次测试。

在现代的敏捷开发过程中，上述几点尤为重要，因为在每一个快速周期里，都会新增一些功能而且必须在周期内测试完成。

一些相对来说比较容易实现自动化的测试任务如下所示。

- 执行测试用例。
- 收集测试结果。
- 评估测试结果。
- 生成测试报告。
- 统计简单白盒测试的覆盖率。

较难实现自动化的测试任务如下所示。

- 生成测试覆盖项，生成测试用例的数据。
- 统计黑盒测试的覆盖率。
- 统计复杂白盒测试的覆盖率。

单元测试的执行很明显是可以自动完成的。只要编写代码，使用规定好的测试输入数据调用被测方法，然后对比实际结果和预期结果即可。

应用测试很难自动化完成。在手工测试时，屏幕输出是否正确可以由测试员判断，自动化测试则需要明确在屏幕上显示预期输出所需的具体信息。

应用测试难以自动化的另一个原因是其依赖于系统接口的细节：测试输入的提供和测试结果的收集，都需要通过系统接口完成。通常来说，对应用程序需要更多的时间来开发。不仅需要开发测试本身，还需要使用其他复杂的程序接口库。一般来说，从人工应用测试到自动化应用测试，需要一个转换过程。这里有一个首要的原则：如果一个测试用例需要执行至少两次，那就值得使用测试自动化。

自动化测试可以组合执行，我们称之为测试集或测试套件，然后测试结果会自动汇总到测试报告里。测试报告包含对测试结果（通过或失败）的整体总结，还可能包含已执行测试用例的统计结果、每个失效的测试问题报告，可以提供测试用例失败的原因，辅助定位故障。

本章，我们将使用 TestNG[一]作为示例测试框架（在第 2 ～ 6 章，我们也使用了 TestNG 作为示例），更深入地探讨自动化单元测试。我们也将继续深入探讨自动化应用测试，包括使用 TestNG 管理测试用例，使用 Selenium[二]作为接口，实现测试用例与基于 Web 应用的交互。

11.1.1　解析测试结果

自动化测试的结果可能有以下四种。

- 通过：测试用例通过。
- 失败：测试用例失败。
- 被跳过：没有执行测试用例，例如如果执行测试用例所需的某个设置失败，则不执行测试用例。
- 没选中：测试用例在测试组合中，但是未被选中运行。

区分失败的测试用例和被跳过的测试用例，是很重要的。测试用例被跳过的原因是测试设置失败，可能是被测代码的类文件没有位于正确的地址，或者 Web 浏览器使用的 Web Driver 版本不对。被跳过的测试用例通常需要测试员再次运行。

11.1.2　文档化自动化测试

设计测试时，测试文档中应包括：分析的结果、测试覆盖项（TCI）、测试用例 / 测试数据。测试用例的标识符将在测试方法的名字或参数化测试用例的数据域中得到引用。

自动化软件测试的时候，有两种可以保存测试文档的方法：在单独的文件中保存（使用文档或电子表格工具，大型组织里还可使用数据库），或将其作为测试程序的注释保存。

请注意，一个文件中的所有测试用例必须有唯一标识符（本书使用层次化的编号）。每个测试用例可以使用测试对象和测试标识符来唯一标识，例如 giveDiscount() test T1.3。这样，调试过程中想要重现某个失效的时候，就可以重新运行某个指定的测试用例，以及在修复某个故障之后，可以再次运行指定测试用例验证该故障是否得到修复。

维护一个测试文件的修订历史是很有用的，一般来说 Git 这样的版本控制系统就可以自动完成这件事情。没必要将测试文件限定为某一个特殊的类型，测试文件可以包括多个测试技术生成的测试用例，这些技术如等价类划分、边界值分析、判定表等。每种测试技术生成的测试用例也可以放在单独的文件里。通常来说黑盒测试和白盒测试生成的测试用例会分在不同的文件。因为就算是代码有变更，黑盒测试用例仍然可以是合法和有效的，白盒测试用例则不然。测试执行器，例如 TestNG，通常会从不同的测试类中提供若干种不同的测试方法。

11.1.3　软件测试自动化和版本控制

测试报告中一定要明确且无二义性地说明被测软件的标识符（软件名称、版本、变体[三]等）。这样报告才可以在正确的上下文得到解读，后续的调试和修复工作才能在正确的软件

[一]　参见 https://testng.org。

[二]　参见 www.selenium.dev。

[三]　变体（variant）是指在产品开发过程中改变的一个版本，也可以视为分叉的二进制，是不同的可执行文件，有各自的功能。在软件开发中，定义不同的变体可以使用同一个软件来解决不同的实际问题，也可以让软件同时部署在不同的平台上，同时完成不同的任务。——译者注

版本或变体上进行。同样，修复之后的验证工作也能够在指定的版本上实施。

类的标识符通常是版本控制系统里的版本编号，完整的系统的标识符通常是构建过程中的构建编号、发布标签，或者类似 Git 的修订控制系统内的日期。

11.2 测试框架：TestNG

本书使用 TestNG 作为单元测试自动化框架的示例。其他的框架与此框架功能都类似，本书不赘述 TestNG 的所有功能，只是详细地解释其典型的自动化测试功能。请查阅 TestNG 在线文档⊖获取更多详细信息。

TestNG 包括一组 Java 类，可以自动执行软件测试用例、收集和评估测试结果、生成测试报告。TestNG 使用测试执行器执行测试用例。

11.2.1 TestNG 示例的细节

列表 11.1 所示为示例 TestNG 测试类的源代码。

列表 11.1 示例 TestNG 源代码（DemoTest.java）

```
1  package example;
2
3  import static org.testng.Assert.*;
4  import org.testng.annotations.*;
5
6  public class DemoTest {
7
8      @Test
9      public void test1() {
10         Demo d = new Demo();
11         d.setValue(56);
12         d.add(44);
13         assertEquals( d.getValue(), 100 );
14     }
15
16  }
```

- 测试类从 TestNG 库引入所需要的支持（见代码中引用 org.testng 的 import 语句），然后在每个测试方法前面使用 @Test 标识符。
- 每个测试方法必须有一个或多个断言，如果一个断言失败，那么测试失败并立即停止执行，否则测试通过。
- 类 Demo 中含有方法 setValue(int)、add(int) 和 getValue()。方法 getValue() 和 setValue() 是属性 value 的 getter 和 setter 方法，add() 用于为属性数值添加传递进来的参数。

TestNG 测试方法的核心功能，如示例中 test1() 所示，包括以下五点：

- 创建被测对象。本例中创建了类 Demo 的一个实例，见第 10 行。
- 初始化对象，或将其置于可测试的正确的状态。本例中，将对象初始化为数值 56，见第 11 行。
- 调用被测方法。本例中，使用输入的测试数据 44 调用 add()，见第 12 行。
- 收集输出数据。本例中，调用 getValue()，见第 13 行。
- 最后，将实际结果（输出数值）与使用 TestNG 提供的 assertEquals() 方法获取的预期结果进行对比。本例中的预期结果为 100，见第 13 行。

⊖ https://testng.org。

运行该测试的输出，如图 11.1 所示。

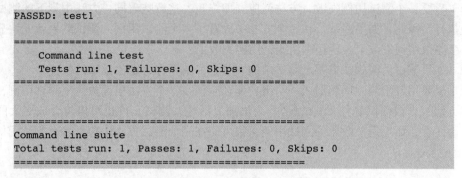

图 11.1　DemoTest 类的测试结果

TestNG 的标准输出[○]包括以下内容：

- 每个测试方法运行之后的测试结果。
- 每一组测试方法一起运行之后的测试结果。本书我们使用命令行运行测试方法，TestNG 在 Command line test 下面报告测试结果。此处展示了运行测试用例的数目，失败测试用例的数目和被跳过测试用例的数目。
- 整个测试套件的总结，我们可以将多个测试组合为一个测试套件，本章后面会详细阐述，测试套件的默认名字为 Command line suite。为简便，我们前面只展示了这些测试套件的结果。

本书其他部分，只展示整个测试套件的结果。

TestNG 支持若干断言方法，最常用的就是 assertEquals()、assertTrue() 和 assertFalse()。

如果断言通过，则继续执行方法的下一行语句。如果断言失败，则测试方法终止，抛出异常，测试用例失败。这就是为什么在一个测试方法中不要包含多个测试用例的原因，如果一个用例失败了，剩下的测试用例就不再执行了。当然这种情况不适用于参数化的测试用例，见 11.5 节。

TestNG 的测试执行器能够识别所有的测试方法，使用 Java 的反射机制查找测试类中所有带有 @Test 标识的方法，然后按照顺序调用这些方法，捕获异常，计数已经执行的测试用例数目、通过的测试用例数目和失败的测试用例数目。TestNG 还带有一个默认的命令行测试执行器，当然 TestNG 也可以在类似 Eclipse 的 IDE 中运行。我们也可以将一个管理测试执行的 XML 文件传递给测试执行器，见 11.3.1 节。

11.3　整理自动化测试代码

整理测试类文件的最佳办法，同时也是确保所有代码都被测试覆盖的最佳办法，就是为每一个程序类都创建一个测试类。例如，Demo.java 文件中有 Demo 类，文件 DemoTest.java 中就会有测试类 DemoTest。测试员可以使用任何方便的命名规则，本书我们的命名规则就是在类名字的后面加一个 Test。

在测试类中，每个单独的测试用例都是以方法的形式来实现的。对于 TestNG，每个测试方法必须是公共的，并且使用 Java 标识符（@Test）来说明这是一个测试方法，详见

11.2.1 节中的示例。建议一个测试方法实现一个测试用例，其原因如下：

（1）只要一个测试用例失败，方法就应立即终止，这意味着同一方法中剩下的测试用例都不会执行。因此，如果测试员在一个方法中放置了多个测试用例，测试结果就无法显示到底是一个测试用例失败了，还是一组测试用例失败了。

（2）如果测试员明确知道哪个测试用例失败了，就更容易定位故障的位置。

如果想要用若干测试用例形成一个组，那么应该在一个方法里面放一个测试用例，然后将测试方法组合成测试套件（测试集）。为增加灵活性，测试套件也可以组合成更大的测试套件。请注意，如果是参数化的测试用例，很可能在一个测试方法中包含多个测试用例，见11.5 节。

11.3.1 用 XML 文件整理 TestNG 测试

一个 XML 文件可以作为参数传递给 TestNG 执行器。这样可以将测试方法整理成测试套件以及带有测试类和测试方法的测试用例⊖。列表 11.2 所示为示例。

列表 11.2 示例 XML 文件

```xml
1  <?xml version="1.0" encoding="UTF-8"?>
2  <!DOCTYPE suite SYSTEM "http://testng.org/testng-1.0.dtd" >
3
4  <suite name="Suite1">
5    <test name="standardTest">
6      <classes>
7        <class name="example.DemoTest">
8          <methods>
9            <include name="test1" />
10         </methods>
11       </class>
12     </classes>
13   </test>
14   <test name="extraTest">
15     <classes>
16       <class name="example.DemoTestExtra">

17         <methods>
18           <include name="test2" />
19           <include name="test3" />
20         </methods>
21       </class>
22     </classes>
23   </test>
24  </suite>
```

图 11.2 所示为运行上述代码后的全部输出。测试员可以使用 TestNG 参数 log level 来指定输出所包含细节的程度（1 是最低，5 是最高）。此处使用 3，可以清楚地看到被调用的方法。

输出中显示了被调用的测试方法，以及 XML 文件定义的每一层级的测试结果，但是阅读起来并不容易，此处的格式严格符合 XML 中的定义。

在这种高级别细节的实例中，每一次测试执行后的结果可能会有所不同。

测试员可以将日志级别设置为 1，限制输出仅显示测试套件中测试通过和测试失败的信息，如图 11.3 所示。

⊖ 本书中 TestNG 的术语，与其他书籍中的标准 IEEE 术语略有区别。

```
===== Invoked methods
    DemoTest.test1()[pri:0, instance:example.DemoTest@6e171cd7]
        1847008471
=====
PASSED: test1


=============================================
    standardTest
    Tests run: 1, Failures: 0, Skips: 0
=============================================


PASSED: test1


=============================================
    extraTest
    Tests run: 1, Failures: 0, Skips: 0
=============================================

===== Invoked methods
    DemoTestExtra.test2()[pri:0, instance:example.
        DemoTestExtra@4f6ee6e4] 1332668132
    DemoTestExtra.test3()[pri:0, instance:example.
        DemoTestExtra@4f6ee6e4] 1332668132
=====
```

图 11.2　示例 XML 文件的测试输出

```
PASSED: test1
PASSED: test2
PASSED: test3


=============================================
    extraTest
    Tests run: 3, Failures: 0, Skips: 0
=============================================



=============================================
Suite1
Total tests run: 3, Passes: 3, Failures: 0, Skips: 0
=============================================



=============================================
Suite1
Total tests run: 3, Passes: 3, Failures: 0, Skips: 0
=============================================
```

图 11.3　示例 XML 文件的测试输出（日志级别为 1）

　　以 XML 文件中的名字为基础，测试员可以选择只运行某些特殊的测试用例、测试类或测试套件。

11.4　设置和清除方法

　　测试自动化工具在每个测试类或测试方法（或测试方法的组合）之前和之后，都分别提供了特殊的方法来支持对对象或与外部软件（例如服务器或数据库）的连接进行初始设置和清除操作。

例如，如果一个类中的对象需要在所有的测试用例之间共享，就需要在所有测试用例运行之前创建该对象，然后在每个测试用例执行之前再次对它初始化。

TestNG 提供了标识符来支持这种需求，列表 11.3 中就使用了 @BeforeMethod 标识符。测试方法 test1() 和 test2() 都是在 Demo 的某个实例中运行的，而 setup() 需要在每个测试方法之前运行。

列表 11.3   使用 @BeforeMethod 标识符

```
6   public class DemoTestM {
7
8     public Demo d;
9
10    @BeforeMethod public void setup() {
11      System.out.println("Creating a new Demo object");
12      d = new Demo();
13    }
14
15    @Test
16    public void test1() {
17      d.setValue(100);
18      assertEquals( d.getValue(), 100 );
19    }
20
21    @Test
22    public void test2() {
23      d.setValue(200);
24      assertEquals( d.getValue(), 200 );
25    }
26
27  }
```

执行上述测试的结果如图 11.4 所示，我们此处只展示了输出中比较重要的几行。

```
Creating a new Demo object
Creating a new Demo object
PASSED: test1
PASSED: test2
===============================================
Command line suite
Total tests run: 2, Passes: 2, Failures: 0, Skips: 0
===============================================
```

图 11.4   使用 @BeforeMethod 的输出

我们为每个测试方法都创建了一个新的 Demo 对象，会在所有测试结束后报告 TestNG 所产生的测试结果，而不是在每次测试方法执行完后进行报告。但是，println 方法的输出会立即显示。这就是为什么输出行显得不很整齐的原因。

如果某个对象会被一个测试类中的每一个测试用例使用，就可以使用 @BeforeClass 标识符⊖，在任一测试用例运行之前，先创建该对象，见片段 11.1。

片段 11.1   使用 @BeforeClass 和 @AfterClass

```
1   @BeforeClass public void setup() {
2     d = new Demo();
3   }
```

⊖ 详见 TestNG 文档获取全部标识符。

```
4
5   @AfterClass public void cleanup() {
6       d = null;
7   }
```

所有测试都执行完以后，可以使用 @AfterClass 清除对象。本例中使用了 setup() 和 cleanup()，所以 test1() 和 test2() 将在同一个 Demo 实例中运行。

TestNG 提供若干标识符支持上述操作，最常见的包括以下几种：

- @BeforeSuite/@AfterSuite：在已定义的测试套件前或后调用该标识符。
- @BeforeClass/@AfterClass：在测试类中的第一个测试方法运行前，或测试类中的最后一个测试方法后调用该标识符。
- @BeforeGroups/@AfterGroups：在已定义的测试组前或后调用该标识符。
- @BeforeMethod/@AfterMethod：在每个测试方法运行前或后调用该标识符。

11.5　内联测试与参数化测试

所有测试框架都可以定义带有内联测试数据（作为方法内部包含的常量）的测试方法。从列表 11.4 可见，在 TestNG 中使用了 @Test 标识符。

列表 11.4　内联测试

```
6   public class DemoTestInline {
7     @Test public void test1() {
8       Demo d = new Demo();
9       d.setValue(56);
10      d.add(44);
11      assertEquals( d.getValue(), 100 );
12    }
13    @Test
14    public void test2() {
15      Demo d = new Demo();
16      d.setValue(0);
17      assertEquals( d.getValue(), 0 );
18    }
19    @Test
20    public void test3() {
21      Demo d = new Demo();
22      d.setValue(-1000);
23      d.add(-1234);
24      assertEquals( d.getValue(), -2234 );
25    }
26  }
```

内联测试的运行结果如图 11.5 所示。

```
PASSED: test1
PASSED: test2
PASSED: test3
===============================================
Command line suite
Total tests run: 3, Passes: 3, Failures: 0, Skips: 0
===============================================
```

图 11.5　内联测试的输出

不同的测试方法需要不同的测试代码，使用内联测试数据可以避免代码重复。列表 11.4

中，test2() 中的测试方法与 test3() 中的测试方法略有差别。在系统测试中经常会出现这种情况，因为不同的测试用例需要不同的操作顺序。

大多数的测试框架都提供实现参数化测试的工具。在单元测试中尤其如此，因为同样的被测方法需要被不同的测试数据反复调用。在 TestNG 中，可以使用参数 dataProvider 实现这一功能，如列表 11.5 所示。

列表 11.5   参数化测试

```
 6  public class DemoTestParam {
 7    private static Object[][] testData = new Object[][] {
 8      { "test1", 56,   44,   100 },
 9      { "test2", 0,    0,    0 },
10      { "test3", -1000, -1234, -2234 },
11    };
12    @DataProvider(name = "testset1")
13    public Object[][] getTestData() {
14      return testData;
15    }
16    @Test(dataProvider = "testset1")
17    public void test(String id, int x, int y, int er) {
18      Demo d = new Demo();
19      d.setValue(x);
20      d.add(y);
21      assertEquals( d.getValue(), er );
22    }
23  }
```

有了数据提供器，我们可以按顺序使用每一行的测试数据来调用方法 test()。如下所示：

```
test( "test1", 56, 44, 100 );
test( "test2", 0, 0, 0 );
test( "test3", -1000, -1234, -2234 );
```

运行参数化测试的结果，如图 11.6 所示。

```
PASSED: test("test1", 56, 44, 100)
PASSED: test("test2", 0, 0, 0)
PASSED: test("test3", -1000, -1234, -2234)
===============================================
Command line suite
Total tests run: 3, Passes: 3, Failures: 0, Skips: 0
===============================================
```

图 11.6   参数化测试的输出

请注意输出中存在的细微差别：每次测试执行结果，都会显示参数化测试方法的名称和作为参数的数值。

使用迭代器

TestNG 支持静态和动态的数据提供器。静态数据提供器可以返回一个固定的数组（或针对标准组合的迭代器），而动态数据提供器可以返回一个定制的迭代器，能够在运行时生成数据。

我们可以通过编程，让动态数据提供器根据测试程序的需求提供不同的测试数据，或者提供极大规模的数据集。列表 11.6 就是一个示例。方法 @DataProvider 没有返回数组，而是返回了一个迭代器。

列表 11.6   带迭代器的 @DataProvider

```
9    private static Object[][] testData = new Object[][] {
10     { "test1", 56,   44,   100 },
11     { "test2", 0,    0,    0 },
12     { "test3", -1000, -1234, -2234 },
13   };
14
15   @DataProvider(name = "testset1")
16   public Iterator<Object[]> getData() {
17     return new DataGenerator(testData);
18   }
19
20   @Test(dataProvider = "testset1")
21   public void test(String id, int x, int y, int er) {
22     Demo d = new Demo();
23     d.setValue(x);
24     d.add(y);
25     assertEquals( d.getValue(), er );
26   }
```

每次调用迭代器方法 next() 时，该方法就会返回下一行数据。本例中迭代器方法使用的是一个预先初始化的数组，但是数据会在下一次方法调用时动态生成。这个机制对于随机测试非常有用，可以按需生成数据。列表 11.7 中还包含支持类 DataGenerator。

列表 11.7   DataGenerator 类

```
28   static class DataGenerator implements Iterator<Object[]> {
29
30     private int index = 0;
31     private Object[][] data;
32
33     DataGenerator(Object[][] testData) {
34         data = testData;
35     }
36
37     @Override public boolean hasNext() {
38       return index < data.length;
39     }
40
41     @Override public Object[] next() {
42       if (index < data.length)
43         return data[index++];
44       else
45         return null;
46     }
47   }
```

类 DataGenerator 的输出，如图 11.7 所示。

```
PASSED: test("test1", 56, 44, 100)
PASSED: test("test2", 0, 0, 0)
PASSED: test("test3", -1000, -1234, -2234)
===========================================
Command line suite
Total tests run: 3, Passes: 3, Failures: 0, Skips: 0
===========================================
```

图 11.7   带有迭代器的 @DataProvider 的测试输出

11.6 测试覆盖率

很多语言都提供自动化工具，至少能够统计语句覆盖率和分支覆盖率。这些工具可以验证白盒测试用例确实达到了覆盖率要求，并且在实践中主要用来统计黑盒测试用例达到的白盒测试覆盖率结果。如果这个覆盖率很低，说明代码中还有很多未被测试覆盖的部件，需要使用白盒测试技术提高覆盖率。我们可以在任何测试类型中统计代码覆盖率。

Java 有好几种统计工具可供选择，本书使用 JaCoCo。

JaCoCo 示例

图 11.8 所示为针对 giveDiscount() 进行语句和分支覆盖测试之后的结果，被测代码中注入了故障 4（见第 4 章）。测试技术采用的是第 2 章探讨的等价类划分，可以显示不同的覆盖率特性。覆盖率报告显示，没有达到全语句覆盖和全分支覆盖。

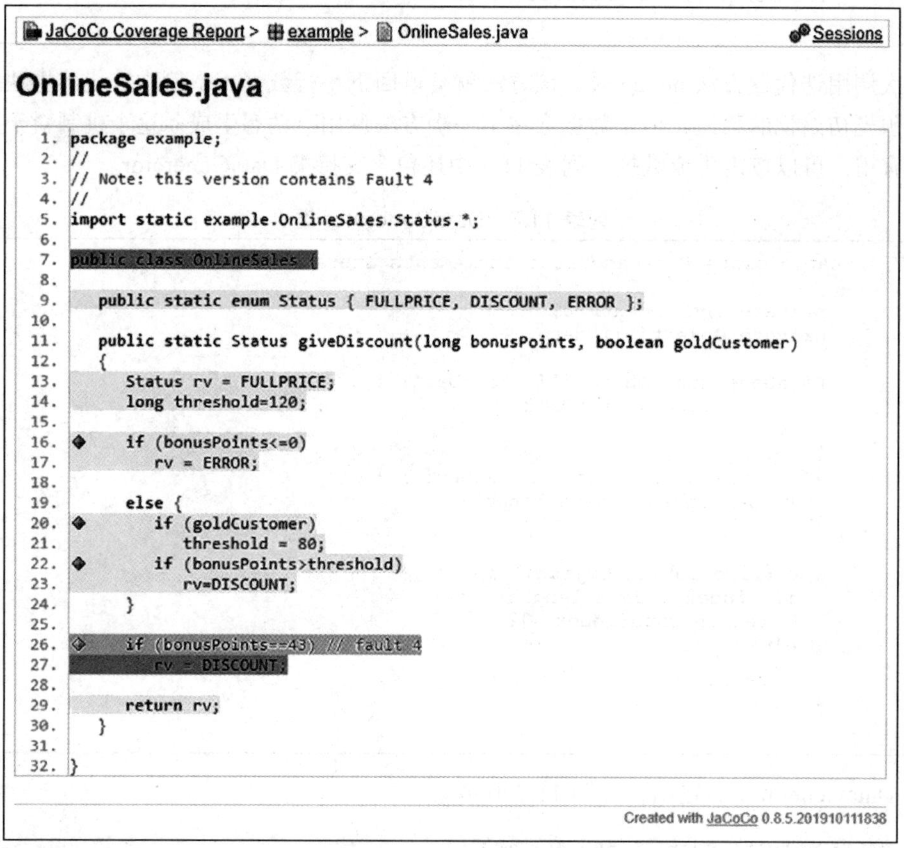

JaCoCo Coverage Report > example > OnlineSales.java　　Sessions

OnlineSales.java

```
1. package example;
2. //
3. // Note: this version contains Fault 4
4. //
5. import static example.OnlineSales.Status.*;
6.
7. public class OnlineSales {
8.
9.    public static enum Status { FULLPRICE, DISCOUNT, ERROR };
10.
11.   public static Status giveDiscount(long bonusPoints, boolean goldCustomer)
12.   {
13.      Status rv = FULLPRICE;
14.      long threshold=120;
15.
16.      if (bonusPoints<=0)
17.         rv = ERROR;
18.
19.      else {
20.         if (goldCustomer)
21.            threshold = 80;
22.         if (bonusPoints>threshold)
23.            rv=DISCOUNT;
24.      }
25.
26.      if (bonusPoints==43) // fault 4
27.         rv = DISCOUNT;
28.
29.      return rv;
30.   }
31.
32. }
```

Created with JaCoCo 0.8.5.201910111838

图 11.8　JaCoCo 的源代码覆盖结果示例

工具使用不同的颜色高亮显示源代码中的代码行，本书中则显示为不同程度的灰色。细节解释如下：

- 有些 Java 源代码行不生成任何可执行代码[⊖]，这些代码行没有被高亮显示：第 1 ～ 6、8、10、12、15、18、25、28 和 30 ～ 32 行。

⊖ Java 语句转换成可执行指令，程序才可运行。有些语句不生成指令，例如注释、输入语句、大括号等。其他 Java 语句可能生成多条指令。

- 绝大多数的代码行都是全部执行的[⊖]。这些代码行呈浅灰色（屏幕上呈绿色），包括第 9、13、14、16、17、20～23 和 29 行。这就意味着等价类划分测试用例覆盖了这些代码行。
- 第 26 行部分被执行，显示为中灰色（屏幕上是黄色）。这意味着这行代码带有分支，且至少一个分支没有被测试用例覆盖。本例中，第 26、27 行的分支没有被覆盖。
- 第 7 行和第 27 行在屏幕上是红色的，这说明这两行代码没有被执行。Java 在第 7 行创建了一个默认的构造方法，该构造方法没有被调用。测试用例没有执行第 27 行。
- 左侧空白处的钻石标志显示所在行包含分支。本例中第 16、20、22 和 26 行即是如此。如果将鼠标置于钻石图标上，可以显示以下信息：
  - 第 16、20、22 行（屏幕上为绿色）会显示下面的弹出框：

    All 2 branches covered. 。
  - 第 26 行（屏幕上为黄色）会显示下面的弹出框：

    1 of 2 branches missed. 。

覆盖率结果将汇总于覆盖率总结报告中，如图 11.9 所示。

Element	Missed Instructions	Cov.	Missed Branches	Cov.	Missed	Cxty	Missed	Lines	Missed	Methods
OnlineSales()		0%		n/a	1	1	1	1	1	1
giveDiscount(long, boolean)		93%		87%	1	5	1	11	0	1
Total	5 of 32	84%	1 of 8	87%	2	6	2	12	1	2

图 11.9　JaCoCo 总覆盖率结果的例子

我们此处应注意的重点，是被测方法 giveDiscount() 中没有得到执行的指令和没有被覆盖的分支。从图中可知 32 条可执行指令中有 5 条指令未被执行，8 个分支中有 1 个分支未被覆盖。

请注意此处有两个完全不同的、需要关注的信息：一是测试用例通过与否，二是否达到了全覆盖。

惰性求值

有些代码行只是部分被执行，此时需要一些分析才能解析语句覆盖结果。有一种被称为惰性求值（lazy evaluation）的优化策略，可能会造成在复杂的判定中，只执行一部分布尔条件。

在 Java 中，条件或 (||)、条件与 (&&) 操作符都必须从左往右进行求值，所以只有必要的时候，才可能求值操作符右侧的表达式[⊖]。

11.7　超时

一般来说，测试员应确保测试用例的执行时间不要太长，尤其是在带有无限循环或死锁的代码中。在单元测试中这个问题还不太明显，但在应用测试中，这一点就很重要。

在 TestNG 中可以使用参数 timeOut 来解决这个问题。列表 11.8 中的测试方法 test1() 就

⊖　该行源代码的所有二进制指令都已被执行。

⊖　见 J. Gosling、B. Joy 和 G. Steele 等的 *The Java® Language Specification, Java SE 11 Edition*。

使用了这个方法，如果测试执行时间超过 1000ms，测试就会失败。

列表 11.8 带有 timeOut 参数的测试

```
6   public class InfiniteTest {
7
8       @Test(timeOut = 1000)
9       public void test1() {
10          assertEquals( Infinite.mul2(10), 20 );
11      }
12
13  }
```

列表 11.9 所示为带有一个无限循环的故障代码。

列表 11.9 带有无限循环的故障代码

```
3   class Infinite {
4       // return x * 2
5       public static int mul2(int x) {
6           while (x > 0)
7               x = (x * 2) - x;
8           return x;
9       }
10  }
```

在上述故障代码上运行带有 timeOut 参数的测试用例，结果就是测试用例失败，如图 11.10 所示。如果不带有超时限制，测试就不会终止。

```
FAILED: test1
org.testng.internal.thread.ThreadTimeoutException: Method example.
    InfiniteTest.test1() didn't finish within the time-out 1000
===============================================
Command line suite
Total tests run: 1, Passes: 0, Failures: 1, Skips: 0
===============================================
```

图 11.10 测试超时失效

11.8 异常

绝大多数的 Java 测试框架都使用异常机制来报告测试失败。因此，如果被测方法想要抛出一个异常，就必须使用不同的处理方式，既要阻止测试不正确地失败，也要验证异常已被正确地抛出。

列表 11.10 所示为一个简单的示例，如果 x 不大于 0，方法 DemoWithE.add(x) 就抛出一个异常。

列表 11.10 会抛出异常的代码

```
5   class DemoWithE {
6       int value = 0;
7       public void setValue(int value) { this.value = value; };
8       public int getValue() { return value; }
9       // Only add values greater than 0
10      public void add(int x) throws IllegalArgumentException
11      {
12          if (x < 1) throw new IllegalArgumentException("Invalid
                x");
13      value += x;
```

```
14      }
15    }
```

为上述方法设计的测试用例，必须确认当 x 是合法值时方法不会抛出异常，以及当 x 是非法值时方法一定抛出异常。如果抛出一个未预期的异常，例如某个断言失败，那么测试用例失败。我们使用 @Test 标识符来通知 TestNG 某个异常是预期的异常，如列表 11.11 所示。

列表 11.11 带有异常处理的测试用例

```
 7   public class DemoTestWithE {
 8
 9     DemoWithE d = new DemoWithE();
10
11     @Test
12     public void test1() {
13           d.setValue(0);
14       d.add(44);
15       assertEquals( d.getValue(), 44 );
16     }
17
18     @Test(expectedExceptions = IllegalArgumentException.class)
19     public void test2() {
20           d.setValue(0);
21       d.add(-44);
22       assertEquals( d.getValue(), 44 );
23     }
24
25   }
```

在第 18 行，我们使用测试参数 expectedExceptions 来通知 TestNG：此处应该抛出异常，如果未抛出异常，则测试用例失败。

运行该测试用例的结果如图 11.11 所示。

```
PASSED: test1
PASSED: test2
===============================================
Command line suite
Total tests run: 2, Passes: 2, Failures: 0, Skips: 0
===============================================
```

图 11.11 抛出预期异常的测试结果

测试用例都通过。如果 test1() 抛出断言 assertEquals() 失败的异常，则测试用例失败。如果 test2() 没有抛出异常，则测试用例失败。

对于等价类划分、边界值分析、判定表等技术来说，异常应视为代码的另一种输出（也是预期结果）：被测方法不能既返回一个数值又抛出一个异常。

11.9 继承测试

继承自超类的子类也继承了超类的责任（responsibility）。这意味着测试子类的时候，不仅要运行子类的测试用例，还需要运行超类的测试用例。运行超类的测试用例，被称为继承测试，该测试用以确保继承操作的正确实现。

继承测试的重点，是在一个类上运行为另一个类设计的测试用例。很明显，这个"另一个类"必须与之兼容，也就是说，这两个类是继承关系。

我们一直使用的标准模板（见片段 11.2），此处不再适用。被测类是硬编码到测试类中的。

片段 11.2　类 XXX 的测试代码

```
1    // Test for class XXX
2    @Test
3    public void test() {
4        XXX x = new XXX();
5        x.doSomething( input0, input1, input2 );
6        assertEquals( x.getResult(), expectedResult );
7    }
```

在第 4 行，我们在测试类内部创建了一个测试对象，因为测试只能在类 XXX 的某个对象上执行。

如果我们创建一个新的被测类，该类继承自 XXX 类，我们就要在这个新的类（假设这是一个真子类，能够支持所有父类的行为⊖）上运行已有的测试用例。片段 11.3 使用了剪切 – 粘贴操作。

片段 11.3　使用剪切 – 粘贴在 YYY 上运行 XXX 的测试用例

```
1
2    // Inheritance test for class YYY
3    @Test
4    public void test() {
5        XXX x = new YYY();
6        x.doSomething( input0, input1, input2 );
7        assertEquals( x.getResult(), expectedResult );
     }
```

这样做是可行的，但存在以下严重的问题：

- 第一个很明显的问题是，正如所有剪切 – 粘贴方法，任何对 XXX 测试代码的修改，不会自动反映到 YYY 测试代码中。同样，其他 Java 文件中也是如此。在现代开发过程中，这是个很典型的问题，因为类通常是在一个常规基类上逐步增加和修订而来。
- 第二个问题不是很明显。如果还有一个类 ZZZ 继承自 YYY，测试员就需要将 XXX 和 YYY 的测试用例都复制到 ZZZ 的测试类中。由此需要复制的代码会爆炸性增加，很容易引起问题，并且产生未被测试覆盖的代码。

然而，剪切 – 粘贴策略还是有很强的优势的，寻找替代方案的时候必须要将其考虑在内，其优势如下：

- 测试在类层次中的哪一个具体类上执行，是一目了然的。
- 测试员可以选择继承测试中需要执行哪些测试。出于性能的考虑，或者因为子类不是完全 Liskov 可替换的，不一定所有的测试用例都适用，所以测试员不一定希望执行所有的测试用例。

⊖ Liskov 替换理论将这种性质定义为强关系，即子类可以完全替代超类。

- 这种方法很容易处理 YYY 的构造方法与 XXX 的构造方法参数不同的问题，只要把正确的参数传递给 YYY 构造方法即可。

我们使用两个类——Shape（列表 11.12）和 Circle（列表 11.13），演示两种继承测试的方法：将类名字作为参数传递给子类的测试用例和继承超类的测试用例。

列表 11.12　Shape 类的源代码

```
3  class Shape {
4    String name = "unknown";
5    String getName() { return name; }
6    void setName(String name) { this.name = name; }
7  }
```

列表 11.13　Circle 类的源代码

```
3  class Circle extends Shape {
4    int radius = 0;
5    int getRadius() { return radius; }
6    void setRadius(int radius) { this.radius = radius; }
7  }
```

类继承层次见图 11.12。

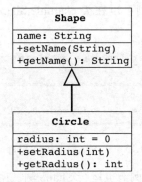

图 11.12　Shape 类和 Circle 类的 UML 图

11.9.1　使用类的名字

列表 11.14 所示为 Shape 类的一个测试类，此处没有采用硬编码方式，而是将类的名字作为参数传递，我们还使用工厂方法（factory method）⊖创建了一个被测对象。

列表 11.14　Shape 的测试类 ShapeTest

```
 9  public class ShapeTest {
10
11    // Factory method to create a Shape
12    public Shape createShape() throws Exception {
13      String cn = System.getProperty("classname");
14      Class<?> c = Class.forName(cn);
15      Shape o =
              (Shape)(c.getDeclaredConstructor().newInstance());
16      System.out.println("Running Shape test against instance
              of "+o.getClass());
17      return o;
```

⊖ 可以先使用工厂方法而非构造方法来创建一个对象，然后该工厂方法必须调用一个合适的构造方法。

```
18      }
19
20      @Test
21      public void test_demo() throws Exception {
22        Shape o = createShape();
23        o.setName("Test name 1");
24        assertEquals( o.getName(), "Test name 1" );
25      }
26
27  }
```

上述测试程序使用工厂方法创建了一个测试对象，而非直接调用构造方法。工厂方法会按需返回不同类的对象。

测试程序中重要的语句行解释如下：

- 第 13 行获取类的名字，将类名作为 Java 属性，而非一个命令行参数传递。在 TestNG 中，测试类没有 main() 方法可以用来传递参数。
- 第 14 行查找与（全）类名有关的类。
- 第 15 行通过 newInstance() 方法间接调用构造函数，实例化类的一个对象。
- 第 16 行打印测试名和类名，在测试日志中提供被测类的信息（该测试有可能在其他类上运行）。

这种机制使得 Shape 测试用例可以在类 example.Shape 的一个实例上运行，如图 11.13 所示。

```
Running Shape test against instance of class example.Shape
PASSED: test_demo
===============================================
Command line suite
Total tests run: 1, Passes: 1, Failures: 0, Skips: 0
===============================================
```

图 11.13　在 Shape 上运行 ShapeTest

我们在类 example.Circle 的实例上也运行 Shape 测试用例，其结果如图 11.14 所示。

```
Running Shape test against instance of class example.Circle
PASSED: test_demo
===============================================
Command line suite
Total tests run: 1, Passes: 1, Failures: 0, Skips: 0
===============================================
```

图 11.14　在 Circle 上运行 ShapeTest

这个继承测试方法的主要弊端，就是需要测试员在类继承层次里的每个超类上显式地运行一个类的测试用例。其优点则是可以很容易地挑选需要执行哪些测试类[注]。

11.9.2　继承超类的测试用例

这种解决方法是将 ShapeTest 作为被继承的测试用例。有很多种方法可以做到这一点，最简单的方法就是使用工厂方法，该方法可以被子类测试用例重写。列表 11.15 所示为示例。

⊖　类 Circle 的测试用例未在此显示。

列表 11.15   可继承的 ShapeTest

```
 9  public class ShapeTest {
10
11    // Factory method to create a Shape
12    Shape createInstance() {
13      return new Shape();
14    }
15
16    @Test(groups = {"inherited","shape"})
17    public void test_shape() throws Exception {
18      Shape o = createInstance();
19      System.out.println("Running Shape test against instance
                of "+o.getClass());
20      o.setName("Test name 1");
21      assertEquals( o.getName(), "Test name 1" );
22    }
23
24  }
```

测试程序中的重点代码行解释如下：

- 第 12 ～ 14 行定义了一个工厂方法，返回值为 Shape 对象。
- 第 13 行调用构造方法，实例化了一个 Shape 对象。
- 第 18 行调用工厂方法，创建了一个 Shape 对象。

在 Shape 上运行 ShapeTest 的结果，如图 11.15 所示。

```
Running Shape test against instance of class example.Shape
PASSED: test_shape
===============================================
Command line suite
Total tests run: 1, Passes: 1, Failures: 0, Skips: 0
===============================================
```

图 11.15   运行可继承的 ShapeTest

现在我们可以编写类 CircleTest 来测试类 Circle，如列表 11.16 所示。通过继承 ShapeTest，类 CircleTest 将会继承方法 test_shape()，尤其是标识符。

列表 11.16   类 CircleTest 继承类 ShapeTest

```
 9  public class CircleTest extends ShapeTest {
10
11    // Factory method to create a Circle
12    Circle createInstance() {
13      return new Circle();
14    }
15
16    // Shape tests are run automatically
17    // New circle tests go here
18    @Test(groups = {"inherited","circle"})
19    public void test_circle() throws Exception {
20      Circle o = createInstance();
21      System.out.println("Running Circle test against instance
                of "+o.getClass());
22      o.setRadius(44);
23      assertEquals( o.getRadius(), 44 );
24    }
25
26  }
```

类 CircleTest 含有两个测试方法。它继承了方法 test_shape() 并定义了方法 test_circle()。

当 CircleTest 作为 TestNG 测试用例执行时，会发生以下情况：

- 列表 11.15 中，第 17 ～ 22 行所示的测试方法 test_shape() 继承自类 ShapeTest。TestNG 发现了该继承的方法，将其作为一个测试用例予以执行。
- 列表 11.15 中第 18 行所示，为方法 test_shape() 调用 createInstance()。因为此时测试运行在 CircleTest 上下文，所以调用方法 CircleTest.createInstance()[⊖]，该方法返回值为类 Circle 的一个对象实例，见第 12 ～ 14 行；
- 结果是 shapeTest() 方法运行在 Circle 上。

如果测试方法 shapeTest() 在 ShapeTest 上下文执行，就会调用方法 ShapeTest.createInstance()，然后返回类 Shape 的一个对象实例，如列表 11.15 所示。

这样的结果是，对 Shape 的测试和对 Circle 的测试都是在 Circle 上运行的。这种技术可以在深继承层次中自动完成，因为每个子类的测试都继承了层次中所有超类的测试。

运行 CircleTest 的结果，如图 11.16 所示。

```
Running Circle test against instance of class example.Circle
Running Shape test against instance of class example.Circle
PASSED: test_circle
PASSED: test_shape
===============================================
Command line suite
Total tests run: 2, Passes: 2, Failures: 0, Skips: 0
===============================================
```

图 11.16　运行继承的 CircleTest

这里有两件事情值得关注：

（1）测试的顺序：最好是先运行继承测试。

（2）测试用例的选择：测试员不一定想要在 Circle 上运行所有的 ShapeTest 方法。

TestNG 以及其他测试框架，可以提供若干种机制支持这两个需求。后续章节我们将继续探讨。

继承测试的顺序

有很多种方法可以强制测试执行的顺序，不过最简单的方法就是指定依赖关系。我们可以利用测试方法的依赖关系来强制测试执行的顺序，让被继承的 Shape 测试先于新的 Circle 测试执行，见列表 11.17。

列表 11.17　具有依赖关系的 ShapeTest

```
 9  public class CircleTest extends ShapeTest {
10
11      // Factory method to create a Circle
12      Circle createInstance() {
13          return new Circle();
14      }
15
16      // Shape tests are run automatically
17      // New circle tests go here
18      @Test(dependsOnMethods = {"test_shape"})
19      public void test_circle() throws Exception {
20          Circle o = createInstance();
21          System.out.println("Running Circle test against instance
                  of "+o.getClass());
```

⊖ 见 Gosling 等人的 *The Java® Language Specification*。

```
22      o.setRadius(44);
23      assertEquals( o.getRadius(), 44 );
24    }
25
26  }
```

这一版 CircleTest 的执行结果，如图 11.17 所示。

```
Running Shape test against instance of class example.Circle
Running Circle test against instance of class example.Circle
PASSED: test_shape
PASSED: test_circle
===============================================
Command line suite
Total tests run: 2, Passes: 2, Failures: 0, Skips: 0
===============================================
```

图 11.17　运行具有依赖关系的 CircleTest

Shape 测试在 Circle 测试之前运行。测试方法的依赖关系告诉 TestNG，要先调用 test_shape()，再调用 test_circle()。在后续的测试层次中，这样做是合理的。如果一个新的子类依赖于 test_circle()，那么 test_circle() 就会继承 test_shape() 的依赖性。于是所有被继承的方法都将按照要求的顺序，从顶层开始往下运行。

11.9.3　继承测试的选择

有时候需要排除一些继承测试，这样做的一个原因是测试员不需要执行所有的继承测试。如果每次都深层次地执行所有测试，测试效率会非常低，而且有些子类不是完全 Liskov 可替换的。

有若干种方式可以选择执行哪些测试，最简单的方法是使用测试分组。列表 11.18 和 11.19 是两个示例。

列表 11.18　带分组的 ShapeTest

```
 9  public class ShapeTest {
10
11    // Factory method to create a Shape
12    Shape createInstance() {
13      return new Shape();
14    }
15
16    @Test(groups = {"inherited","shape"})
17    public void test_shape() throws Exception {
18      Shape o = createInstance();
19      System.out.println("Running Shape test against instance
             of "+o.getClass());
20      o.setName("Test name 1");
21      assertEquals( o.getName(), "Test name 1" );
22    }
23
24  }
```

列表 11.19　带分组的 CircleTest

```
 9  public class CircleTest extends ShapeTest {
10
11    // Factory method to create a Circle
12    Circle createInstance() {
13      return new Circle();
```

```
14      }
15
16      // Shape tests are run automatically
17      // New circle tests go here
18      @Test(groups = {"inherited","circle"})
19      public void test_circle() throws Exception {
20          Circle o = createInstance();
21          System.out.println("Running Circle test against instance
                of "+o.getClass());
22          o.setRadius(44);
23          assertEquals( o.getRadius(), 44 );
24      }
25
26  }
```

我们也可以在运行时选择执行哪些测试分组（可以作为参数传递给 TestNG）。这样做可以控制测试执行的顺序。如果我们指定首先运行 shape 组，那么 shape 组中所有的测试用例会先执行。如果指定后续执行 circle 组，那么后面就会执行所有 circle 组内的测试。如果指定 inherited 组，那么所有的测试执行不会有特定的顺序。

此处显示两个示例。图 11.18 所示为执行 circle 组的输出结果，图 11.19 所示为执行 inherited 组的输出结果。

```
Running Circle test against instance of class example.Circle
PASSED: test_circle


===============================================
Total tests run: 1, Passes: 1, Failures: 0, Skips: 0
===============================================
```

图 11.18   circle 组的测试结果

```
Running Circle test against instance of class example.Circle
Running Shape test against instance of class example.Circle
PASSED: test_circle
PASSED: test_shape
===============================================
Command line suite
Total tests run: 2, Passes: 2, Failures: 0, Skips: 0
===============================================
```

图 11.19   inherited 组的测试结果

11.10　与 Web 应用进行交互

Selenium 是广泛用于自动化测试 Web 应用的工具。本书我们以 Selenium 为例介绍使能自动化完成 Web 应用测试的库。在后续的例子中，我们会给出使用 Selenium WebDriver 进行测试的一些核心特性。

WebDriver

WebDriver 是一个可以用于不同编程语言的库，支持的语言包括 Java、PHP、Python、Rugby、Perl 和 C#。测试代码（例如基于 Selenium 的测试）可以使用 WebDriver API 打开 Chrome 或 Firefox 等浏览器，然后启动 Web 应用（例如，打开一个 URL）。测试代码会模拟 Web 应用与用户之间的交互。测试员可在测试程序中插入适当的断言，验证实际的行为或输出与预期的行为或输出是否匹配。本书我们使用 Chrome WebDriver，简单起见，可以将其导入 Eclipse/Java 工程中。使用 Chrome WebDriver[○]完成基本的测试所需要的最小 Selenium WebDriver API 集，包括以下内容：

- 加载一个页面，其 URL 在字符串变量 url 中指定，注意必须将 webdriver.chrome. driver 设置为可执行文件的全路径：

```
System.setProperty( "webdriver.chrome.driver",
"./selenium/chromedriver");
driver = new ChromeDriver();
wait = new WebDriverWait(driver, 30);
driver.get(url)
```

- 验证页面标题：

```
assertEquals("<expected name>", driver.getTitle() );
```

- 通过 id 在页面里找到某个元素（我们不推荐使用名字进行查找）：

```
driver.findElement(By.id("<elementid>"))
```

- 在一个输入域模拟输入数据：

```
driver.findElement(By.id("<elementid>")). sendKeys("<input data>");
```

- 从输入域获取数据：

```
driver.findElement(By.id("<elementid>")). getAttribute("value")
```

- 模拟用户在页面点击某个元素，例如按钮、链接、选择框或菜单：

```
driver.findElement(By.id("<elementid>")).click()
```

- 验证某选择框是否被选择：

```
assertTrue(driver.findElement(By.id("<elementid>")). isSelected())
```

- 等待某个元素出现，对于 Web 应用来说这一点尤其重要，因为在页面更新前，可能会有明显的延迟（大概几秒钟）。请参见 Selenium 文档，找到所有支持的 Expected-Conditions，但请注意使用 visibility（别使用 presence）来确保 Web 元素真实地出现在屏幕上，而不是仅在文档对象模型中。例如，等待一个页面显示的代码如下所示：

```
wait.until(ExpectedConditions.titleIs("<expected title>"));
wait.until (ExpectedConditions.visibilityOfElementLocated(
    By.id("<expected element>")));
```

注意系统属性设置是专门针对 Chromedriver 的，其他 driver 可能支持不同的属性来辅助 Selenium 定位 driver。

11.11 与桌面应用进行交互

通常来说，我们使用 Java AWT、Swing、JavaFX 或其他库来开发 Java GUI 的桌面应用。至于 Web 应用，关键点在于如何找到与之交互的 GUI 元素，以及如何与这些元素进行交互。

典型的桌面应用测试应：

- 调用应用程序的方法 main()，启动应用程序运行；

○ 详见 https://sites.google.com/a/chromium.org/chromedriver/downloads。

- 调用 Window.getWindows()，找到应用程序窗口，或调用 javax.swing.FocusManager. getCurrentManager().getActiveWindow() 找到应用程序启动之后的活动窗口；
- 放置所有在 GUI 事件线程上与 GUI 交互的调用，对于 Swing 应用来说，就是 Swing. InvokeAndWait()；
- 调用 JFrame.getTitle()，获取窗口的标题；
- 递归调用 Container.getComponents() 查找某个组件（窗口、按钮、文本框等），使用 Component.getName() 通过名字找到某个组件（而非像 HTML 那样通过 id 查找）；
- 与组件进行交互，例如 JButton.doClick()、JTextBox.setText()、JTextBox.getText() 等。

测试桌面应用与测试 Web 应用的关键区别在于，桌面应用能够完全控制应用屏幕，而 Web 页面中，用户可以通过输入 URL，或使用浏览器的回退按钮，返回到较早的窗口。测试员应参考正使用的 GUI 库的 API 来获取更多细节[⊖]。

有若干种可用于 Java GUI 应用测试的框架，就位于 AWT、Swing、JavaFX 库的最上层。当然也有很多依赖于 OS、独立于编程语言、可用于 GUI 应用测试的框架。这些框架中有些是商用的，有些是开源的。关于这些框架的讨论，不在本书范畴。

11.12 与移动应用进行交互

为移动应用设计测试用例的过程，与为 Web 应用设计测试用例的过程相似。这里我们列出一些示例的工具：

- selendroid (Selenium for Android)：针对 Selenium 的 API，使用 selendroidclient 库[⊖]。
- 苹果手机的 iOS Driver：基于 Selenium/WebDriver[⊜]。

同样，业界有很多类似的工具，读者可以查找最新的在线文档获取更多资讯进行比较和选择。

⊖ AWT、Swing 和 JavaFX API 均由 Oracle 发布，见 https://docs.oracle.com。

⊜ 参见 http://selendroid.io。

⊜ 参见 https://ios-driver.github.io/ios-driver。

随 机 测 试

12.1　随机测试简介

不需要人工输入的全自动化随机测试是软件业界的终极目标，也是核心研究领域。但是，正如我们在第 1 章探讨的，自动化随机测试面临三个关键的问题：

- 测试预期问题：如何判断测试结果是正确的。
- 测试数据问题：如何生成有代表性的随机数据。
- 测试完整性问题：如何确认何时该停止生成测试用例。

随机测试是一个很活跃的研究领域，关于上述三个问题的最新解决方案，本书不做讨论。我们主要介绍一下随机测试这种技术，涉及如何使用随机测试完成简单的自动化测试，以及随机测试与人工生成的黑盒测试和白盒测试覆盖项如何有机地结合。

12.2　随机数据选取

本章，我们使用之前章节探讨的技术来生成测试覆盖项（见第 2 ~ 9 章），但是没有使用特殊的测试数据值构建测试用例，而是开发了通用的测试数据准则。这样在测试运行过程中，可以选取满足该数据准则的随机数值。这个策略能够解决自动化随机测试面临的问题：

- 人工开发测试覆盖项的过程中有测试员的介入，所以可以解决测试预期问题；
- 使用测试数据准则和随机数生成器可以生成良好的测试数据，所以可以解决测试数据问题；
- 提供测试停止策略，限制测试执行时间，所以可以解决测试完整性问题。

我们通过单元测试和应用测试两个例子来说明随机数选取技术。

12.3　单元测试示例

我们继续使用第 2 章中的方法 giveDiscount() 作为示例，该方法的规范如下所示：

Status giveDiscount (long bonusPoints, boolean goldCustomer)

输入

　bonusPoints：顾客积累的积分。

　goldCustomer：如果是金卡顾客，则为真。

输出

　返回值：

　FULLPRICE：如果 bonusPoints ≤ 120 且 goldCustomer 为假。

　FULLPRICE：如果 bonusPoints ≤ 80 且 goldCustomer 为真。

　DISCOUNT：如果 bonusPoints > 120。

DISCOUNT：如果 bonusPoints ＞ 80 且 goldCustomer 为真。

ERROR 如果输入值非法（bonusPoints ＜ 1）。

Status 定义如下所示：

enum Status {FULLPRICE,DISCOUNT,ERROR}；

本例中的测试用例，是在前面章节为该方法开发的等价类划分测试用例的基础上开发的。同样，所有其他的黑盒和白盒测试用例，也都可以用于更复杂的测试。

12.3.1 测试覆盖项

我们将继续使用第 2 章中针对方法 giveDiscount() 设计的等价类划分测试用例。表 12.1 所示为相应的 TCI。

表 12.1 giveDiscount() 的测试覆盖项

TCI	参数	等价类划分
EP1*		Long.MIN_VALUE..0
EP2	bonusPoints	1..80
EP3		81..120
EP4		121..Long.MAX_VALUE
EP5	goldCustomer	true
EP6		false
EP7	Return Value	FULLPRICE
EP8		DISCOUNT
EP9		ERROR

12.3.2 测试用例

开发测试用例的时候，我们不再选择每个等价类划分中具有代表性的实际数值，而是使用定义了等价类划分的准则。这样允许在运行时基于准则选择特定的数据值。对于简单的划分来说，准则可以说明它的最大值和最小值。本例中，这些准则基于每个 TCI 的划分边界定义，如表 12.2 所示。

表 12.2 等价类划分数值准则

参数	等价类划分	准则
bonusPoints	Long.MIN_VALUE..0	(Long.MIN_VALUE<=bonusPoints) && (bonusPoints<=0)
	1..80	(1<=bonusPoints) && (bonusPoints<=80)
	81..120	(81<=bonusPoints) && (bonusPoints<=120)
	121..Long.MAX_VALUE	(121<=bonusPoints) && (bonusPoints<=Long.MAX_VALUE)
goldCustomer	true	goldCustomer
	false	!goldCustomer
Return Value	FULLPRICE	Return Value==FULLPRICE
	DISCOUNT	Return Value==DISCOUNT
	ERROR	Return Value==ERROR

使用这些准则，我们可以为每一个测试用例指定随机的测试数据，如表 12.3 所示。表 12.3 与表 2.9 几乎一致，区别主要在于这里每个测试用例的实际数据值被生成随机数的准则替代。

表 12.3　giveDiscount() 的等价类划分随机测试用例

ID	被覆盖的 TCI	输入		预期结果
		bonusPoints	goldCustomer	return value
T12.1	EP2,5,7	rand(1,80)	true	FULLPRICE
T12.2	EP3,6,[7]	rand(81,120)	false	FULLPRICE
T12.3	EP4,[6],8	rand(121,Long.MAX_VALUE)	false	DISCOUNT
T12.4*	EP1*,9	rand(Long.MIN_VALUE,0)	false	ERROR

有些注意事项如下：

（1）我们使用 rand(l,h) 代表下边界 l 和上边界 h 之间（包括上下边界）的某个随机数。

（2）我们使用特殊的错误测试用例，可以避免几乎所有输入都错误的问题。

（3）goldCustomer 不能使用随机值，有些测试用例必须使用特定值才能生成预期结果。如果所有的输入都是布尔值，随机测试将没有任何意义。

（4）T12.4 是一个错误测试用例，因此只覆盖了一个错误 TCI（EP1）。

12.3.3　测试实现

此处的测试实现代码见列表 12.1，与等价类划分测试的实现代码很相似。我们使用一个数据提供器，在大量的随机数据值上实施同样的测试方法。数据提供器返回选择数值所需的准则，而不是特定的数值。然后在测试方法中使用准则创建数据值。

列表 12.1　giveDiscount() 的等价类划分随机测试

```
18  public class RandomTest {
19
20    private static long RUNTIME = 1000; // Test runtime in
          milliseconds
21
22    // Store the data values in case of test failure
23    long bonusPoints;
24    boolean goldCustomer;
25    boolean failed = false;
26    Status expected, actual;
27    String testId;
28
29    @DataProvider(name = "eprandom")
30    public Object[][] getEpData() {
31      return new Object[][] {
32        { "T12.1",            1L,            80L, true, FULLPRICE},
33        { "T12.2",           81L,           120L, false, FULLPRICE },
34        { "T12.3",          121L, Long.MAX_VALUE, false, DISCOUNT },
35        { "T12.4", Long.MIN_VALUE,            0L, false, ERROR }
36      };
37    }
38
39    @Test(dataProvider = "eprandom")
40    public void randomTest(String tid,long minp, long maxp,
          boolean cf, Status exp) {
41      Random rp = new Random();
42      long endTime = System.currentTimeMillis()+RUNTIME;
43      testId = tid;
44      while (System.currentTimeMillis() < endTime) {
45        bonusPoints = generateRandomLong( rp, minp, maxp );
```

```
46          goldCustomer = cf;
47          failed = true;
48          expected = exp;
49          actual =
                OnlineSales.giveDiscount(bonusPoints,goldCustomer);
50          assertEquals( actual, exp );
51          failed = false;
52        }
53    }
54
55    private static long generateRandomLong( Random r, long min,
          long max ) {
56      long value;
57      if (min > 0)
58        value = min + (long) (r.nextDouble() * (max - min));
59      else do
60        value = r.nextLong();
61      while ((value < min) || (value > max));
62      return value;
63    }
64
65    @AfterMethod
66    public void reportFailures() {
67      if (failed) {
68        System.out.println("Test failure data for test: "+
            testId);
69        System.out.println(" bonusPoints="+ bonusPoints);
70        System.out.println(" goldCustomer="+ goldCustomer);
71        System.out.println(" actual result="+ actual);
72        System.out.println(" expected result="+ expected);
73      }
74    }
75
76  }
```

第 50 行的断言位于循环中，能够为第 45 行的 bonusPoints 生成随机数值。按照等价类划分测试准则，其他输入数值都是固定值。循环内的第 44 行限制了测试的执行时间，以便能够停止测试。

如果某个测试失败，标准的测试报告只会显示测试方法的输入，也就是测试数据准则，而非实际的数据值。这样会让调试和重复测试很困难。为解决这个问题，我们需要在测试报告中显示实际造成失效的随机数据值，因此测试方法要保存输入参数的数值和预期结果，将 failed 设置成 true（第 45 ~ 48 行）。如果测试用例通过，那就执行第 51 行，将 failed 设置成 false。如果测试用例失败，failed 仍然保持 true，调用 @AfterMethod 方法。该方法可以打印失败测试用例的参数数值，见第 68 ~ 72 行。

12.3.4　测试结果

在类 OnlineSales 上运行这些测试用例，其结果如图 12.1 所示。

```
PASSED: randomTest("T12.1", 1, 80, true, FULLPRICE)
PASSED: randomTest("T12.2", 81, 120, false, FULLPRICE)
PASSED: randomTest("T12.3", 121, 9223372036854775807, false, DISCOUNT)
PASSED: randomTest("T12.4", -9223372036854775808, 0, false, ERROR)
===============================================
Command line suite
Total tests run: 4, Passes: 4, Failures: 0, Skips: 0
===============================================
```

图 12.1　OnlineSales.giveDiscount() 的等价类划分随机测试结果

所有的测试用例都通过。代码中，我们规定 RUNTIME 为 1000ms，所以四个测试用例运行的总时间在 4s 左右。

12.4　应用测试示例

我们在此用一个随机应用测试示例来说明随机测试广泛的适用性，其中应用是第 10 章的 Fuel Checker 系统。Fuel Checker 应用的规范如下：

燃料库使用一个基于 Web 的系统来决定某个燃料量是否匹配一个油箱的容量。有些燃料可以加满油箱，有些燃料则需要油箱留出一些膨胀空间以满足安全性要求。如果不需要额外的膨胀空间，燃料量可以是 1200 升，如果需要额外的膨胀空间，燃料量为 800 升。

12.4.1　分析

随机输入应满足的数据准则推导自 10.2 节的验收准则：

- S1A1 要求了能够匹配不带膨胀空间的油箱容量的燃料量，数据范围为 1 ～ 1200。
- S1A2 要求了能够匹配带膨胀空间的油箱容量的燃料量，数据范围为 1 ～ 800。
- S1A3 要求了不能够匹配不带膨胀空间的油箱容量的燃料量，数据范围为 1201 ～某个未规定的最大值。
- S1A4 要求了不能够匹配带膨胀空间的油箱容量的燃料量，数据范围为 801 ～某个未规定的最大值。

对于随机的单元测试来说，我们不选择能够代表等价类划分的单独数值（如表 10.3 所示），我们基于准则在运行时选择随机的数值[⊖]，如表 12.4 所示。

表 12.4　数值准则

验收准则	输入	数据准则
S1A1	litres	$1 \leqslant litres \leqslant 1200$
S1A2	litres	$1 \leqslant litres \leqslant 800$
S1A3	litres	$1201 \leqslant litres \leqslant Integer.MAX\_VALUE$
S1A4	litres	$801 \leqslant litres \leqslant Integer.MAX\_VALUE$

12.4.2　测试覆盖项

我们在第 10 章开发的用户故事可以用在此处。已选中的 TCI，包括适合于随机化的输入，见表 12.5。

表 12.5　Fuel Checker 的随机 TCI

TCI	验收准则	测试用例
RUS1	S1A1	
RUS2	S1A2	待补充
RUS3	S1A3	
RUS4	S1A4	

12.4.3　测试用例

测试数据应基于测试覆盖项的准则。我们这里使用准则而非实际的数据值，见表 12.6。

⊖　生成的随机数值需要转换成可以被应用程序使用的字符串。

表 12.6　Fuel Checker 的随机测试数据准

ID	被覆盖的 TCI	输入	预期结果
T12.1	RUS1	在 Litres 后输入 1 ≤ litres ≤ 1200	
		未选择 highsafety	
		点击 Enter	转到 Check 屏幕
			litres 是正确的
			highsafety 是未选择的
		点击 Check	转到 Results 屏幕
			结果是 "Fuel fits in tank."
T12.2	RUS2	在 Litres 后输入 1 ≤ litres ≤ 800	
		选择 highsafety	
		点击 Enter	转到 Check 屏幕
			litres 是正确的
			highsafety 是选择的
		点击 Check	转到 Results 屏幕
			结果是 "Fuel fits in tank."
T12.3	RUS3	在 Litres 后输入 1201 ≤ litres ≤ Integer.MAX_VALUE	
		未选择 highsafety	
		点击 Enter	转到 Check 屏幕
			litres 是正确的
			highsafety 是未选择的
		点击 Check	转到 Results 屏幕
			结果是 "Fuel does not fit in tank."
T12.4	RUS4	在 Litres 后输入 801 ≤ litres ≤ Integer.MAX_VALUE	
		选择 highsafety	
		点击 Enter	转到 Check 屏幕
			litres 是正确的
			highsafety 是选择的
		点击 Check	转到 Results 屏幕
			结果是 "Fuel does not fit in tank."

12.4.4　测试实现

测试实现代码基于第 10 章开发的测试代码。其中，我们将相关的特定数据值，替换成随机生成数据时准则要求的下边界和上边界。列表 12.2 ～列表 12.5 所示为测试实现代码。

列表 12.2 所示为测试启动代码，基于应用测试使用的属性，还添加了支持随机测试的属性。

列表 12.2　FuelCheckRandomTest 的测试启动代码

```
25    // Selenium
26
27    WebDriver driver;
28    Wait<WebDriver> wait;
29
30    // URL for the application to test
31
```

```
32    String url = System.getProperty("url");
33
34    // Stored data for test failure reports
35
36    static final long RUNTIME = 10000L; // run each random test
          for 10 seconds
37    Random r_litres = new Random(); // RNG for litres input
38    boolean failed;
39    String litres;
40    boolean highsafety;
41    int counter;
42
43    @BeforeClass
44    public void setupDriver() throws Exception {
45      System.out.println("Test started at: " +
          LocalDateTime.now());
46      if (url == null)
47        throw new Exception("Test URL not defined: use
              -Durl=<url>");
48      System.out.println("For URL: "+ url);
49      System.out.println();
50      // Create web driver (this code uses chrome)
51      if (System.getProperty("webdriver") == null)
52        throw new Exception("Web driver not defined: use
              -Dwebdriver=<filename>");
53      if (!new File(System.getProperty("webdriver")).exists())
54        throw new Exception("Web driver missing: " +
              System.getProperty("webdriver"));
55      System.setProperty("webdriver.chrome.driver",
              System.getProperty("webdriver"));
56      driver = new ChromeDriver();
57      // Create wait
58      wait = new WebDriverWait( driver, 5 );
59      // Open web page
60      driver.get( url );
61    }
62
63    @AfterClass
64    public void shutdown() {
65      driver.quit();
66    }
```

列表 12.3 所示为支持随机测试的一些属性，列表 12.3 来自于列表 12.2，所以行号有所重叠。如果某个测试失败，其数据值就会呈现在报告中。

列表 12.3　存储的测试数据值

```
34    // Stored data for test failure reports
35
36    static final long RUNTIME = 10000L; // run each random test
          for 10 seconds
37    Random r_litres = new Random(); // RNG for litres input
38    boolean failed;
39    String litres;
40    boolean highsafety;
41    int counter;
```

列表 12.4 为扩展的 @AfterMethod 代码。如第 11 章所述，该方法可以确保应用程序在某个测试失败后，显示主窗口。另外，为了支持随机测试，该方法会输出任何一个失败的随机测试用例中的测试数据，以便于后续的复现和调试。

列表 12.4　FuelCheckRandomTest 的 @AfterMethod 代码

```
69   public void runAfterTestMethod() {
70     System.out.println("Random test loops executed:
             "+counter);
71     counter = 0;
72     // Process test failures
73     if (failed) {
74       System.out.println(" Test failed on input: litres=" +
                litres + ", highsafety=" + highsafety);
75     }
76     // If test has not left app at the main window, try to
             return there for the next test
77     if ("Results".equals(driver.getTitle()))
78       driver.findElement(By.id("Continue")).click();
79     else if ("Fuel Checker
              Information".equals(driver.getTitle()))
80       driver.findElement(By.id("goback")).click();
81     else if ("Thank you".equals(driver.getTitle()))
82       driver.get( url ); // only way to return to main screen
             from here
83     wait.until(ExpectedConditions.titleIs("Fuel Checker"));
84   }
```

列表 12.5 所示为数据提供器和随机测试方法。

列表 12.5   数据提供器和随机测试方法

```
90   @DataProvider(name = "ECVdata")
91   public Object[][] getEVCdata() {
92     return new Object[][] {
93       { "T12.1", 1, 1200, false, "Fuel fits in tank." },
94       { "T12.2", 1, 800, true, "Fuel fits in tank." },
95       { "T12.3", 1201, Integer.MAX_VALUE, false, "Fuel does
                 not fit in tank." },
96       { "T12.4", 801, Integer.MAX_VALUE, true, "Fuel does not
                 fit in tank." },
97     };
98   }
99
100  @Test(timeOut = 60000, dataProvider = "ECVdata")
101  public void testEnterCheckView(String tid, int lmin, int
             lmax, boolean hs, String result) {
102    long endTime = System.currentTimeMillis() + RUNTIME;
103    failed = true;
104    highsafety = hs;
105    while (System.currentTimeMillis() < endTime) {
106      counter++;
107      wait.until(ExpectedConditions.titleIs("Fuel Checker"));
108      // generate random litres using normal distribution
109      int n_litres = (int)(((double)lmin + (double)lmax)/2.0 +
110          ((double)lmax - (double)lmin)/6.0 *
                   r_litres.nextGaussian());
111      if (n_litres > lmax) n_litres = lmax;
112      if (n_litres < lmin) n_litres = lmin;
113      litres = Integer.toString(n_litres);
114      // Now do the test
115      wait.until(ExpectedConditions.titleIs("Fuel Checker"));
116      wait.until(ExpectedConditions.visibilityOfElementLocated(
               By.id("litres")));
117      driver.findElement(By.id("litres")).sendKeys(litres);
118      wait.until(ExpectedConditions.visibilityOfElementLocated(
               By.id("highsafety")));
119      if (driver.findElement(
               By.id("highsafety")).isSelected()!=highsafety)
120        driver.findElement( By.id("highsafety")).click();
121      wait.until(ExpectedConditions.visibilityOfElementLocated(
               By.id("Enter")));
122      driver.findElement( By.id("Enter")).click();
```

```
123        wait.until(ExpectedConditions.titleIs("Results"));
124        wait.until(ExpectedConditions.visibilityOfElementLocated(
              By.id("result")));
125        assertEquals( driver.findElement(
              By.id("result")).getAttribute("value"),result );
126        wait.until(ExpectedConditions.visibilityOfElementLocated(
              By.id("Continue")));
127        driver.findElement( By.id("Continue")).click();
128        wait.until(ExpectedConditions.titleIs("Fuel Checker"));
129      }
130      failed = false; // if reach here, no test has failed
131    }
```

在测试实现的过程中，应注意：

- 输入参数的属性，在第 39、40 行定义。测试失效标志位在第 38 行定义。
- @AfterMethod 方法实现在第 68 ~ 84 行，该方法可以打印失败随机测试用例的参数值。如果没有该方法，失效之后的调试会非常困难。
- 测试报告中还有些其他内容。在允许的时间内，每个测试执行的循环次数，见第 41 行。
- 数据提供器，见第 93 ~ 96 行，包括燃料量的准则（整数类型，是下边界和上边界），而非指定的数值。
- 参数化的测试，包括额外的输入参数 lmin 和 lmax，对应每个测试中燃料量的上边界和下边界，见第 101 行。
- 我们不会运行某一个测试用例，而是运行若干带有不同随机数值的循环，使用一个计数器（第 105 行）来决定何时完成一个随机测试。
- 在第 108 ~ 113 行，我们选择了一个随机数值表示燃料量。对于应用测试来说，通常使用基于实际用户输入的数据，这样测试会更加符合实际的应用场景。如果不能获取这些统计数据[注]，我们也可以使用正态分布的数据来模拟。Random.nextGaussian() 方法返回一个服从正态分布的数值，中心点是 0.0，标准差是 3.0。对于正态分布来说，99% 的数值位于三个标准差之内，因此第 109 行的等式就会在 lmin..lmax 范围的中间生成一个符合正态分布的随机数字。注意，会有 1% 的数值位于该范围之外，第 111、112 行的代码会将这些超范围数字移入范围之内。
- 第 104 和 113 行记录参数数值，如果测试失败，将其写入测试报告。
- 测试的剩余部分与第 10 章的应用测试类似。
- 每次循环结束，应用程序返回主屏幕（第 127、128 行），可以继续执行后面的测试。

12.4.5　测试结果

在 Fuel Checker 应用程序上执行上述测试的结果，如图 12.2 所示。所有的测试都通过。代码中，我们规定 RUNTIME 为 10 000ms，所以运行四个测试的时间在 40s 左右。

```
Test started at: 2020-09-09T16:26:40.526107500
For URL: ch12\application-test\fuelchecker\fuelchecker.html
Random test loops executed: 16
Random test loops executed: 16
```

图 12.2　Web 应用 Fuel Checker 的随机测试结果

```
Random test loops executed: 17
Random test loops executed: 14
PASSED: testEnterCheckView("T12.1", 1, 1200, false, "Fuel fits in tank
    .")
PASSED: testEnterCheckView("T12.2", 1, 800, true, "Fuel fits in tank.")
PASSED: testEnterCheckView("T12.3", 1201, 2147483647, false, "Fuel does
    not fit in tank.")
PASSED: testEnterCheckView("T12.4", 801, 2147483647, true, "Fuel does
    not fit in tank.")
===============================================
Command line suite
Total tests run: 4, Passes: 4, Failures: 0, Skips: 0
===============================================
```

图 12.2　Web 应用 Fuel Checker 的随机测试结果（续）

12.5　随机测试的细节

我们在本章只介绍了一种随机测试：在已有的测试用例上随机选择输入数据。理想情况下，整个测试过程都是随机而且自动化的，能够提供对软件规范和软件实现的全覆盖。随机测试是非常易于理解而且成本很低的测试。然而，随机测试也有一些障碍需要克服。

12.5.1　全自动化的障碍

现在我们探讨全自动化随机测试的三个障碍。

测试预期问题

一旦自动选择随机数据，软件使用这些数据执行，问题就是如何验证软件的输出正确与否。对于单元测试来说，就是验证返回值正确与否。测试面向对象软件的时候，可能还需要验证输出属性。对于应用程序来说，需要验证软件的所有输出，包括到屏幕的输出、到数据库的输出、到文件的输出，以及作为其他系统输入的输出等。有四种基本方法可以处理测试预期问题。

- 忽略对测试输出的判断，只要被测软件不死机或者崩溃就可以，通常我们称之为稳定性测试。这样测试预期就变成了验证软件能否在输入任何测试数据的情况下保持运行。理论上，这个测试预期适用于所有的测试类型，但是通常只用于系统测试。对于单元测试或面向对象的测试，也可以将其改为检查是否出现未预期的异常。对于一个系统来说，就是验证软件能否持续运行，有时候这也不是很好判定。

- 在高层次编写一个程序，使用更抽象的语言描述软件需求，然后生成预期结果。我们可以称之为可执行的规范。在高层语言中，需求可以描述为将要发生什么，而不是如何获得结果。此时软件很少会出现设计上的错误，当然也比较慢。类似的解决方案，可以是利用第二个程序单独实现算法，然后用这第二个程序作为测试预期。

- 使用由基于逻辑的软件规范语言表达的约束，例如对象约束语言（OCL），这也是 UML 的一部分。这种方法不会计算预期结果，只会基于规范验证实际结果的正确性。这种方法要求单元测试中每个方法都必须有形式化的规范，或者有正确结果的形式化规范。同样也要求测试工具提供自动化的验证。目前软件业界还没有太多人关注这个课题，因此相关的技术和工具都很少。存在研究性的解决方案，比如规范语言 JML（Java Markup Language）和针对运行时断言检查（RAC）的 OpenJML 工具集[一]。

- 我们使用某一种人工测试设计技术来开发准则，而非使用数据值，如本章示例所示。我们可以使用任何一种探讨过的技术——等价类划分、边界值分析、判定表、语句覆盖和分支覆盖等来确认准则[一]，然后在运行时，选择随机数值来匹配准则即可。

测试数据问题

自动生成测试数据，充分测试软件（可能是一个单元、一个类或整个系统）是个复杂的问题。我们需要定义数据生成目标，然后利用软件库生成能够符合目标要求的测试数据。全自动化的基础，就是随机对象生成器，该生成器能够在给定目标之后，生成可以用于单元测试、面向对象测试和系统测试的随机对象。这些随机对象可以与人工开发的测试用例（例如等价类划分）一起使用，其目标就是随机选择一个目标，然后生成数据满足这个目标。如果目标能够很容易地确认预期输出，这还可以解决测试预期问题。

如果是完全随机地选取数据值，是很难覆盖全部规范或者全部代码的。定向的随机数据生成研究，一直聚焦在白盒测试的覆盖率上，因为已经有针对很多种编程语言的覆盖率统计工具了，例如定向自动随机测试（directed automated random testing）[三]。

在应用测试中，通常基于对有代表性的客户输入数据的统计结果来生成测试数据，测试用例因此可以模拟实际的软件使用过程。因为有助于发现故障，所以这类数据生成技术还可以在软件发布之前，预估 MTTF。原则上来说，这种技术也可以用于单元测试，但是很少这样做，因为单元测试的重点是达到全覆盖，而非只覆盖有代表性输入。

测试完整性问题

理想情况下，自动随机测试能够覆盖所有规范及所有软件实现，达到 100% 的黑盒测试和白盒测试覆盖率。然而，正如我们之前所见，很少有工具能够统计黑盒测试的覆盖率，而且也不是所有的白盒测试覆盖率都能够较容易地得到，比如全路径覆盖率。

这个问题的解决方法，依赖于实用主义：

- 循环次数是最简单的完整性准则。执行一定数目的随机测试，该数目应满足开发过程的要求。如何确定循环次数可以使用迭代，如果次数太少，在可用的时间内，就会丧失执行更多测试的机会；如果次数太多，为了满足项目的结束期限，只能半途终止随机测试的运行。
- 时间是个更复杂的指标。我们可以指定测试执行的时长，以满足研发过程的要求。当然这样会造成覆盖率数据不稳定。
- 使用已有的白盒测试覆盖率工具。例如，一直运行随机测试，直到满足 100% 的语句覆盖率和分支覆盖率为止。这样很可能造成测试一直不终止，所以需要跟测试时长相结合，达到完整性的要求。

12.5.2　其他随机测试技术

关于自动随机测试的方法，还有些未在本书中探讨。

- 稳定性测试：有不同的测试形式，可以确保系统在任何输入的情况下，不会挂起或死机。这些测试技术（或支持工具）不需要使用规范来确定某个输出是否正确，但是

[一] 见 www.openjml.org。

[二] 也可以使用判定树，首先选择输出，然后往前推导，给判定树的每一个分支开发准则。

[三] 参考 P. Godefroid、N. Klarlund 和 K. Sen 的 *DART：Directed Automated Random Testing*。获取更多细节。

需要验证在输入随机挑选的数据时系统的稳定性。

- 非定向的随机测试：扫描用户界面，找到交互组件，随机挑选其中一个，然后随机挑选交互方式（例如点击、文本输入、划走等），执行测试。测试用例试图引发系统崩溃。一般来说，完整性准则是依据时间来制定的。

- 定向的随机测试[⊖]：在测试过程中动态统计白盒覆盖率，如语句覆盖率或分支覆盖率。一旦随机测试的覆盖率不再提高，就可以进行代码分析工作，试图识别能够提高覆盖率的输入数据。此时可能会使用符号执行的形式，或者基于统计方法或机器学习方法。目的主要是最大化代码覆盖率，最大化崩溃次数，最小化输入序列的长度。定向的随机测试技术可以用于桌面应用、移动应用和基于 Web 的应用，当然确认某个基于 Web 的应用是否崩溃是比较有难度的。测试完整性准则通常是基于覆盖率和 / 或时间确定的，有时需要很长时间的测试才能达到需要的覆盖率（如果能达到的话）。

- 模糊测试：将已有的良好测试数据破坏后作为系统的输入。目的是使用非法输入令系统崩溃。完整性准则一般来说就是时间。模糊测试可以与定向的随机测试结合使用。

● 压力测试：压力测试的目的是确保系统能在输入过载的情况下，继续正常操作。我们可以随机挑选已有的测试用例，以最高速率执行这些测试用例，通常来说可以并行运行大量的测试用例以增加负载。压力测试可以确保系统即使在过载的情况下，也可以正确操作。任何随机测试用例都可以作为输入，确保系统在过载的时候不会挂起或死机。压力测试通常会使用一些特殊的测试配置，因为这种形式的测试可能会给用于其他目的的服务器或网络带来不可接受的负载。

● 判定树和随机测试：目的是解决测试预期问题和测试数据问题，确保系统能够在输入随机选取的数据时正确地操作。我们可以随机选择测试输出，解决测试预期问题，然后使用基于规范的规则，选择合适的测试输入。判定树和随机测试方法不适用于所有形式的规范，只在规范本身很简单直接，能够反向运行规范的时候才适用。我们可以将这种方法与定向的随机测试相结合，确保达到对规范和测试实现的全覆盖。

● 根据规范自动生成测试用例：业界现在有一些研究，试图使用不同的策略，例如分析、进化算法、机器学习等，来生成测试用例。这些方法都有希望解决随机测试面临的三个难题，无须用户干预就可以自动生成测试用例。

12.6　评估

我们在 OnlineSales.giveDiscount() 上运行自动化随机测试，同时注入故障 6 和新的故障 10，目的是演示随机测试技术的局限性。

12.6.1　局限性

我们先看一下对于故障 6 和故障 10，随机测试的有效性如何。

⊖　例如：Android Monkey（见 https://developer.android.com/studio/test/monkey）和 Sapienz（在 *Sapienz: Multi-objective automated testing for Android applications* 中有所描述）。

对注入故障 6 的代码，运行随机等价类划分测试

列表 6.3 所示为注入故障 6 的、完全重新设计的被测方法，故障 6 是很难被等价类划分、边界值分析、判定表、语句覆盖和分支覆盖技术发现的故障。

在注入故障 6 的代码上执行随机等价类划分测试的结果，如图 12.3 所示。

```
Test failure data for test: T12.1
   bonusPoints=20
   goldCustomer=true
   actual result=DISCOUNT
   expected result=FULLPRICE
PASSED: randomTest("T12.2", 81, 120, false, FULLPRICE)
PASSED: randomTest("T12.3", 121, 9223372036854775807, false, DISCOUNT)
PASSED: randomTest("T12.4", -9223372036854775808, 0, false, ERROR)
FAILED: randomTest("T12.1", 1, 80, true, FULLPRICE)
java.lang.AssertionError: expected [FULLPRICE] but found [DISCOUNT]
===============================================
Command line suite
Total tests run: 4, Passes: 3, Failures: 1, Skips: 0
===============================================
```

图 12.3　注入故障 6 的测试结果

测试发现了故障 6，同时显示了造成测试失效的输入数据值。

对注入故障 10 的代码运行随机等价类划分测试

随机测试并不总能发现所有的故障。在代码中我们增加了两行，使得如果 bonusPoints 取值 965423829（见列表 12.6 第 39 行），执行就会出错。

列表 12.6　注入故障 10 的 OnlineSales.giveDiscount()

```
24    public static Status giveDiscount(long bonusPoints, boolean
         goldCustomer)
25    {
26      Status rv = FULLPRICE;
27      long threshold = 120;
28
29      if (bonusPoints <= 0)
30        rv = ERROR;
31
32      else {
33        if (goldCustomer)
34          threshold = 80;
35        if (bonusPoints > threshold)
36          rv = DISCOUNT;
37      }
38
39      if (bonusPoints == 965423829) // Fault 10
40        rv = ERROR;
41
42      return rv;
43    }
44
45  }
```

在注入故障 10 的代码上执行随机等价类划分测试的结果，如图 12.4 所示。

```
PASSED: randomTest("T12.1", 1, 80, true, FULLPRICE)
PASSED: randomTest("T12.2", 81, 120, false, FULLPRICE)
PASSED: randomTest("T12.3", 121, 9223372036854775807, false, DISCOUNT)
PASSED: randomTest("T12.4", -9223372036854775808, 0, false, ERROR)
```

图 12.4　注入故障 10 的测试结果

```
==============================================
Command line suite
Total tests run: 4, Passes: 4, Failures: 0, Skips: 0
==============================================
```

图 12.4 注入故障 10 的测试结果（续）

测试没有发现这个故障。事实上，这个故障被发现的概率非常低，大概是 $1/2^{63}$。

12.6.2 强项和弱项

随机测试是用来作为穷尽测试的模拟的。随机测试能够随机覆盖大范围的数据，而不是在每个测试中使用一个单独的数据，因此其在软件中发现故障的可能性会有所增强。

本例中，等价类划分测试技术是随机测试的基础，因此随机测试只能发现等价类划分测试可能发现的故障，与单个数据相关的故障是不太可能发现的，与一个等价类划分内的数据相关的故障被随机测试发现的可能性要高一些。如果使用判定表、语句覆盖，或分支覆盖技术[⊖]，因为使用了更广泛的输入数据，测试数据发现这些故障的可能性也会提高。

强项

- 执行测试的时候，需要有限的非人工干预。这个特点使得随机测试有可能大幅度提高软件的质量。
- 在有限的时间内，可能执行极大规模的测试用例。
- 在防止软件挂起或死机方面，稳定性测试被证明是非常有效的测试策略，而且在软件质量的提高方面，也是重要的元素。

弱项

- 很多已有的随机测试工具只能执行稳定性测试，还不能验证软件的操作是否正确，所以在验证软件操作方面还需要其他的测试技术。
- 测试预期、测试数据和测试完整性问题，仍然没有解决。
- 有效的测试技术需要制定完整的软件规范，而这是非常耗时的一件事情，很多设计人员在使用形式化语言（例如 OCL）方面没有经验。

12.7 划重点

- 在全自动化的随机测试中，有三个关键问题：测试预期问题、测试数据问题和测试完整性问题。
- 我们可以在任何一个黑盒测试和白盒测试技术中，选择测试数据准则而非测试数据值，然后在运行时选择具体的测试数据值来匹配选择准则。本例中测试预期是手工完成的。
- 我们可以在稳定性测试中，确认简单的测试预期，然后使用全随机数据。
- 有若干策略可以来确认测试的完整性，简单且实用的策略包括：指定固定数目的循环，或者固定数目的测试执行时间。更高级的测试完整性策略，可以通过测量运行时的代码覆盖率来制定。

⊖ 在边界值分析中使用随机化的技术可能会更有效，因为边界值是固定值。

12.8　给有经验的测试员的建议

生成随机测试用例可能是有经验的测试员创建大规模测试用例时最快最有效的方法了。我们可以生成随机输入操作，检查应用程序是否崩溃，以此测试应用程序的稳定性。在单元测试、面向对象的测试或应用测试中，使用等价类划分、边界值分析、判定表、语句覆盖和分支覆盖等技术生成的测试用例，可以帮助测试员扩展数据取值的广度。测试员还可以使用统计上有代表性的实际输入数据、真实用户执行应用程序时所收集的数据，来获取 MTBF。增加不变性代表应用或类的安全准则，可以帮助有经验的测试员生成安全性测试用例，编写代码进行检查，周期性检查或每次方法调用后进行检查，模拟随机输入。这种方法不会检查每个方法的输出是否都是正确的，而是验证从安全准则的角度出发，方法的效果是否是正确的。

软件过程中的测试

测试活动可以通过两种策略进行。一种是所有代码都开发完成后，一次性地对最终产品实施测试。这种策略被称为"大爆炸"开发方式。表面上看，这种方法对研发人员很有诱惑力，因为测试活动不会拖延开发的进度，能早日完成产品开发。但是，这也是一种很有风险的策略，因为最终产品能够工作，或者差不多可以工作的可能性是非常低的，而且最终产品极其依赖于程序的复杂度和规模。另外，如果测试发现程序中有故障，识别故障的原因将是非常困难的一件事情。

另一种更现代的做法，是在软件开发过程中就实施测试，这也被称为"递增"开发过程。一旦独立的模块或软件特性被开发出来，就开始测试。只要有新增的软件功能，就进行测试活动，持续这样直到最终产品开发完成。尽管这样的策略可能会让最终产品的发布推迟，但是会得到一个更高质量的产品，且能够更早地完成试用版。同时，递增开发过程也更有利于应对用户需求变更。

递增的开发过程将测试活动融为开发过程的一部分。每个开发阶段都对应一个测试阶段，如图 13.1 所示。

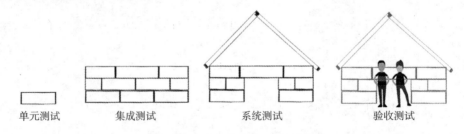

| 单元测试 | 集成测试 | 系统测试 | 验收测试 |

图 13.1　递增测试的阶段

在单元测试阶段，测试单独的软件部件。在集成测试阶段，测试部件之间的交互关系。在系统测试阶段，以规范为依据，测试整个系统。在验收测试阶段，用户自己会确认系统是否符合其需求。

本章描述在策划软件测试过程中需要完成的各项活动，检查软件测试是否能够适应不同的软件开发模型。

13.1　测试策划

软件测试所需要的时间和资源规模，与软件开发所需要的规模相似。因此测试活动的策划和管理，与软件开发的也类似。典型的测试策划需要包括以下信息：

- 测试对象
- 需要执行的任务
- 各方责任

- 进度安排
- 所需资源

IEEE 标准 29119[一]提供了可以用于测试策划的正式框架，其中规定了以下三种测试文档：

（1）企业级测试文档：规定了企业级的测试策略和测试方法。

（2）测试管理文档：规定了测试前和测试后的管理要求，包括测试策划和测试完成报告。

（3）动态测试文档：在运行测试之前，该文档定义了测试环境和测试数据；运行测试之后，该文档规定了测试运行文档的内容，其中包括问题报告和测试状态报告。

在实践中，只有非常大型的或者任务紧要工程才会使用标准中规定的所有文档，大部分的工程只会涉及其中一部分，使用者可以视工程需求选择使用。

13.2　软件开发生命周期

软件开发生命周期是管理软件产品开发过程的一个结构化策划。软件开发有几种模型，每一种模型都包含软件开发过程中不同的任务或者活动。这类策划需求随着软件工程的规模增大、复杂度变高，也会不断增加。非结构化的策略通常会带来预算超支、交付延迟、质量不可靠等后果。开发过程中良好的策划工作，则能使软件开发过程可重复、可预期，最终提高生产力和质量。

所有开发模型都会将软件测试作为开发过程的有机组成部分，但侧重点有所不同。下一节我们讨论几种开发模型以及软件测试在其中的角色[二]。

13.3　瀑布模型

瀑布模型将软件开发过程视为一个线性的软件开发活动序列：需求→设计→实现→验证→维护。瀑布模型背后的理念，就是在早期尽可能多花时间，从而保证需求和设计是正确的，由此节省后续阶段的时间和减少工作量。需求正确，就可以保证开发人员不会从错误的需求派生设计，或者在错误设计的基础上进行编码。瀑布模型还强调了归档的重要性，新增加的研发人员可以从文档中获取准确的信息。因为直到研发的最后阶段才可能看到成果，所以瀑布模型经常被诟病，而且瀑布模型在面对变更时也不够灵活。

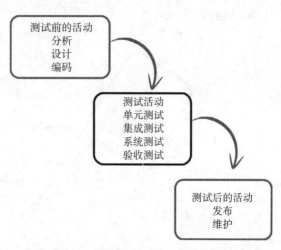

图 13.2　测试人员眼里的瀑布模型

图 13.2 所示为一个以测试活动为中心的、简化的瀑布模型[三]。

这些活动分成三类：测试前的活动，测试活动，测试后的活动。

- 测试前的活动：包括用户需求分析、系统设计和编码。

[一]　ISO/IEC/IEEE 29119-3:2013 Software and systems engineering – Software testing – Part 3: Test documentation.

[二]　见 *Software Engineering* 获取关于软件工程和过程模型的更多细节。

[三]　这是标准瀑布图示的简化呈现，重点关注测试活动。

- 测试活动：包括单元测试、集成测试、系统测试和验收测试。
- 测试后的活动：包括软件 / 产品发布、软件部署之后的维护。

所有的策划都应在启动阶段完成，一旦策划完成，就不应有变更。策划之后的各个阶段不应有重复。一般来说，只有测试结束且软件发布之后，大家才能"看到"程序。

在项目推进的过程中需求很可能会变更，或者在编码阶段很可能会发现更好的设计策略。另外，编制所有相关文档也是很耗时的一项工作。从测试的角度来看，只有软件开发完成，才可以实施测试活动。但这样会造成一些问题。首先，在这个阶段实施测试，项目预算或时间的压力可能会造成测试的不完整。一般来说此时我们更愿意将测试对象集中在整体程序上，而非系统化地从单元测试一直执行到应用测试或系统测试，由此会带来更严重的测试完整性问题。其次，如果测试发现程序的设计有错误，在这个阶段重新进行设计工作已经为时甚晚，唯一的选择就是在代码中修改错误，但这样做会带来更多的测试要求。如果有些故障很难跟踪，那么很可能在修复故障和再次测试之间来回反复。最后，客户收到产品，就可能会提出修改需求，这很可能带来漫长而反复的维护工作。

13.4　V 模型

V 模型将软件开发过程可视化为规范与软件开发相关测试活动之间的关系。V 模型背后的理念是更关注测试活动。每一个活动都会产生两个输出：下一个活动的规范、测试之后的活动正确执行的准则。V 模型得名有两个原因：专注于软件产品的验证（verification）和确认（validation），其过程的形状类似字母 V。

图 13.3 所示为 V 模型的一种呈现方式[⊖]，包括编码前和编码后的活动，以重点强调两个活动之间的关系。

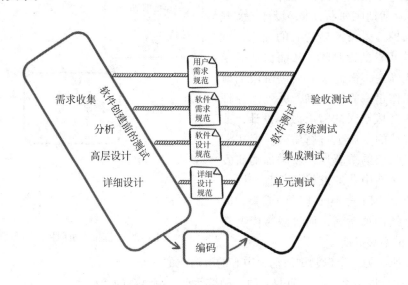

图 13.3　测试人员眼里的 V 模型

图 13.3 将活动分为三类：软件创建前的测试、编码、软件测试。软件创建前的测试包括需求收集、分析、高层设计和详细设计，图中还显示了每个阶段应该产出的文档。编码之

⊖ 这是标准的 V 模型图示，强调两侧活动之间的关系。

后，基于这些文档开始软件测试活动。每个文档都与模型中一对相匹配的阶段相关，代表了相关的软件创建和软件测试活动。

- 需求收集的产出文档是用户需求规范，这是分析的输入，也是验收测试的基础。
- 分析的产出文档是软件需求规范，是高层设计的输入和系统测试的基础。
- 高层设计的产出文档是软件设计规范，是详细设计的输入和集成测试的基础。
- 详细设计的产出文档是详细设计规范，用于编码，也是单元测试的基础。

V 模型的优势在于其简单且易于管理，因为模型很清晰，而且在所有阶段都强调验证与确认：每个阶段都有清晰的交付物和审查过程。与瀑布模型不同，V 模型给予测试同等的权重，而非将其视为最终的一个阶段。

13.5　递增和敏捷开发过程

很多软件项目都不可能在项目伊始就具有稳定且无二义性的用户需求。瀑布模型和 V 模型都不能针对这种情况提供一个充分的框架，递增模型和敏捷开发模型在应对这种情况时表现得要更好一些。敏捷软件开发与敏捷宣言相关[⊖]，其中包括四个关键部件：

（1）个人与交互比流程和工具重要；

（2）可工作的软件比详尽的文档重要；

（3）与客户的交流胜于合同谈判；

（4）应对变更胜于遵循计划。

与其他递增开发方法一样，敏捷开发过程强调在短时间内尽快构建一个可发布的软件产品。与其他递增开发方法不同的是，敏捷开发以天或周为周期衡量时间框架，而非以月。

敏捷开发鼓励软件工程师之间的密切合作。以下是对敏捷项目的一些指导性建议：

- 测试员应该参与开发人员和客户之间经常发生的需求"谈判"过程。测试员应勇于提问，尽早确认某个需求是否具有测试性，以及其他的问题。
- 测试员应该立刻将需求翻译成测试用例，作为下一个迭代周期的文档基础。测试员和开发人员应该共同完成这些测试用例的自动化执行工作。
- 一旦需求有变更，应立刻通知测试员，尽早修改测试用例。

13.5.1　增量开发模型

增量开发模型从一个软件系统中某部分的简单实现开始。每一次增量都会加强产品的特性，直到完成最终版本。图 13.4 所示为以测试为中心的增量模型示意图。

图 13.4 中，每一次递增都有三个阶段：测试前、测试中和测试后。每个增量里面，测试都包括回归测试（确保新增内容不会破坏已有的可工作软件）和针对新增功能的测试。这种逐步增加软件功能的开发模式，能够尽早让客户试用软件的过渡版本。因

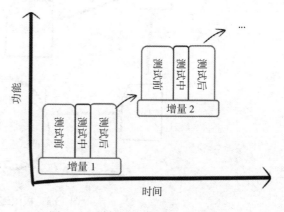

图 13.4　增量开发模型的测试者视角

⊖　K. Beck、M. Beedle 和 A. van Bennekum 等人的 *Manifesto for Agile Software Development*。

为每一次增加功能的时候都会进行测试，而且客户可以在早期就"看到"产品，所以最终产品的质量比较高。

增量模型的主要优势，就在于软件产品一直在较小的规模上进行开发和测试。这就减少了与过程相关的风险，同时也更容易面对需求变更。另外，增量模型也可以让顾客或用户在开发伊始就深度介入，顾客或用户会一直伴随着产品的成长历程，因此最终产品更容易满足顾客或用户的需求。增量模型的另一个优势是客户满意度会提升：每一次迭代都会增加一个重要的新功能，因此顾客能够监视并评估产品的进展。增量模型的两个缺点是：第一，因为文档很少，所以与其他模型相比，管理更加困难；第二，软件持续变更，会加大软件规模。

13.5.2 极限编程

极限编程（XP）是敏捷软件开发的早期阶段，极限编程强调代码审查、持续集成、迭代中的自动化测试。极限编程崇尚在设计阶段的早期持续进行长时间的设计优化（或重构），以保证当前的软件实现尽可能简单。极限编程也推崇实时的交流，最好是面对面的交流，不强调文字型的文档。与瀑布模型相比，其文档要少很多。在极限编程中，可工作的软件被视为首要的进步标志。极限编程也强调团队合作，经理、客户、开发人员都是保障交付高质量软件的相关人。程序员负责测试自己的工作，测试员聚焦于帮助客户选择和编写功能测试，并且定期运行这些测试。

极限编程开发过程鼓励开发人员完成以下工作：

- 持续地与顾客和程序员进行沟通；
- 设计尽可能保持简洁；
- 从早期软件测试获得反馈；
- 尽早给顾客发布系统，按照顾客的建议进行修改，开发人员可以据此修改需求和设计。

图13.5展示了以测试为中心的极限编程示意图[⊖]，其中高亮显示了测试活动。

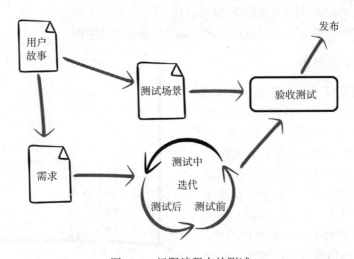

图13.5　极限编程中的测试

⊖ 有关发布策划和软件增量的标准图示，请见 www.extremeprogramming.org/map/project.html。

用户故事是由顾客来编写的，也就是用户需求规范。用户使用非技术性语言编写用户故事，格式为三句话的文本。用户故事是软件规范的基础，也可用于策划软件的发布。用户故事还可以用来生成测试场景，在每次软件发布时驱动验收测试。软件发布包括多次迭代，每次迭代一般延续 1 ～ 3 周，每一次迭代都包括测试前、测试中和测试后。

测试活动是极限编程模型的核心组成。编码之前就需要进行单元测试，这样可以帮助开发人员深入思考到底要做什么。需求全部是由测试用例来定义的。因为代码已经过单元测试，所以更加易于理解和测试。如果修复了某个故障，就需要创建新的测试用例以保证该故障的修复是正确的。

13.5.3　Scrum

Scrum 可以管理复杂的软件项目，也是敏捷开发的一种技术。Scrum 与极限编程相似，但有以下不同之处：

- Scrum 团队的工作在迭代周期中被称为冲刺，冲刺的时间比极限编程的迭代时间略长一点。
- Scrum 团队不会在冲刺周期内引入变更，而在一次迭代周期内，只要尚未涉及与变更相关的特性，极限编程团队就可以灵活地处理变更。
- Scrum 中，其他利益相关者可以更灵活地影响实现功能的顺序，极限编程则基本上按照由客户决定的优先级顺序实现功能。
- Scrum 中，团队成员可以管理自己，自由选择更习惯和更愉快的工作方式。极限编程中，单元测试和简单的设计最佳实践是内置其中的。

图 13.6 所示为 Scrum 过程，重点是测试活动⊖。

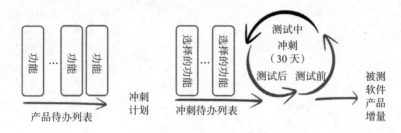

图 13.6　Scrum 过程中的测试活动

图 13.6 从产品待办列表开始，这是所有必需的产品特性的首要列表。Scrum 团队首先要把他们能想到的尽可能多的产品待办列表都吸收进来，转化成在 30 天的迭代或冲刺周期内能够完成的产品的功能要求，形成冲刺待办列表。一个冲刺阶段包括针对冲刺待办列表中，每一个选择的功能的测试前、测试中和测试后的活动。测试方法依赖于团队，并未严格在极限编程中描述，但通常来说包括单元测试、回归测试等。每个冲刺阶段都包括每日 Scrum 会议，不过图 13.6 未强调这一点。选择的功能还可以用于创建验收测试用例，可以验证被测软件产品增量在每一次冲刺周期的正确性。

Scrum 要求测试团队与开发人员从一开始就紧密合作，这被证实是一种非常有效的模式。

⊖ 标准的 Scrum 过程图重点关注产品待办列表和 Scrum 冲刺周期，参见 www.scrum.org/resources/scrum-framework-poster。

13.6　与过程相关的质量标准和模型

还有一些测试员应该了解的其他开发模型，以及与质量相关的标准。一般来说，这些模型和标准都将测试作为大型质量保证（QA）过程的一部分。其中一个重要的模型就是 ISO 9000/25000 系列标准。ISO 9000/25000 系列标准是在开发软件和系统时备受关注的一个标准，该标准规定了如何从专业的角度出发，保证开发软件的质量。

总　　结

本章总结本书探讨的测试技术，反向观察测试过程，解释测试活动之间的依赖性。最后我们推荐一些扩展阅读资料，一瞰研究方向。

14.1　总结测试技术

本书给读者介绍了以下一些关键的测试技术。

- 第 1 章，软件测试简介，包括：
  - 软件质量的重要性
  - 软件理论中的穷尽测试
  - 穷尽测试，以及为何穷尽测试不可行
  - 启发性测试
  - 静态测试和动态测试
  - 故障模型
- 第 1 章中描述的基本测试活动：
  - 测试设计，包括：
  * 需求分析（略述了源代码分析）
  * 分析测试覆盖项
  * 设计测试用例和测试数据
  * 验证测试设计
  - 测试实现，重点是测试自动化（第 11 章）
  - 审查测试结果
- 三种黑盒测试技术：等价类划分、边界值分析和判定表技术（分别对应第 2、3 和 4 章）：
  - 等价类划分技术：从接受等价处理的输入和输出范围中选择有代表性的数值。等价类划分技术也可以视为使用典型数值的测试技术。
  - 边界值分析：从上述范围中选取下边界和上边界。边界值分析技术可以视为使用极限值的测试技术。
  - 判定表：选择能够触发不同处理过程或产生不同输出的输入数值组合。判定表技术可以视为使用所有可能情况的测试。
- 描述了三种白盒测试技术：语句覆盖、分支覆盖和全路径覆盖（分别对应第 5、6 和 7 章）：
  - 语句覆盖：选择输入数据，确保被测代码中所有的语句都被测试覆盖。这是白盒测试最简单的形式。

- 分支覆盖：选择输入数据，确保被测代码中所有的分支都被测试覆盖。分支覆盖的强度高于语句覆盖。
   - 全路径覆盖：选择输入数据，确保被测代码中所有的点对点路径都被测试覆盖。
- 单元测试和应用测试（第 8 章和第 10 章）：
   - 单元测试：使用选定的输入调用被测方法或函数，将实际结果（即输出）与预期结果进行比对。
   - 应用测试：模拟用户与被测应用进行交互，确保每个用户故事都满足验收准则的要求。
- 测试面向对象软件的技术（第 9 章），其中包括三个关键技术：
   - 在类的上下文中进行测试：在一个类里，测试方法和属性之间的交互是否正确。
   - 继承测试：测试被继承的行为和功能是否都是正确的。
   - 基于状态的测试：测试一个类中基于状态的行为是否正确。
- 随机测试（第 12 章）。随机测试包括以下三个挑战：
   - 测试数据问题：如何生成有价值的随机数据。
   - 测试预期问题：如何由随机输入计算得出预期输出。
   - 测试完整性问题：如何确定何时停止随机测试。
- 测试自动化的关键问题及示例（第 11 章）：
   - 单元测试，使用 TestNG。
   - 测试覆盖率统计，使用 JaCoCo。
   - 自动化应用测试，使用 Selenium。
- 在软件开发过程中进行测试（第 13 章）。本章描述了在大型软件开发过程中，如何确定测试的角色和位置：
   - 测试如何与标准的软件开发模式进行融合。
   - 在特殊的开发过程中，软件测试的角色和定位。

14.2 对测试的回顾

本书是按照软件开发活动的顺序来编写的，每一个阶段的输出都会成为下一个阶段的输入。本节，我们从另一个角度来反向审视软件测试。读者可以思考一下，每个阶段应该做什么事情，以此更加深入地理解该阶段测试活动的需求。我们本章的讨论还能够推动每个阶段文档的编写，提高所开发软件的质量。

14.2.1 测试实现

片段 14.1 所示是一个简单的、使用等价类划分技术完成的自动化黑盒单元测试，被测方法是 TestItem.categorise。该方法的规范见后文。

片段 14.1 简单测试实现

```
@Test public void test1() {
    TestItem ti = new TestItem();
    AssertEquals( 100, ti.categorise(23, true) );
}
```

代码中可见有三个数据值：100、23 和 true。测试方法的名字是 test1()。这些内容从何而来？让我们回顾一下前面的活动。

14.2.2　测试用例

三个数据值来自测试用例的规范，表 14.1 所示为该测试所对应的测试用例。

表 14.1　TestItem.categorise() 的测试数据

ID	被覆盖的 TCI	输入		预期结果
		p1	p2	
test1	a,b,c	23	true	100

测试用例 ID（test1）是测试员使用适当的命名规则制定的。但是测试用例的输入数值（23 和 true）来自哪里呢？如何获取预期结果数值（100）？如何确认被覆盖的 TCI 的标识符（a、b 和 c）？让我们再次回顾之前的测试活动。

14.2.3　测试覆盖项

表 14.1 中被覆盖的 TCI 和数据值来自表 14.2 中的 TCI。每个 TCI 都有一个唯一标识符（第 1 列），而且定义了某个参数的等价类划分。

表 14.2　TestItem.categorise() 的测试用例（等价类划分）

TCI	参数	等价类划分
a	p1	0..100
b	p2	true
c	expected results（return value）	100

测试覆盖项的标识符是由测试员使用适当的命名规范分配的。测试用例中的数值（23、true 和 100）是测试员从等价类划分中选取的。但是这三个等价类划分来自哪里呢？让我们再次回到上一个测试活动。

14.2.4　分析

分析软件规范，就可以识别出输入参数的划分，如表 14.3 所示，表 14.4 所示为返回值（也就是输出）的划分。

表 14.3　TestItem.categorise() 的输入的等价类划分

参数	等价类划分
p1	(*) Integer.MIN_VALUE..–1
	0..100
	101..Integer.MAX_VALUE
p2	true
	false

表 14.4　TestItem.categorise() 的输出的等价类划分

参数	等价类划分
Return value	0
	100
	101

我们在前面看到的测试覆盖项中，p1 的划分是 [0..100]，p2 的划分是 [true]，预期结果（返回值）的划分是 [100]。

请注意，表 14.4 所示为返回值：0、100、101。这意味着每一个数值都是返回值的一个划分。

这些参数及其对应的划分来源于哪里？来源于软件规范。

14.2.5 软件规范

通过分析软件的功能规范可以得到等价类划分。使用 Javadoc 形式表示的规范如下所示：

public int categorise(int p1,boolean p2)

确认 p1 位于哪个分组。

输入

  p1：被分析的数值。

  p2：布尔数值，使能 / 禁用分类归能的标志位。

输出

  返回值：

    0：若 p1 为负值。

    100：若 p1 位于范围 0..100 内，且 p2 为 true。

    101：其他情况。

14.2.6 讨论

如果我们研究一下测试活动的顺序和产生的输出，就可以看到对于黑盒测试来说，测试员的活动顺序如下：

（1）分析规范。如果是白盒测试，则需要分析源代码和规范。

（2）分析规范的结果：识别等价类划分。

（3）TCI：定义需要测试的对象。

（4）带有测试数据的测试用例，定义了如何完成测试。

（5）测试实现，执行测试实现以完成测试。

除非是有高质量要求的软件，否则不需要像本书所示那样，详细地将测试分析的结果文档化。一般来说，大量的分析工作都是在测试员的脑海中完成的。当然，如果没有分析文档，就不可能审查测试，确保 TCI、测试用例和测试数据的正确性。不管输出是什么格式、是否文档化保存，测试员所做的工作是一样的。在学习测试的过程中，最好将每个活动的输出都记录下来。

14.3 扩展阅读

本书我们聚焦在软件测试员必须掌握的一些非常重要的测试技术上。有些很重要的内容，就只是简单提过，或者根本未涉及。本节提供一些建议性的内容，读者可以更多地了解前文简单描述过的技术要点，同时本书也略提一些很重要但是未涉及的内容。扩展阅读的重点在于阐明一些特殊测试技术的原理，以及如何在实践中使用这些技术。很多书籍都从较高的层次探讨软件测试，或者聚焦在某个特殊工具或环境中，而没有讲解如何将这些技术落实在实际项目中。

有很多关于软件测试的书籍和论文。本节我们推荐的内容，是在编写本书过程中，我们认为有用的一些文献。我们提供的清单从最通用的内容开始，讨论了软件过程以及软件测试如何与之融合；清单最后是更加特殊的技术内容，说明某些特殊的技术或测试的某些方面。我们在每个领域只提供了少量非常关键的内容，不深入调查软件测试文化。

在参考文献中提供了所有这些文献的出处。

14.3.1　在软件开发过程中进行测试

标准的软件工程教科书，包括 *Software Engineering a Practi-tioners Approach*（Pressman）和 *Software Engineering*（Sommerville）。这些书籍都详细描述了软件工程的具体过程，提供了软件测试的概览，以及如何将软件测试融入开发过程中。

14.3.2　软件测试标准

最主流的国际标准，就是 IEEE/ISO/IEC 29119。其中从五个角度提供了软件测试的详细内容：

- 第一部分，软件测试的概念和定义；
- 第二部分，测试过程；
- 第三部分，测试文档；
- 第四部分，特殊测试技术；
- 第五部分，关键字驱动测试。

本书没有涵盖标准中提到的每一项技术，本书中涉及的技术也没有全部包含在标准中。当前标准中未被覆盖的技术包括：集成测试、面向对象软件的测试和全路径测试。标准里面定义了非常详细和严格的软件测试策略，只有对软件质量要求极高的大型企业才可能遵照全部的标准要求。IEEE 中，还有些与特定软件测试技术相关的其他标准。

其他重要的标准包括 ISO 25000 系列。这些标准提供了软件质量需求和评估的指南，与过程密切相关。

14.3.3　软件测试技术

软件测试的经典书籍，包括 *Software Testing*（Roper）和 *The Art of Software Testing*（Myers）。Roper 的书籍现在仍然有用，该书为如何将测试技术落实到实践中提供了非常有价值的建议。Myers 提出了很多有趣的概念，但是需要读者自己在实践中进行摸索。

现代的经典书籍，是 *Introduction to Software Testing* 第 2 版（Ammann 和 Offutt）。本书提供了软件测试的数学基础，这本书特别适合有经验的测试员阅读，他们能更深入地理解软件测试。

14.3.4　测试面向对象的软件

有很多书籍讨论面向对象的测试技术，但从我们的角度来看，最好的是 *Testing Object-Oriented Systems：Models,Patterns,and Tools*（Binder）。这本书非常详细地讨论了面向对象的测试技术，可以作为参考书而非一本入门教科书。书中提供的故障模型讨论，是所有软件测试书籍中最好的。该书还包括非常详细的（略有点过时的）使用 UML 图的方法，以及如何将 UML 图作为测试数据的来源。

14.3.5 集成测试

在现代开发环境中，集成测试是非常重要的一个话题，但是有关于集成测试的系统性技术讨论却很少。尤其是，鲜有关于集成测试故障模型的定义、如何识别测试覆盖项和测试数据的讨论。在敏捷过程中，软件是一点一点增量起来的，每次增加一个新的软件特性时（软件集成过程），都应实施测试，以确保新增加的特性能够与已有的代码一起正确工作（这就是集成测试）。集成测试现在的定位是一种 ad-hoc 策略，最好的办法就是通过大型软件系统的集成测试经验来学习。

有两本书籍讨论集成测试：*Integration Testing from the Tranches*（Frankel）和 *Continuous Integration*（Duvall）。Frankel 在书中给出了若干示例，展示了如何使用工具，以及如何与外部软件系统进行集成。从测试的角度来看，Duvall 更加关注如何自动化完成不同的测试类型（单元测试、部件测试、系统测试、功能测试）。两本书都包含对桩、模拟，以及测试的相关工具的讨论。

我们建议读者将集成测试作为一个重要话题，在后续的研究中予以更多关注。

14.3.6 随机测试

目前少有详细地讨论随机测试技术原理的教科书。

我们可以在 *New Strategies for Automated Random Testing*（Ahmad）中找到一些随机测试的研究成果。书中提到的测试技术 DART，可以在 *DART:Directed Automated Random Testing*（Godefroid）中查找。关于随机测试的最新调研结果，可见 *A Survey on Adaptive Random Testing*（Huang）。

有很多针对安卓应用的随机稳定性测试（这也经常被称为猴子测试）工具。还有些论文评估这些工具，例如 *An Empirical Comparison between Monkey Testing and Human Testing*（Mohammed）。读者可能会对某个社交媒体使用这种方法得到的测试结果更感兴趣，具体可见 *Sapienz:Multi-objective Automated Testing for Android Applications*（Mao）。

14.3.7 测试编程语言特定的风险

很多编程语言都会在简单和特性之间做一个折中。这就容易导致产生与编程语言相关的失误，因为每个语言的设计者都会有自己在简单性和特性丰富性之间的折中考虑。这就导致同样的语句，在不同的语言环境中，执行结果很可能不同，编程人员转换编程语言时，就容易因此出现失误。测试员应该了解这些风险，设计与编程语言相关的测试。

有很多书籍探讨相关话题。对于 Java 程序员来说，我们认为最详细的书籍，就是 *More Java Pitfalls*（Daconta 等人）。这本书对测试员也很有用，测试员可以在代码中识别出可能触发故障的程序架构。

测试员还应该了解一个术语——反模式（anti-pattern），这个术语意指不被推荐的实践方法。如果软件中使用了反模式，很可能就会出现故障。书籍 *AntiPatterns:Refactoring Software, Architectures,and Projects inCrisis*（Brown 等人）对测试员很有参考价值。

14.3.8 程序证明

静态验证技术，或称程序证明，可以使用逻辑和集合论，从数学上证明代码的正确性。多年来，这都是一种强有力的技术，甚至是动态软件测试的替代品。然而，不管取得多少研究进步，能够支持最新版本编程语言的静态验证或程序证明的商用工具仍然不可得。

程序证明领域的一些关键书籍，包括 *A Method of programming*（Dijkstra 和 Feijen）、*The Specification of Complex Systems*（Cohen）和 *Program Specification and Verification in VDM*（Jones）。

通过调研，我们可以获取一些更新的程序证明技术，在这里列出一些相关的网站，这些研究都关注最新的研究成果和商业可用的语言。

- Viper 工具集以及相关的研究，可以支持 Python、RUST、Java 和 OpenCL 等语言，我们推荐读者将其作为初始材料，尤其是其中存在在线教程和一些可用的程序证明的工具：
  - www.pm.inf.ethz.ch/research/viper.html。
  - https://vercors.ewi.utwente.nl。
- JML 语言和工具集，可以支持 Java 语言，但不支持最新版 Java：
  - www.openjml.org
- 微软公司的 Spec#，支持 C# 语言，但现在已经不再持续支持了：
  - https://research.microsoft.com/en-us/projects/specsharp

14.3.9　测试安全紧要软件

安全紧要软件的质量是非常重要的，有很多工作都在关注这个问题，一些相关的推荐阅读包括：

- NIST，用于软件的自动组合测试（ACTS）：
  –www.nist.gov/programs-projects/automated-combinatorial-testing- software-acts。
- NASA 关于 MC/DC 的论文：*A Practical Tutorial on Modified Condition/Decision Coverage*（Hayhurst），其中扩展了判定条件覆盖，增加了验证每个独立条件的变化对结果所起作用的需求。

14.3.10　不走弯路

本书系统介绍了软件测试，我们相信只有深入理解软件测试的核心要素，才能不走弯路。实践中，软件测试员必须要有非凡的革新精神才能有效地测试软件系统。我们在这里推荐的书籍，能够激发更多有关本书提到的测试技术的辩论，为软件测试员提供更广阔的视角。

- *Black-Box Testing*（Bezier）和 *The Complete Guide to Software Testing*（Het- zel）这两本书都是软件测试的经典书籍。相比其他经典书籍，这两本书籍的结构性略逊一筹，但我们还是认为，这两本书从更加整体的角度来分析软件测试，具有很高的实用价值。
- *Testing Computer Software*（Kaner 等人）对本书是很有益的补充。该书分成三部分：基础知识、特殊测试技巧、管理测试项目和小组。这本书的覆盖面很广。
- *The Software Testing Engineer's Handboo*（Bath 和 McKay）是 ISTQB 测试分析员和技术测试分析员高级证书的学习指南。如果想要获取证书，我们推荐用这本书作为参考书，这本书的覆盖面也很广。

- *How Google Tests Software*（Whittaker 等人）探讨了企业里软件测试员的角色。这本书对读者来说，很有价值。

14.4 研究方向

与软件工程研究的其他领域一样，软件测试的研究范围很广，涉及很多方向。本节给读者一些研究方向的建议。

14.4.1 研讨会

下面列出的研讨会，虽然不是很全，但可以给读者提供一个起点，获取最新的软件测试知识。

- AITEST International Conference on Artificial Intelligence Testing
- CAST Conference of the Association for Software Testing
- EUROSTAR European Software Testing Annual Conference
- ICSTTP International Conference on Software Testing, Types and Process
- ICSE International Conference on Software Engineering
- ICSQ International Conference on Software Quality
- ICST International Conference on Software Testing, Verification and Validation
- ISSTA International Symposium on Software Testing and Analysis
- QUEST Quality Engineered Software & Testing Conference
- SoCraTEs International Conference for Software Craft and Testing
- STAREAST and STARWEST Software Testing Analysis &Review Conference
- STPCON Software Test Professionals Conference
- VALID International Conference on Advances in System Testing and Validation Lifecycle

14.4.2 研究课题

这里我们给读者罗列一些研究领域的参考。

- 基于搜索的软件测试：我们经常使用随机测试技术来满足白盒测试的覆盖率准则，例如代码覆盖率。有些研究关注基于搜索的技术，以达到某些特定的覆盖率准则。
- 变异分析：变异测试主要应用在源代码级别。最近，变异测试的概念也应用于测试其他的软件工作产品，例如研究使用的符号。
- 回归测试的约简：执行回归测试通常是最耗时间的测试活动。如果软件有变更或增加了功能，则确认已有功能仍然可以正确工作与确认新增功能可以正确工作同等重要。现在有研究试图找到回归测试重新运行的最优集。
- 基于模型的测试：近年来，很多研究重点都落在使用模型技术测试软件上，例如 UML。类似的研究包括：从模型转换到代码的形式化验证、在基于模型的测试中增加调试支持、基于模型自动生成测试数据等。
- 自动化软件验证：不论是在运行时还是在静态情况下，形式化规范都能够提供自动化测试的基础。一般来说，该技术使用断言的方式，说明前置条件、后置条件、必须保持不变的变量等，然后验证软件是否符合规范要求。近年来的研究成果可以提供静态和动态的评估工具，验证软件与其规范的符合程度。

- 新技术：新的软件技术和架构要求更新的测试技术。这其中包括：SOA（面向服务的架构）的测试研究、虚拟化、动态软件系统、GUI、云计算和人工智能等。

- 软件过程与工具：测试是软件开发过程的重要组成部分，工具的支持非常重要。现在有很多研究在关注：测试与其他过程活动的关系、测试驱动的开发、测试作为质量度量技术的有效性等方面。新的研究方向包括：自动测试安卓应用的工具和自动驾驶等。

运行本书的示例

本书所有示例都可以在 www.cambridge.org/bierig 上找到。这些示例可以运行在 Windows 或 Linux 上，并已在 Windows 10 和 Ubuntu 18.04 中予以验证。如果在 MacOS 环境下运行，需要一些小的更改。

运行这些示例之前，应首先安装 Java JDK。本书印刷时，书中所有的示例都已在最新版 Java：JDK11 上验证通过。读者还需要安装 TestNG。第 5 章和第 6 章都需要 JaCoCo 覆盖率库，第 10 ～ 12 章的示例要求使用 Selenium。在每个顶层目录下都有一个 readme.txt 文件，其中说明了所需要的版本以及下载地址。运行示例之前，应在 libraries 文件夹下设置好依赖关系。

简单起见，所有的示例都是从命令行启动运行的。读者需要在 PATH 目录下存放 JDK bin 文件夹（见 JDK 安装指南）。读者可以输入命令 javac–version 和 java-version，这两个命令都应成功返回并显示相同的 Java 版本。读者也可以在 IDE（例如 Eclipse）中运行本书的示例。

顶层文件内包含工具脚本（Windows 环境下的批处理文件），工具脚本文件能够构建并运行以下示例：

- readme.txt：提供完整的清单，解释本章节每一个文件的作用。
- check-dependencies.bat：检查 Java 编译器是否位于 PATH 目录下，以及 libraries 文件夹中是否包含所有的 .jar 文件。
- compile-all.bat：编译本书所需的所有 java 文件。
- run-menu.bat：运行所有的示例，选择某个章节和编号即可。

每一章节都有自己的文件夹，每个文件夹都有需要编译的脚本，可以运行相关的示例。读者可参见 run-menu.bat 文件获取更多调用细节。

每个 Windows 批处理文件（xxx.bat）都有可以在 Linux 环境下使用的相应的 bash 脚本（xxx.sh）。

参 考 文 献

Ahmad, M. New strategies for automated random testing. PhD Thesis, University of York, 2014.

Ammann, P. and J. Offutt. *Introduction to Software Testing*, 2nd ed. Cambridge University Press, 2017.

Bath, G. and J. McKay. *The Software Testing Engineer's Handbook: A Study Guide for the ISTQB Test Analyst and Technical Test Analyst Advanced Level Certificates 2012*, Rock Nook Computing, 2015.

Beck, K., M. Beedle, A. van Bennekum, et al. *Manifesto for Agile Software Development.* The Agile Alliance, 2001.

Bezier, B. *Black-Box Testing: Techniques for Functional Testing of Software and Systems.* Wiley, 1995.

Binder, R. *Testing Object Oriented Systems: Models, Patterns, and Tools.* Addison-Wesley, 2010.

Brown, W., R. Malveau, H. McCormick, and T. Mowbray. *AntiPatterns: Refactoring Software, Architectures, and Projects in Crisis.* Wiley, 1998.

Cohen, B., W. Harwood, and M. Jackson. *The Specification of Complex Systems.* Addison-Wesley, 1986.

Daconta, M., K. Smith, D. Avondolio and W. Richardson. *More Java Pitfalls.* Wiley, 2003.

Dijkstra, E. and W. Feijen. *A Method of Progamming.* Pearson Education, 1988.

Fowler, M. *UML Distilled.* Addison-Wesley, 2018.

Frankel, N. *Integration Testing from the Trenches.* Leanpub, 2015.

Godefroid, P., N. Klarlund, and K. Sen. DART: Directed Automated Random Testing. In *Proc. ACM SIGPLAN Conf. Programming Language Design and Implementation.* ACM, 2005.

Goodenough, J. and S. Gerhart. Toward a theory of test data selection. *Proc. Int. Conf. Reliable Software*, ACM, 1975.

Gosling, J., B. Joy, G. Steele, G. Bracha, A. Buckley, and D. Smith. *The Java®Language Specification, Java SE 11 Edition.* Oracle, 2018.

Grady, R.B., *Practical Software Metrics for Project Management and Process Improvement.* Prentice-Hall, 1992.

Hayhurst, K.J., D.S. Veerhusen, J.J. Chilsenski, and L.K. Rierson. A practical tutorial on modified condition/decision coverage. Technical report. NASA, 2001.

Hetzel, B. *The Complete Guide to Software Testing.* QED Information Sciences, 1988.

Huang, R., W. Sun, Y. Xu, et al. A survey on adaptive random testing. *IEEE Transactions on Software Engineering.* DOI: 10.1109/TSE.2019.2942921

Liskov, B.H. and J.M. Wing. A behavioral notion of subtyping. *ACM Transactions on Programming Languages and Systems*, Vol. 16, No. 6, 1994.

ISO/IEC 25010:2011 Systems and software engineering – Systems and software Quality Requirements and Evaluation (SQuaRE) – System and software quality models.

ISO/IEC/IEEE 29119-3:2013 Software and systems engineering – Software testing – Part 3: Test documentation.

ISO/IEC/IEEE 29119:2016 Software and systems engineering – Software testing (parts 1–5).

Jones, C. *Program Specification and Verification in VDM*. Springer-Verlag, 1987.

Kaner, C., J. Falk, and H. Nguyen. *Testing Computer Software*. Wiley, 1999.

Kellegher, D. and K. Murray. *Information Technology Law in Ireland*. Bloomsbury Professional, 2007.

Mao, K., M. Harman, and Y. Jia. Sapienz: Multi-objective automated testing for Android applications. In *Proc. 25th Int Symp. Software Testing and Analysis*. ACM, 2016.

Myers, G.J. *The Art of Software Testing*. Wiley, 2004.

NIST. *The Economic Impacts of Inadequate Infrastructure for Software Testing*. NIST, 2002.

Pfleeger, S.L. and J.M. Atlee. *Software Engineering: Theory and Practice*, 4th ed. Pearson Higher Education, 2010.

Pressman, R. and B. Maxim. *Software Engineering: A Practitioner's Approach*. McGraw-Hill, 2014.

Roper, M. *Software Testing*. McGraw-Hill, 1994.

Software Magazine. 2018 Software 500 Companies. Available at: www.rcpbuyersguide.com/top-companies.php.

Sommerville, I. *Software Engineering*, 10th ed. Pearson, 2016.

Vinter, O. and P. Poulsen. Experience-driven software process improvement. In *Proc. Conf. Software Process Improvement* (SPI 96). International Software Consulting Network, 1996.

Whittaker, J., J. Arbon, and J. Carollo. *How Google Tests Software*. Addison-Wesley, 2012.